Spontin, de sang et de feu

SPONTIN,
de sang et de feu

Le village de Spontin et la région d'Yvoir dans la tourmente d'août 14

par
Jean Germain
et Ben Schraverus

avec la collaboration de Jacques Brilot et Céline Rase

Éditions Martagon / La Mémoire de Spontin
2014

Dépôt légal : D/2014/11.063/1
ISBN : 978-2-930760-02-5

www.martagon.eu

Lettre ouverte de l'au-delà en guise de préface

C'est avec une grande émotion que nous prenons la plume pour vous adresser, à vous les Spontinois d'aujourd'hui, cette lettre ouverte. Cent ans, jour pour jour, après notre mort cruelle.

Comme vous, même si nous sommes dispersés dans l'au-delà, vaquant chacun à nos occupations, jeunes et vieux, nous avons décidé de nous réunir tous ensemble pour cette date anniversaire.

Ce 23 août, vous le savez sans doute, ce fut pour nous tous une journée horrible, imprévisible, injuste, quelque chose qu'on ne vous souhaite pas en tout cas. Aujourd'hui, vous dites un tsunami ! Nous, nous sommes morts, parfois très vite, parfois plus cruellement, mais ceux qui ont survécu ont parfois souffert plus que nous encore, physiquement, mentalement, moralement.

Ces survivants, ces rescapés, ont raconté leur histoire et la nôtre, ils l'ont écrite pour témoigner, pour faire leur deuil, puis ils ont cherché à l'oublier. Ne vous étonnez pas s'ils ne vous ont pas bassiné les oreilles avec le récit de nos malheurs. Il ne faut pas leur en vouloir. C'était dur, vous savez, ils ne disposaient pas de psychologues à l'époque pour les entourer. Mais ils ont été courageux et têtus, ils ont vite reconstruit leur maison, la maison communale, l'église. Ils ont fait revivre le village, ils lui ont redonné cette joie de vivre, ce goût d'entreprendre, ce cachet de village condruzien en pierre du pays. Il y a même cet opticien de Bruxelles, Rimbaut, qui a fait construire un second château à l'emplacement de notre bodega.

Finalement, cette guerre, nous n'en avons connu que les premiers jours, presque rien, mais après le passage des Allemands à Spontin, qu'est-ce que ça a été dur, sauvage, inhumain, pour tous, pour nos Alliés comme pour les Allemands. Les tranchées, les bombes, les gaz, la boue, la haine … Des millions de morts.

Les Alliés ont sans doute finalement gagné la guerre des tranchées. Mais ils ont oublié de gagner la paix. L'esprit de revanche, cela ne sert pas à grand-chose. « *Œil pour œil finit par rendre aveugle le monde entier* », dira plus tard le Mahatma Gandhi. Tout ça pour ça. On a remis le couvert 25 ans plus tard, avec autant, sinon plus d'atrocités.

Le nom Meyer, cela vous dit-il quelque chose ? C'était le nom de ce major allemand mort à Spontin le 23 août et qui nous a valu ces fausses accusations, ces assassinats, cet incendie. En 1944, vous avez de nouveau croisé le chemin d'un général SS du nom de Meyer, fait prisonnier dans la sacristie ; si les Américains n'étaient pas revenus dare-dare, les canons allemands étaient déjà tournés vers le village pour un second massacre ... Méfiez-vous, si vous en rencontrez encore un du même nom !

Heureusement, après la Seconde Guerre, vos dirigeants ont été plus raisonnables, plus clairvoyants. Ils ont vite tourné la page. Ils ont relancé les Nations Unies et surtout ils ont créé l'Europe. C'est loin d'être parfait, l'Europe que vous avez imaginée, mais, croyez-nous, même si ce n'est pas encore parfait ni achevé, c'est une riche idée, un défi permanent. Dites bien à vos jeunes qu'ils doivent y croire, qu'ils doivent voter, qu'ils doivent échanger.

Vous ne vous imaginez pas quelle chnce vous avez de ne pas voir partir ses enfants à la guerre, mais au contraire de les voir s'en aller dans les écoles, dans les universités, de s'instruire. Quelle chance ils ont ! Dites-le leur bien ce que cela vaut la Paix.

Spontin a bien changé, bien sûr. Pas tellement le centre finalement, mais surtout le Ry d'Août et la Haie Collaux. Dommage que les carrières aient presque toutes fermé ; nous étions tous des tailleurs de pierre, si vous vous souvenez. Dommage aussi pour les Eaux minérales, et la piscine, et la fermeture du château du baron de Pierpont ; voilà un bourgmestre qui avait une vision de son village. C'est vrai, on oubliait que Spontin n'est plus une commune, mais un simple village de l'entité d'Yvoir. C'est l'évolution, dirons-nous, mais gardez bien votre identité, votre fierté de Spontinois.

Autant vous le dire, nous sommes rassurés et reconnaissants. Vous ne nous avez pas oubliés. Durant cent ans, vous avez commémoré notre mort, chaque année, par une messe, par une cérémonie au monument. Cela nous a touchés. Nous avions parié entre nous que vous n'y arriveriez pas. Chapeau ! De plus, nous avons pris connaissance du programme que vous avez concocté pour cette année. Vous avez vraiment mis le paquet, avec l'exposition à l'église, avec le spectacle où vous nous racontez. Chouette aussi cette marche des « francs-tireurs », mais vous auriez pu aller jusqu'au bout en sabots ... Nous plaisantons ! Nous, nous avons presque l'impression de rajeunir de cent ans...

Les filles, Laure et Gabrielle, ont suivi avec beaucoup d'attention les activités réalisées avec les enfants des écoles. Elles auraient bien voulu s'y associer pour écrire, elles aussi, des haïkus, ou pour garnir l'arbre de la paix. Elles n'en avaient pas eu le temps, il y a cent ans.

Voilà ce qu'on voulait vous dire en ces instants, vous faire savoir que nous sommes émus de ne pas avoir été oubliés, que nous restons bien présents parmi vous avec nos noms gravés dans la pierre du monument. Vous avez bien raison de ne plus poursuivre les commémorations annuelles, à partir de l'an prochain, mais veillez bien à toujours fleurir les parterres du monument et à nous adresser un petit clin d'œil en passant. Et parlez de nous aussi sur votre site Internet ou sur Facebook (on reste à la page, vous voyez), pour que cela ne se produise plus ailleurs. Ainsi, nous ne serons pas morts pour rien.

À vous revoir là-haut, un jour sans doute,

Votre ancien bourgmestre,
votre ancien curé,
vos grands-parents, vos aïeux, vos concitoyens

Introduction

Cette guerre qu'on a dite grande ...

C'est ainsi qu'on l'a appelée, la Grande Guerre, avec deux majuscules. Grande, elle l'a été, assurément, mais certainement pas au sens noble du terme. Grande par la sauvagerie, par le nombre de tués, par la folie des hommes, par la démesure des nationalismes, par la déraison d'hommes d'État assoiffés de pouvoir, en raison d'énormes enjeux économico-militaires.

Nous l'avons tous appris par nos manuels d'histoire, la guerre 14-18 fut un désastre pour l'Europe entière, avec plus de neuf millions de morts. La Belgique a payé une part de ce lourd tribut avec environ 44.000 morts.

On évoque bien sûr toujours les ravages causés par la guerre des tranchées, sur l'Yser ou sur la Somme notamment, plus encore à Verdun et sur la Marne. On a davantage oublié les sévices commis sur les civils lors de la traversée des troupes allemandes en août 1914, à Dinant, Tamines et Andenne notamment. Ce sont ces dégâts, que l'on qualifie pudiquement de "collatéraux", que nous nous proposons de rappeler ici, à propos du village de Spontin, un des principaux villages martyrs en province de Namur, et dans les environs immédiats, dans la vallée du Bocq et le long de la Meuse.

Un travail partagé

Pour réaliser cette publication destinée à la mémoire des évènements d'août 1914 à Spontin et des environs, nous nous sommes bien entendu appuyé sur l'incontournable somme rassemblée par le Chanoine Jean Schmitz et Dom Norbert Nieuwland sous le titre général *Documents pour servir à l'histoire de l'invasion allemande dans les provinces de Namur et de Luxembourg*, particulièrement dans sur la 4e partie *Le combat de Dinant. I. La conquête de la Meuse*, Bruxelles et Paris, 1921, pp. 94-156. S'y ajoute l'excellente synthèse réalisée par les historiens irlandais John Horne et Alan Kramer, *1914. Les atrocités allemandes. La vérité sur les crimes de guerre en France et en Belgique*, Paris, 2005, dont la consultation s'avère tout aussi indispensable.

En complément, nous avons pu compter sur deux travaux de séminaire réalisés récemment à l'Université de Namur sous la direction d'Axel Tixhon.

L'un, dédié aux commémorations d'après-guerre et à l'érection de monuments aux morts, consiste en un travail de 2e baccalauréat en histoire (2005-2006) réalisé par Céline Rase ; il s'intitule *Des souvenirs de pierre. Les monuments aux morts de la Grande Guerre dans la commune d'Yvoir*. L'autre, dû à Ben Schraverus, est un solide travail de séminaire de 3e baccalauréat en histoire (2012-2013) sur les atrocités allemandes commises à Spontin, dans lequel l'étudiant revisite toutes les sources disponibles dans ce cadre, avec l'esprit critique nécessaire. Nous les remercions tous deux de nous avoir confié leur travail pour l'intégrer dans cette publication.

Nous avons bien sûr intégré l'article que nous avions rédigé nous-même sur le sujet en 2004 dans le gros ouvrage *Spontin d'eau et de pierre,* t. I, p. 161-175. Par ailleurs, nous avons ajouté quelques témoignages recueillis il y a une dizaine d'années par Jacques Brilot dans son ouvrage sur *L'entité d'Yvoir au XXe siècle. Du rire aux larmes,* Dinant, 2004, p. 186-206, particulièrement pour les autres villages de l'entité hors Spontin. Nous avons fait de même avec le chapitre consacré à la guerre 14-18 par Roger Cochart dans son ouvrage *Durnal,* Archives et mémoire collective, 1992.

Enfin, en retournant à la source, en revisitant les archives du fonds Schmitz aux Archives de l'Evêché à Namur, nous avons retrouvé des documents non exploités, des témoignages originaux et des photos inédites qui n'avaient pas trouvé place dans la somme éditée sur le sujet par Schmitz et Nieuwland.

Plusieurs personnes nous ont également confié des journaux, des photos, des cahiers, des souvenirs, etc. qui ont permis de renouveler l'iconographie du sujet.

De Spontin à Yvoir, un destin partagé

Est-il besoin de le préciser, cet ouvrage fait la part belle au village de Spontin, non par un quelconque chauvinisme, mais en raison de la tragédie que ce village a vécue plus intensément que les autres villages ; les sources et documents sont d'ailleurs bien plus importants aussi.

Nous n'en avons pas pour autant oublié les autres villages de la vallée qui, à une époque où il n'était pas encore question d'une entité administrative englobante appelée Yvoir, a réuni, dans la souffrance et l'adversité, la presque totalité de ces villages. Le paradoxe a voulu en effet que les futurs villages qui allaient composer près de 60 ans plus tard la commune d'Yvoir aient partagé largement les exactions et les morts de tous types.

Il n'y est guère question de guerre à proprement parler, ni de stratégie, ni d'honneur ou de gloire militaires. Il y est question avant tout de guerre faite aux civils, gratuitement, presque pour meubler les loisirs d'armées de réserve frustrées de combats. Une soldatesque, souvent ivre, échappant presque au contrôle de leurs officiers.

Une mémoire rafraîchie

Tous les ouvrages sur le sujet, publiés au lendemain de la guerre, sont devenus rares et difficilement accessibles. Raviver cette mémoire et la restituer au plus grand nombre : tel est le but que nous nous sommes assigné.

Dès lors, cet ouvrage, nous l'avons souhaité accessible à un large public. Sans renier la rigueur scientifique qui sied à un travail d'histoire sérieux, nous avons allégé autant que possible les références scientifiques et les nombreuses notes infrapaginales, sauf dans le chapitre 8 consacré au débat du « Livre blanc » et du « Livre gris ».

Tout en les rejetant dans la seconde partie, nous avons cherché à redonner la parole aux témoins de l'époque, avec leurs émotions et leurs sentiments, avec leur spontanéité et leur simplicité.

Nous y avons délibérément associé une abondante illustration, variée, parlante, interpellante, comme ce cahier d'école d'Éva Rufy-Laloux ou les gravures naïves illustrant les récits.

Nous espérons en tout cas que ce modeste livre, consacré à nos villages et donc à une part infime de la tragédie de 1914, contribuera quelque peu, avec tant d'autres livres qui sont publiés en cette année de commémoration, à perpétuer la mémoire des évènements et à honorer toutes ces innocentes victimes.

Et surtout que de tels crimes ne se commettent plus, ni ici ni ailleurs.

Remerciements

Il nous reste à exprimer nos remerciements à tous ceux sans qui ce livre n'aurait pas pu se concrétiser, et tout d'abord à Ben Schraverus, Céline Rase et Jacques Brilot. J'ose espérer que cet ouvrage sera à la mesure de leur attente.

En amont, nous pensons bien sûr – rétrospectivement – au travail de bénédictin du chanoine Schmitz et de dom Nieuwland qui ont non seulement recueilli patiemment et retranscrit tous les témoignages des habitants, mais qui les ont exploités de façon remarquable pour l'époque. Nous leur sommes redevable de presque toute cette mémoire.

L'accès aux archives de l'Évêché à Namur et au fonds Schmitz n'aurait pas été possible sans l'aide du chanoine David Meynen, qui s'est montré très disponible à notre égard. Les responsables de plusieurs centres de documentation militaire allemands ont accepté de faire des recherches simples dans les fonds, même si celles-ci se sont révélées négatives. François Bellin, Patrick Hilgers, Yves Van Craenenbroeck nous ont donné les autorisations nécessaires pour la reproduction de documents dont ils possèdent les droits. Merci à eux.

Tant pour l'exposition que pour la publication, des documents et des photos s'avèrent indispensables. Répondant à notre appel, plusieurs personnes nous ont prêté ou donné ce qu'ils avaient précieusement conservé : Michel Naomé, Marie Rasschaert-Dozot, Jeannine Enuset, Suzanne Rufy, Louis Genette, Robert et Monique Étienne-Oger, Amand Colard et Patrick Évrard. Merci pour leur confiance.

Martin Husquet nous a fourni les données généalogiques nécessaires et les copies d'actes de décès. Dieter Kremer et Jutta Naumann ont transcrit et traduit les documents rédigés en cursive allemande de l'époque.

Nous avons échangé maintes informations avec nos collègues historiens dinantais Axel Tixhon, Marc Baeken, Michel Coleau, Michel Kellner et Pascal Saint-Amand.

La Province de Namur a été généreuse pour financer et rendre possible cette publication. Que les autorités provinciales et Mélodie Brassinne soient remerciées pour leur intervention décisive.

Enfin, ma femme Françoise Bal, à la relecture, Marc Ronvaux et les Éditions Martagon, se sont montrés tout aussi précieux. À tous, nos plus vifs remerciements.

Jean Germain
Président de l'asbl La Mémoire de Spontin

Chapitre 1
Le contexte politique européen et le déclenchement de la guerre*

Les origines diplomatiques et nationalistes de la guerre

La Première Guerre mondiale prend sa source dans le XIXe siècle, à savoir dans le colonialisme européen et la montée des nationalismes (pangermanisme, panslavisme, etc.) inhérente à cette période, qui voit la construction des états-nations (l'Italie et l'Allemagne par exemple) ou la confortation de ceux-ci[1]. Presque partout, l'entrée en guerre est réellement enthousiaste, portée par le patriotisme, la lutte de la « civilisation » contre la « barbarie », la culture de guerre fondée sur la haine de l'adversaire et selon Freud, par un « *narcissisme qui ne supporte plus la différence, les belligérants se reconnaissant trop l'un dans l'autre.* »

Plusieurs évènements politiques, engendrés par une lame de fond de mouvements sociaux, mènent également à cette grande guerre. Des tensions naissent entre l'Autriche et la Serbie après l'assassinat du roi serbe Alexandre Obrenovitch en 1903 par des membres de la « Main noire », organisation pro-serbe. Il est remplacé par Pierre Ier Karageorgevitch, qui s'aligne du côté de la France et de la Russie. Il s'oppose par contre à l'Autriche, car la Serbie aspire à mettre sur pied la grande Yougoslavie et l'Autriche-Hongrie, qui regroupe en son sein beaucoup de populations slaves, ne veut pas assouvir cette revendication. L'Autriche annexe la Bosnie-Herzégovine en 1908, celle-ci appartenant depuis 1878 à l'Empire ottoman, devenu alors « l'homme malade de l'Europe », affaibli entre autres par la révolution des « Jeunes-Turcs » de Mustapha Kemal, alias Atatürk. La Russie soutient la Serbie, lésée par cette annexion. Peu après, entre 1912 et 1913, les chrétiens s'exaspèrent de la domination turque dans les Balkans. Une Ligue balkanique se constitue (regroupant la Serbie, la Bulgarie, le Monténégro, et la Grèce) et vainc les Turcs. L'Autriche crée de son côté une Albanie indépendante pour

---

* Chapitre rédigé essentiellement par B. Schraverus.

[1] On se reportera à la bibliographie ci-dessous pour les principales références.

contrecarrer l'expansion serbe. Une crise éclate au sein de la Ligue ; la Bulgarie perd dans le bras de fer diplomatique (traité de Bucarest en 1913). La position serbe est quant à elle consolidée dans les Balkans, ce que l'Empire austro-hongrois ne peut accepter.

Du côté occidental, la deuxième crise marocaine (1911) attise les tensions entre la France et l'Allemagne. Le Maroc fait en effet appel à la France pour mater des troubles sociaux sur son territoire. L'Allemagne envoie une canonnière à Agadir, et la Grande-Bretagne soutient la France, par peur des progrès navals allemands.

En plus des décisions politiques et diplomatiques, le bellicisme des nations est perceptible à travers les plans d'attaque élaborés en vue d'une guerre, et ce bien avant le début des hostilités.

Le plan d'invasion de l'armée allemande

Dès 1891, l'Allemagne lance les bases d'un plan d'invasion. En effet, durant cette année, le Maréchal Alfred von Schlieffen est nommé à la tête du « Große General Stab », le grand état-major. Celui-ci, adepte des manœuvres d'enveloppement, conçoit son plan à partir de 1898 et le modifie jusqu'à la veille de sa retraite, en 1905[2]. Schlieffen met ce projet sur pied pour répondre à l'alliance franco-russe. L'Allemagne, en cas de guerre, devra combattre sur deux fronts, à l'Ouest et à l'Est. Les troupes allemandes doivent s'attaquer à l'adversaire immédiat et le plus dangereux, la France. De ce fait, un maximum de forces doit être massé sur ce théâtre d'opérations, tout en laissant un faible écran devant la frontière russe. Pour ne pas s'attaquer frontalement au dispositif de défense français érigé sur l'axe Belfort-Épinal/Toul-Verdun et éviter le franchissement des Alpes ainsi que le passage de la Suisse, l'aile droite du système allemand passera donc par la Belgique pour envelopper les forces françaises (réparties des Ardennes à l'Alsace) et passer par le sud de Paris. Elle doit couvrir le plus de chemin et est la plus puissante par rapport au centre et à l'aile gauche du dispositif. Cette « Kesselschlacht » ou « coup du chaudron »[3] est à l'image de la victoire d'Hannibal à Cannes.

Une fois la France vaincue, les troupes du Kaiser doivent se retourner et traverser l'Allemagne vers la Russie, grâce à l'exploitation du chemin de fer[4],

---

[2] Le plan Schlieffen suscite un vif débat parmi les historiens (notamment entre Terence Zuber et Terence Holmes) quant à savoir si le maréchal avait bel et bien mis sur pied un plan d'invasion ou s'il ne s'agissait que d'exercices de grande ampleur. La position adoptée par la majorité des historiens est que Schlieffen est à l'origine du plan repris par Moltke le jeune en 1914.

[3] Manœuvre destinée à envelopper l'adversaire dans un « chaudron » pour lui asséner un coup fatal.

[4] Devenu un paramètre non négligeable pour les militaires depuis le soulèvement de juin 1848 en France, et surtout utilisé par l'Union durant la guerre de sécession (1861-1865).

utilisé notamment par Moltke l'ancien. Le successeur de Schlieffen, Moltke le jeune, neveu de Moltke l'ancien, reprend les théories de son prédécesseur en les modifiant quelque peu, renforçant l'aile gauche et déforçant l'aile droite. Il retire par ailleurs deux corps d'armée du front ouest pour les envoyer à l'Est, ce que les officiers allemands vont lui reprocher après la guerre, imputant l'échec du plan Schlieffen à cette modification de Moltke. Ce dernier étant décédé en 1916, il était aisé d'en faire un bouc émissaire sans avoir de retour de sa part.

Les plans de défense belge et français

Pour parer à toute invasion, la Belgique opte pour une solution intermédiaire, entre deux conceptions : celle du Roi Albert Ier, de son ordonnance le capitaine Galet, ainsi que du sous-chef d'état-major, le colonel de Ryckel, qui veulent regrouper les troupes au plus près de la frontière allemande. L'autre conception est celle du chef d'état-major de l'armée, le lieutenant-général Selliers de Moranville, qui désire concentrer les troupes en Hesbaye (pour contrer une menace allemande ou française). Selon le compromis choisi, l'armée de campagne (117.000 hommes) ira se concentrer en Hesbaye tandis que la 3e division restera à Liège et la 4e à Namur, pour appuyer les places fortifiées mises sur pied par le général du génie Henri-Alexis Brialmont (1821-1903). Celles-ci sont concentrées autour d'Anvers, qui sert de camp retranché aux Belges, de Liège, ainsi que de Namur. Elles comprennent 90.000 hommes.

La France dresse vingt plans de guerre entre 1875 et 1914, d'abord défensifs puis de plus en plus offensifs. Le dernier préparé est le plan XVII, de 1913. Il concentre cinq armées entre la frontière suisse et Maubeuge. Par la suite, le 2 août 1914, le général Joffre intercalera la 4e armée (alors en réserve) pour décaler son dispositif vers l'Ouest et inclure une entrée des troupes en Belgique. Le plan est résolument offensif, forçant dès le début des hostilités la frontière allemande en Alsace-Lorraine. Le front nord est cependant quelque peu négligé.

L'étincelle de Sarajevo

L'ombre de la guerre plane au-dessus de l'Europe ; avec toutes ces tensions, les plans pourront bientôt se mettre en application. La cruise éclate le 28 juin 1914, lorsque l'archiduc autrichien François-Ferdinand est assassiné à Sarajevo par un étudiant bosniaque pro-serbe. Le 25 juin, l'Autriche estime que la réponse de la Serbie dans la recherche des coupables n'est pas suffisante. Le 28 du même mois, soutenue par l'Allemagne, l'Autriche déclare la guerre à la Serbie. Les Russes, soutenant les Serbes, décrètent la mobilisation générale le lendemain. À partir du 31 juillet, les mobilisations générales se succèdent en cascade : l'Autriche-Hongrie, la Belgique, l'Allemagne, la France. Le 1er août, l'Allemagne déclare la guerre à la Russie. Le 3 août, elle déclare la guerre à la France et envoie un ultimatum à la Belgique, qui lui répond par la négative. Le 4, les opérations militaires débutent, le Reich envahit la Belgique. Le lendemain, la Grande-Bretagne soutenant les garanties de neutralité belge, déclare à son tour la guerre à l'Allemagne.

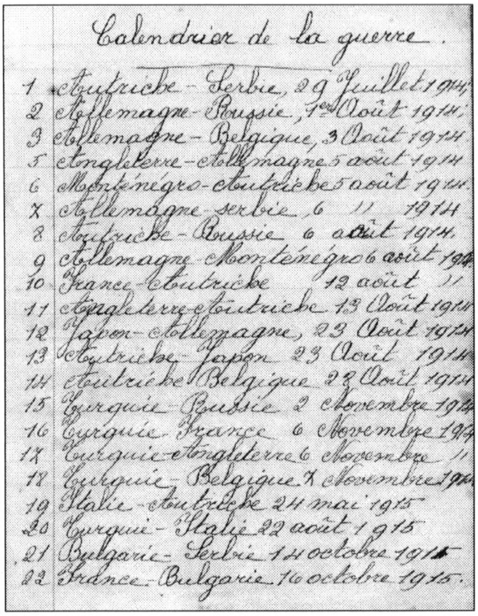
Calendrier de la guerre.
1 Autriche - Serbie, 29 Juillet 1914,
2 Allemagne - Russie, 1er Août 1914;
3 Allemagne - Belgique, 3 Août 1914.
5 Angleterre - Allemagne 5 août 1914
6 Monténégro - Autriche 5 août 1914.
7 Allemagne - serbie, 6 // 1914
8 Autriche - Russie 6 août 1914.
9 Allemagne - Monténégro 6 août 1914
10 France - Autriche 12 août //
11 Angleterre - Autriche 13 Août 1914
12 Japon - Allemagne, 23 Août 1914
13 Autriche - Japon 23 Août 1914
14 Autriche Belgique 28 Août 1914
15 Turquie - Russie 2 Novembre 1914
16 Turquie - France 6 Novembre 1914
17 Turquie - Angleterre 6 Novembre //
18 Turquie - Belgique 7 Novembre 1914
19 Italie - Autriche 24 mai 1915
20 Turquie - Italie 22 août 1915
21 Bulgarie - Serbie 14 octobre 1915
22 France - Bulgarie 16 octobre 1915.

Fig. 1. Le cahier scolaire d'Éva Rufy-Laloux de Reuleau, élève à Natoye, égrène la liste des déclarations de guerre qui ressemble à un programme de coupe du monde de football. *Coll. S. Rufy.*

Les responsabilités quant au déclenchement de la guerre sont partagées. Elles sont dues aux jeux des alliances (le souci de la France est de préserver l'Entente avec la Russie et la Grande-Bretagne), à la faiblesse du gouvernement allemand (notamment le chancelier Bethmann Hollweg) vis-à-vis des militaires, ainsi qu'à son soutien indéfectible à l'Autriche-Hongrie. D'autre part la germanophobie russe, le soutien que la France lui apporte et le fait que la guerre est perçue par l'Autriche comme dernier recours pour la survie de celle-ci, parachèvent le partage des responsabilités. La guerre ne fait pas peur, les grandes puissances ne mesurent pas les dégâts que les armes modernes peuvent causer, on l'utilise selon les termes de Clausewitz dans *Vom Kriege, « comme une continuation de la politique avec d'autres moyens »*.

La mobilisation et l'invasion

Dès la fin juillet, la Belgique se prépare à la guerre ; elle mobilise en toute hâte. Pour notre pays, depuis son indépendance en 1830, c'est la toute première guerre qu'elle a à mener sur son sol.

Un ordre de mobilisation générale parvient aux gendarmes de la région le soir du 31 juillet. Deux par deux, ils s'en vont avertir les bourgmestres de leur district. À Spontin, c'est à une heure du matin, le samedi 1er août 1914, qu'ils préviennent le bourgmestre Antoine Lambert.

Fig. 2. Un petit carton tricolore de 1907 indique que la Belgique se sentait déjà menacée. Éva Rufy-Laloux a recopié dans son cahier d'écolière ce poignant « Protégez la Belgique » à la date du 3 août 1914.

L'Allemagne envahit la Belgique le 4 août 1914. Elle bafoue de ce fait les accords de Londres, signés le 18 avril 1839, par lesquels, avec les autres puissances, la Prusse se porte garante de notre indépendance. On le devine, l'émotion est profonde. Très vite, on s'approvisionne en vivres et en monnaie, on se précipite vers le bureau de poste pour opérer des retraits d'argent.

Sur le front de l'Ouest, l'armée allemande franchit la frontière belge comme le veut son plan d'attaque. À la frontière française, des armées moins dotées font diversion face aux défenses françaises.

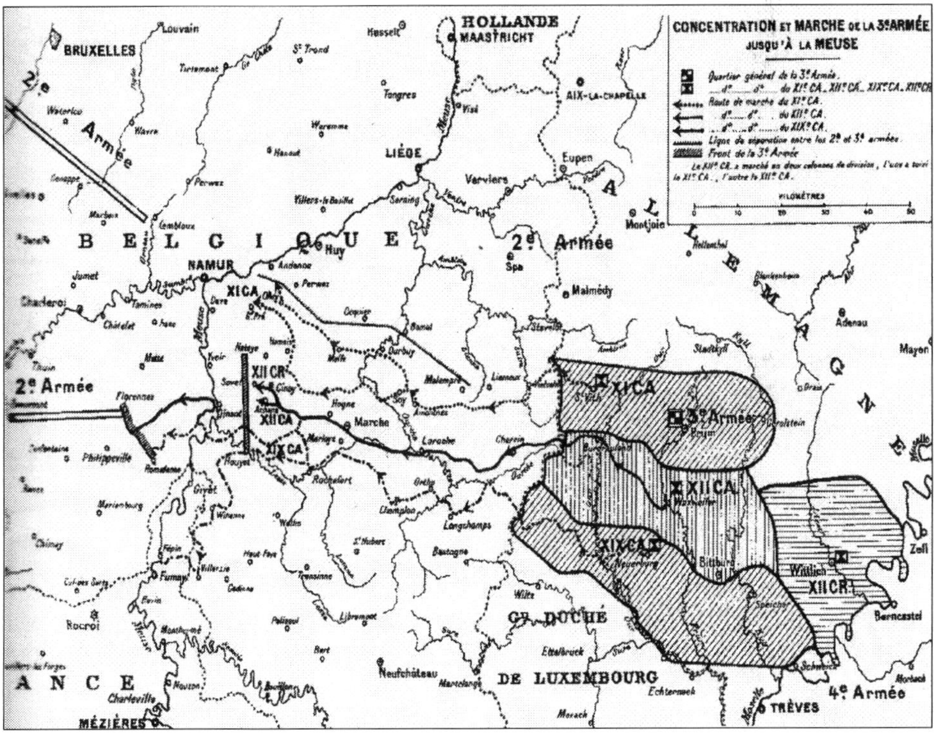

Fig. 3. Plan de marche de la 3e armée allemande en août 1914. *D'après l'édition française des Mémoires de von Hausen, site http://1914ancien.free.fr/hausen01.htm.*

La troisième armée allemande se concentre avant l'offensive dans le secteur d'Aix-la-Chapelle, entre l'Amblève et Troisvierges, à la frontière belge. Elle est entièrement originaire de Saxe et se compose des XIe, XIIe, XIIe réserve, et XIXe corps d'armées[5]. Son commandant est le général Max von Hausen (1846-1922), qui a déjà participé à la guerre franco-prussienne de 1870 en tant que jeune officier.

Fig. 4. Le général Max von Hausen, commandant la 3e armée allemande de Saxe.

La troisième armée ne rencontre pas de résistance significative avant son arrivée sur la Meuse, contrairement à la deuxième armée de Bülow qui doit faire face à la résistance inattendue des forts de Liège. Arrivée sur la rive droite de la Meuse, la troisième armée allemande marque un temps d'arrêt le 22 août suite à une demande de l'état-major de la IIe armée, qui lui emprunte le XIe R.I. pour la prise de Namur.

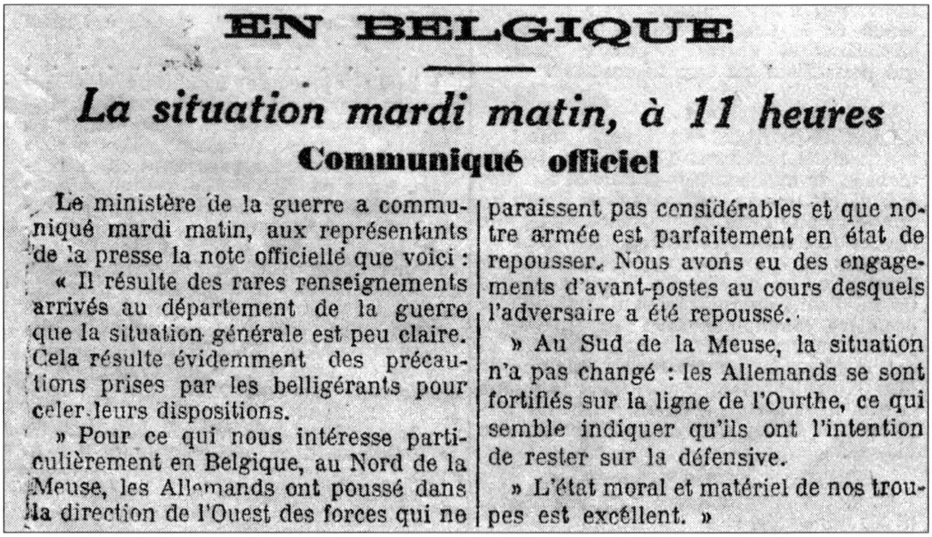

EN BELGIQUE

La situation mardi matin, à 11 heures

Communiqué officiel

Le ministère de la guerre a communiqué mardi matin, aux représentants de la presse la note officielle que voici :

« Il résulte des rares renseignements arrivés au département de la guerre que la situation générale est peu claire. Cela résulte évidemment des précautions prises par les belligérants pour celer leurs dispositions.

» Pour ce qui nous intéresse particulièrement en Belgique, au Nord de la Meuse, les Allemands ont poussé dans la direction de l'Ouest des forces qui ne paraissent pas considérables et que notre armée est parfaitement en état de repousser. Nous avons eu des engagements d'avant-postes au cours desquels l'adversaire a été repoussé.

» Au Sud de la Meuse, la situation n'a pas changé : les Allemands se sont fortifiés sur la ligne de l'Ourthe, ce qui semble indiquer qu'ils ont l'intention de rester sur la défensive.

» L'état moral et matériel de nos troupes est excellent. »

Fig. 5. La presse belge minimise l'avancée des troupes allemandes le 11 août. *L'Étoile belge du 12.8.1914.*

[5] Pour éviter les répétitions abusives, les divisions, brigades et régiments sont référencés de la manière suivante : D.I. : Division d'infanterie. - D.I.R. : Division d'infanterie de réserve. - B.I. : Brigade d'infanterie. - B.I.R. : Brigade d'infanterie de réserve. - R.I. : Régiment d'infanterie. - R.I.R. : Régiment d'infanterie de réserve.

L'armée de von Hausen se retrouve face à la cinquième armée française, entrée en Belgique le 6 août, qui se compose des Ier, X^e^, IIIe, XVIIIe corps, ainsi que de trois divisions de réserve (les 69e, 53e et 51e) et du corps de cavalerie du général Sordet. Cette armée est commandée par le général Lanrezac, qui a également participé à la guerre de 1870.

Le déséquilibre entre les forces allemandes et françaises est net : le Ier corps et la 51e D.I.R., qui se trouvent entre Namur et Givet, font face à l'ensemble de la troisième armée de von Hausen. À Dinant, la 51e D.I.R. se trouve même seule face à trois corps allemands sur un front de 30 kilomètres. Par exemple, le 273e R.I. est seul face au XIIe corps allemand. Les 69e et 53e D.I.R. ainsi que la cavalerie de Sordet se trouvent quant à elles à la frontière française, en arrière des deux unités précédemment citées. Joffre, qui commande l'ensemble des forces françaises, ne prend pas immédiatement conscience de la situation de sa cinquième armée. Cela n'empêche pas cette dernière et ses composantes de mener d'efficaces combats retardateurs, ne nécessitant pas de supériorité numérique. Ceux-ci, causant des pertes aux Allemands, vont être l'élément déclencheur des atrocités de la troisième armée vis-à-vis des civils.

Il faut ajouter à cela la panique des soldats allemands, ainsi que la psychose ou la paranoïa que ceux-ci ont particulièrement développée depuis la guerre franco-prussienne de 1870, à l'encontre des « francs-tireurs » ou civils qui leur tirent dans le dos.

Les combats les plus intenses ont lieu lors de la prise de Dinant. C'est également à ce moment, comme nous allons le développer dans les chapitres suivants, que les exactions allemandes atteignent leur paroxysme.

La "confession" de Guillaume II à l'abbesse de Maredret en juin 1916

Pour bien comprendre l'état d'esprit des Allemands et surtout de leur empereur Guillaume II, toutefois largement marginalisé par son état-major et le lobby industriel, il n'est pas inutile de prendre connaissance de la teneur de l'entretien qu'il eut deux ans plus tard, le 23 juin 1916, avec la mère abbesse de Maredret, Cécile de Hemptinne. Nous en reproduisons ici quelques extraits significatifs[6], où il se présente surtout comme une victime d'un complot des autres grandes nations, mais aussi des francs-maçons et même des Juifs :

Kaiser : Vous n'avez pas trop souffert de la guerre ?

---

[6] Ce récit est chargé sur le site internet de Maredret (www.19141918.maredret.be) et il vient de paraître dans *Musée en Piconrue*. Périodique trimestriel du Musée en Piconrue (Bastogne), n° 112, 4e trimestre 2013, p. 75-79 et n° 113, 1er trimestre 2014, p. 11 sv. (publication toujours en cours) : Yves VAN CRANENBROECK, « L'Empereur et l'Abbesse. Une visite étonnante à l'abbaye de Maredret le 23 juin 1916 ». Nous remercions son auteur de nous avoir autorisé à publier ici ces extraits.

Abbesse : Pas trop, nous avons eu cependant une bombe qui a pas mal endommagé la toiture.

K : Je déplore tout cela, ce n'était pas nécessaire... Onkel Léopold n'aurait pas fait cela. Il se serait arrangé avec moi ; il m'aurait laissé passer et nous n'aurions rien fait. Le Roi aurait dû faire ainsi.

A : Le Roi a fait son devoir.

K : Le Luxembourg nous a bien laissés passer.

A : Mais le Luxembourg n'a pas d'armée, il ne devait donc pas se défendre, tandis que nous le devions pour ne pas manquer à nos engagements.

K : Vous n'en aviez plus.

A : Pardon, Sire, nous devions maintenir notre neutralité.

K : Vous n'étiez plus neutre, car vous aviez fait accord avec l'Angleterre. Votre Roi m'a trahi comme les autres et si je l'avais su je ne serais pas allé lui faire visite à Bruxelles.

A : Notre Roi a fait son devoir et n'aurait pas pu agir autrement qu'il ne l'a fait. Indépendamment du devoir de loyauté, il y avait encore la raison que l'Angleterre et la France nous eussent certainement attaqués.

K : On a trouvé une pièce à Bruxelles qui prouve clairement l'accord avec l'Angleterre.

A : Oui, dans l'hypothèse : SI l'Allemagne nous avait attaqués, mais cette hypothèse était la même dans le cas où l'Angleterre nous eût attaqués, c'est-à-dire qu'alors nous eussions compté sur l'Allemagne pour défendre notre neutralité.

K : Non, il s'agissait d'un véritable accord avec l'Angleterre contre l'Allemagne. D'ailleurs la flotte anglaise était déjà devant les côtes belges et les Anglais étaient décidés à traverser la Belgique pour venir nous attaquer.

A : Enfin on pourra certainement mettre cela au point après la guerre.

K : Et ce qui m'a beaucoup intéressé, c'est de constater que tous les diplomates belges : à Berlin, à Petersbourg et ailleurs prévoyaient déjà en 1906 (?) la guerre générale contre l'Allemagne.

A : Ce n'est pas étonnant, car c'est un phénomène qui se reproduit périodiquement dans l'histoire : quand un empire devient trop grand, trop puissant, une guerre éclate.

K : Ce n'était pas nécessaire, nous étions tranquillement chez nous.

A : Mais, Sire, ce n'est pas tout de même nous, Belges, qui aurions jamais eu l'idée de commencer la guerre... Qu'aurions-nous prétendu faire avec une armée de 200.000 hommes pour attaquer l'Allemagne ? D'ailleurs nous n'avons jamais fait preuve de défiance vis-à-vis de l'Allemagne, la preuve c'est que la Belgique était remplie d'Allemands. La France n'y pensait pas non plus, nous avons eu la preuve qu'elle n'était pas prête.

K : Non.

A : Alors qui a commencé ?

K : C'est la Russie. Les Russes sont venus avec 10.000.000 d'hommes, ils ont passé nos frontières pendant que nous mobilisions encore. Nous en avons tué beaucoup.

A : Mais il y en a encore tout de même plusieurs millions.

K : Non, cela diminue...

A : Mais je croyais, Sire, que le Tsar était un grand ami avec votre Majesté ?

K : Oh ! oui, nous avons toujours été ensemble. Nicolas est mon cousin, il a encore joué sur mes genoux.

A : Il est beaucoup plus jeune ?

K : Oui... c'est l'Angleterre qui l'a entraîné.

A : Et le Roi d'Angleterre n'est-il pas également le cousin de votre Majesté ?

K : Oui, certainement, il est le fils d'Edouard VII, mon ennemi juré. [Ces derniers mots étaient dits d'un ton convaincu], c'est très pénible... Tous se sont tournés contre moi, l'Italie aussi.

Fig. 6. Photo de l'empereur Guillaume II.

L'empereur reprend :

K : Savez-vous une des grandes causes de la guerre ?

A : Non.

K : Les francs-maçons.

(…)

K : Les francs-maçons et les socialistes, c'est mauvais cela ! [nouvelle grimace sur ces derniers mots.] Et puis, les avocats !

A : Les avocats.

K : Oui, presque tous les avocats sont des Juifs. Ô les Juifs ! Je les ai vus de près là-bas sur les frontières russes.... Ils sont dégoûtants... [suivaient deux ou trois autres qualificatifs oubliés][7].

A : C'est une race maudite, parce qu'ils ont crucifié Notre-Seigneur mais enfin nous ne devons pas désespérer de leur salut. Est-ce qu'ils n'ont plus aucune religion ?

K : Non, je crois que leur seule religion c'est l'or.

[7] L'antisémitisme est déjà très vivace en Allemagne à cette époque.

Chapitre 2
Les faits de guerre dans la région de Dinant et Yvoir*

Les forces en présence

Du point de vue de l'adversaire, l'armée allemande dans la région est composée essentiellement des forces suivantes[8] :

- le XIIe corps d'armée allemand, de Saxe, commandé par le général von Elsa ;
- le XIIe corps de réserve, qui marche en seconde ligne. C'est la 23e division de réservistes saxons qui va se rendre tristement célèbre à Spontin et dans les autres villages ;
- le XIXe corps (IIIe armée), du général von Laffert ;
- les 1er, 2e, 8e dragons de la garde, le 1er Leib Kurassier.

Quant à la défense de notre région, elle n'est pas assurée par l'armée belge, assignée à la défense de Namur autour des forts, mais bien par les troupes françaises dirigées par le colonel Cadoux du 148e, installé à Dinant et transféré à Bioul le 13 août. À partir du 14 août, le 148e relève du 1er corps qui commence à garnir les plateaux de la rive gauche de la Meuse.

Fig. 7. Le général von Elsa, commandant le XIIe corps d'armée saxon, qui a séjourné au château de Durnal ou de Ronchinne en août 1914.

Les combats sur la Meuse autour de Dinant

Les premiers combats significatifs sur la Meuse ont lieu le 15 août à Dinant. Au terme de la journée, les Allemands sont repoussés par les Français, qui

* Chapitre basé essentiellement sur les ouvrages de Schmitz & Nieuwland et de Horne & Kramer. Quelques éléments sont repris à l'ouvrage de J. Brilot.

[8] On trouvera dans l'annexe III des détails plus précis sur la composition de la 3e Armée allemande.

continuent à occuper la ville. Il n'est pas dans notre propos de relater ces évènements qui méritent une attention toute particulière[9].

Dans la nuit du 21 au 22 août, toujours à Dinant, un bataillon mixte tue sept civils sur la route de Ciney ; il essuie ensuite le feu d'une patrouille française, attribué à des francs-tireurs. La population de Dinant et des villages aux alentours va alors être considérée comme ennemie au même titre que les soldats français et les troupes combattantes. Les soldats allemands prennent les échos des tirs français, se propageant dans la vallée mosane, pour des tirs de francs-tireurs. Le 23 août, avec le soutien de l'artillerie, quatre colonnes allemandes entrent dans la ville. Les Français se replient le soir après une forte résistance et après avoir fait sauter le pont de Bouvignes. La progression des 108e et 182e R.I. est bloquée par une résistance des soldats français. Des civils de sexe masculin, dont 27 hommes réfugiés dans un café, sont alors fusillés. Le 100e régiment de grenadiers, quant à lui, descend des hauteurs pour gagner le faubourg Saint-Nicolas, où les troupes se protègent des tirs français en utilisant un bouclier humain et où la population est rassemblée à la fonderie Bouille. Dans l'après-midi, 19 civils de ce groupe sont exécutés. Ensuite, les hommes et jeunes gens qui sont rassemblés sur la place sont également fusillés.

Le 101e régiment de grenadiers et la 3e compagnie du génie ont pour mission de construire un nouveau pont. Ils vont être pris sous le feu français qu'ils attribuent à des francs-tireurs. 77 personnes sont tuées dont 38 femmes et jeunes filles, et quinze enfants de moins de 14 ans (sept sont encore des nourrissons).

À Leffe, les 178e et 103e R.I. sont persuadés d'être sous le feu ennemi. Le 103e lance une chasse aux francs-tireurs, se terminant par la mort de trois civils. Le 178e, quant à lui, nettoie Leffe de cette même menace, et 43 hommes sont exécutés. Les soldats allemands pensent que les civils sont armés de revolvers et de fusils de chasse et qu'ils leur tirent dessus depuis les fenêtres des bâtiments ainsi que depuis des caves. En fin d'après-midi, le reste de la population cachée dans les caves de l'usine de tissu se rend aux Allemands, qui amènent les femmes et les enfants dans l'abbaye comme prisonniers et exécutent les hommes (32 personnes). Dans le village, le 101e régiment de grenadiers, qui a poursuivi son chemin, passe par les armes 86 habitants.

Les massacres se poursuivent. À Bouvignes, le 178e R.I. tue 31 villageois. À Hastière-par-delà, le 104e et le 133e R.I. exécutent 19 habitants, dont deux

[9] Sur ces combats de Dinant et les massacres qui s'ensuivent, on dispose désormais d'un ouvrage récent qui revisite les faits de manière critique, à la lumière de nouvelles découvertes : M. Coleau, M. Kellner, V. Scarniet et A. Tixhon, *Dinant. Août 1914. Les rives sanglantes*, Dinant, 2014. On invite le lecteur à s'y reporter.

enfants de dix ans. Au total, 312 civils sont tués par les Allemands à Leffe et dans les faubourgs de Saint-Jacques. Pendant ce temps, le massacre de la population dinantaise se poursuit. L'épisode de la fusillade du Mur Tschoffen à Dinant est tristement célèbre. Les Allemands savent que les civils présents sont innocents individuellement, mais ils veulent en faire un exemple pour décourager les francs-tireurs, la population étant selon eux collectivement responsable. 400 habitants sont également déportés à Cassel.

Dans 65 % des cas, les incidents sont liés aux combats. Dans 22 % des cas, l'incident est provoqué par la panique des soldats (comme pour les cas de Warsage, Visé, Aarschot, Andenne, Louvain, Lunéville et 19 autres cas sur 29 qui n'étaient pas liés au combat). L'état d'ivresse des soldats joue aussi une part importante dans le déclenchement de fusillades. Dans 25 % des cas, les Allemands ont utilisé des civils comme bouclier humain. Dans 14 % des incidents majeurs, les soldats prennent en otage et déportent la population civile.

Enfin, point capital, la plus grande partie des incidents est attribuée par les Allemands à des actions de francs-tireurs (le spectre de 1870 hante encore à cette période les soldats allemands).

Von Hausen lui-même y fait référence dans ses *Mémoires* :

> La rive gauche beaucoup plus basse est constituée par de petites collines à pentes douces, couvertes de haies et de buissons qui, organisés pour la défense, permettaient de prendre facilement sous le feu les chemins conduisant de l'est de la Meuse à son "thalweg", par exemple par Yvoir, Houx, Leffe, Dinant, Herbuchenne et Les Rivages. Elle commandait d'ailleurs la route qui borde étroitement la rive droite du fleuve. Ainsi, le forcement de la Meuse se présentait comme une opération très difficile. Il pouvait même, d'un moment à l'autre, mettre l'assaillant dans une situation désespérée, si la population de Dinant prenait part à la bataille. Après avoir avancé jusque dans la partie de la ville située sur la rive est, la troupe se heurta à des habitants armés dont la participation à la résistance semblait avoir été organisée militairement. De toutes les maisons, dont les toits, les fenêtres et les caves avaient été préparés pour la défense, partait un feu terrible pour l'assaillant. Le peuple aveuglé usait de toutes les perfidies ; on vit même des femmes et des jeunes filles se mêler à la bataille.
>
> Ainsi se déroula à Dinant un combat de rues du plus grand acharnement et qui dut être mené sans merci. La conduite des habitants, si contraire au droit des gens, retarda la construction du pont projeté pour le passage de la 23e D. I. Les pionniers, en mettant les bateaux à l'eau, subirent des pertes très élevées. La moitié du matériel fut crevée par les balles d'infanterie. Sa remise en état dura

jusqu'au lendemain. Mais dans les faubourgs aussi, une population fanatique, soutenue de la rive gauche par les Français, opposait une vive résistance[10].

Fig. 8. Dans la ville de Dinant sinistrée, une passerelle de bois a déjà été installée en amont du pont détruit par les Français. *A.Év.N. Fonds Schmitz S-105.*

La troisième armée compte lors de son passage seize incidents et 1005 civils tués. Ces évènements se déroulent majoritairement entre le 20 et le 26 août. Après être passée par la Belgique, l'armée se dirige vers Reims, évacuée le 3 septembre, et investie le lendemain. Les atrocités en Belgique se terminent alors. Von Hausen est quant à lui relevé de son commandement le 14 du même mois et remplacé par le général Einem, ancien ministre de la Guerre entre 1898 et 1909.

Les combats dans la vallée du Bocq et autour d'Yvoir

Dans la traversée de la commune actuelle d'Yvoir, du moins jusqu'à la Meuse, il ne se déroule pratiquement aucun combat significatif ; la troisième armée allemande ne se heurte pour ainsi dire à aucune résistance.

En effet, les troupes d'infanterie et d'artillerie françaises ne dépassent pratiquement pas la Meuse, préférant s'appuyer sur leurs défenses sur l'autre rive. Tout au plus, quelques patrouilles de cavalerie tentent d'opposer quelque arrêt à la foudroyante avance de l'armée ennemie. C'est le cas notamment le 11 août, lors d'une reconnaissance de 48 soldats partis d'Anhée à 7 h 30. Passant par Bauche et les hauteurs de Durnal, elle déloge l'ennemi installé à

[10] M. VON HAUSEN, http://1914ancien.free.fr/hausen01.htm (consulté le 10/12/2012).

Jassogne. Ce 19e dragons d'Oldenbourg s'enfuit avec 17 morts ou blessés vers Braibant.

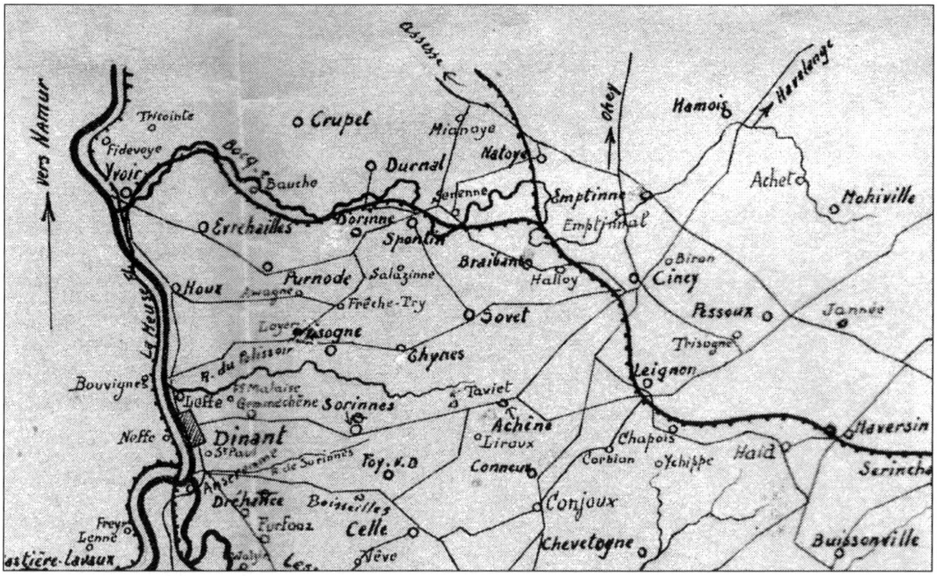

Fig. 9. Carte d'avancement des armées allemandes entre Ciney et Dinant. *A.Év.N. Fonds Schmitz S-105.*

Les premières escarmouches avec l'armée française à Yvoir sont relatées par le colonel Cadoux :

> Le 13 août à 15 heures, 18 dragons du 2e escadron du 1er régiment de la Garde apparurent sur les hauteurs dominant la station d'Yvoir. Reçus par le poste fixe de la gare, qui leur envoya une salve, les cavaliers tournèrent bride. Mais, obligés de défiler devant la 3e compagnie du sous-lieutenant Touche, marchant sur Évrehailles par le pont d'Yvoir, ils furent décimés. Cinq cavaliers furent tués, six blessés, et deux prisonniers. Le lieutenant Arnaud, parti d'Anhée par le pont de Houx, découvrit à Évrehailles le reste du détachement qui fuyait et captura huit chevaux harnachés. À Dorinne, le détachement laissa deux blessés que recueillit la Croix-Rouge de Durnal[11].

À noter que les cavaliers ennemis venaient d'Évrehailles, amenés par un jeune homme qu'ils avaient contraint de leur indiquer le chemin. Arrivés à hauteur de l'habitation de Madame Gustave Dor, ils lui demandèrent s'ils étaient à Yvoir. C'est à ce moment que la fusillade éclata.

---

[11] Lors de cette première escarmouche, un hussard en fuite serait tombé, avec son cheval, du haut des 25 mètres dans la carrière face à la gare. Jules BAUJOT dans *La vallée de la Meuse de Namur à Givet*, édité en 1930, rapporte que ce hussard aurait été un prince de Lippe, qui portait une cote de mailles toute cousue de pièces d'or et que son corps fut renvoyé en Allemagne, trois cercueils entourant la dépouille du riche cavalier. Fiction ou réalité ?

Fig. 10. Gravure de *La Belgique martyre*, n° 8 illustrant le groupe de uhlans mal orienté par le jeune Kinif. *Coll. La Mémoire de Spontin.*

Fig. 11. Gravure de C. Van Offel illustrant la chute d'un uhlan dans la carrière. D'ARS, *Les atrocités allemandes dans la province de Namur, n° 27 - Coll. Patrick Hilgers.*

La suite est racontée par l'abbé Grégoire, curé d'Yvoir.

> La journée du 14 août fut calme. Le 15, on entendit les échos de la bataille de Houx et de Dinant. Le 16, une patrouille allemande, venant de Tricointe et Fidevoye, fut attaquée par des Français, installés à la Meuse. Un uhlan fut tué, un autre blessé.
>
> Le 18, le pont était hérissé de fils barbelés et c'est en barque seulement qu'on pouvait aller d'une rive à l'autre. Des habitants d'Évrehailles et Purnode viennent se réfugier à Yvoir. Le 21, des Français, sortant du Cénacle avec des marmites de soupe préparées par les religieuses, tirent sur trois uhlans le long de la Meuse, sans les atteindre. Vers midi, devant la boucherie Bastin, des ouvriers des carrières croisent des uhlans qui les injurient et leur montrent le poing.

La préparation des combats sur la Meuse, dans le cadre desquels se sont commises les atrocités de Spontin, est racontée ainsi par Schmitz et Nieuwland :

> L'épisode le plus saillant est la première attaque de Dinant, au 15 août. Elle fut précédée de corps à corps d'avant-garde. Le 13, une soixantaine de dragons traversèrent Natoye ; vingt-et-un d'entre eux passèrent à Spontin et s'aventurèrent jusque Évrehailles et Yvoir, où ils se firent presque tous tuer ou capturer par les troupes françaises qui étaient sur la Meuse. (...) Le même jour, les cavaliers de la Garde et de la 5e division terrorisent Ciney, d'où ils gagnent Achêne et Sovet ; ils s'avancent jusqu'à Spontin et même jusqu'à Houx, sur la Meuse. Le 15, ils mènent une vigoureuse attaque contre les Français qui gardent la Meuse à Houx (...). À part cela, le secteur que nous étudions reste étranger à la bataille du 15 août.

Les jours suivants, des troupes du 1er et du 2e dragons occupent les villages de la région et leur état-major est au château de Spontin ; le 17, elles bombardent Évrehailles (...). Le 21, la cavalerie allemande se reporte à l'arrière.

Fig. 12. Vue de l'entrée du village d'Évrehailles bombardé par les Allemands. *A.Év.N. Fonds Schmitz S-105.*

C'est le 21 que pénètrent à Ciney, à Durnal, à Spontin, à Dorinne, à Purnode et à Évrehailles, les (...) XIIe corps et (...) XIXe corps, ainsi que toutes les troupes saxonnes qui doivent forcer le passage de la Meuse. Alors commencent les heures terribles qui aboutiront aux tragédies du 23 août. Furieux de la résistance des troupes françaises, qu'ils s'imaginent sans doute plus sérieuse qu'elle n'est en réalité, les soldats se vengent de leur insuccès en donnant libre cours aux suggestions de leur humeur et aux instincts de leur cruauté. Dès le 21, le premier incendie est allumé à Évrehailles, dont on annonce le châtiment depuis plusieurs jours dans toute la région, parce qu'« *on y a commis une cruauté* ». La nuit suivante, le petit village de Houx est saccagé, en même temps que la rue Saint-Jacques à Dinant, par le 108e régiment de fusiliers. Au matin du 23 août, c'est l'avance générale : tandis que, des hauteurs de Taviet, von Hausen et son état-major admirent l'exaltation de leurs troupes qui partent joyeusement pour la conquête de la Meuse, les incendies s'allument dans tous les villages, le sang des civils coule à flots.

Le passage de la Meuse à Yvoir

En arrivant vers la Meuse, l'armée allemande, après être passée par Florée, Spontin et Dorinne, se divise en deux : une partie descend sur Leffe, l'autre sur Yvoir. La 32e division a pour mission de passer la Meuse aux ponts de Houx, Yvoir, Leffe et Dinant. Les ponts de Leffe et d'Yvoir sont dénommés « ponts de la 32e division » dans les publications allemandes, bien que quelques éléments du XIXe corps et la 23e division de réserve utilisent le même itinéraire.

Fig. 13. Le pont d'Yvoir détruit par l'armée française, photo prise en septembre 1914. *A.Év.N. Fonds Schmitz S-105.*

L'abbé Grégoire d'Yvoir raconte :

> Le 22 à 17 h, le percepteur des postes annonce qu'il a reçu une dernière communication de Namur : les Français se retirent car l'ennemi approche. À

> 16 h 45, de fortes détonations annoncèrent que les ponts d'Yvoir et de Houx sautaient. Dès le soir, à 22 h, des Allemands des 101e et 103e pénétrèrent au village et occupèrent la gare.
>
> Le 23, à une heure du matin, des troupes descendues au village par le Charreau circulaient dans les rues. À 5 heures, le canon commença à gronder. Dès 6 h, le feu était mis aux maisons du village, à commencer par celle qui fait le coin à la bifurcation des rues d'Évrehailles et de la gare. Dans le centre, les soudards s'emparèrent des familles Gaston Delers et Alphonse Marchal. Maisons incendiées : 14 à l'entrée de la localité, côté Évrehailles et 2 au centre.
>
> Vers 14 h, le canon cessa de se faire entendre et ce fut l'envahissement par les soldats de toutes armes. À 17 h, après avoir fait enfoncer la porte du presbytère à coups de hache, un officier se fit mener à la tour de l'église et enleva le drapeau.

Le colonel Cadoux raconte la suite des opérations du côté français :

> À Yvoir, le 23 août, trois secteurs de la 4e compagnie (capitaine Gaudelet) du 148e occupaient des tranchées derrière le talus de la route de Namur, en bordure de la rive gauche, et la 4e section occupait d'autres tranchées, sur le versant qui domine le chemin venant d'Évrehailles. À 4 h 30, des éléments d'infanterie ennemie occupaient Yvoir et, dès l'aube, engagèrent le combat. En occupant les tranchées et en faisant les reconnaissances préliminaires, dix à quinze hommes furent mis hors de combat. Le capitaine eut son cheval tué, il fut lui-même grièvement blessé et s'abrita derrière un arbre de la route. Une vive fusillade se poursuivit toute la journée.
>
> À 15 h, comme l'ennemi tentait de disposer des radeaux pour passer la Meuse, le capitaine chargea le lieutenant Arnaud, le sous-lieutenant Lucas, et leurs sections d'accentuer la résistance. À 17 h, la position devenait intenable, car une forte colonie ennemie, venant d'Anhée, rive gauche, descendait la Meuse vers Yvoir. La retraite s'imposait. Le capitaine qui ne pouvait la suivre refusa que ses soldats, qui voulaient l'emporter, s'exposassent pour lui à la mort, sous la pluie des balles et des obus. Quand il vit que le sergent Clerck quittait la dernière tranchée, il lui remit son portefeuille en disant : « *Le contenu appartient à la compagnie, à la coopérative et à moi. Mon successeur saura en faire le partage. Adieu mes enfants ! Vive la France !* » On le retrouva à cet endroit à l'état de cadavre.

Parmi les Français qui défendaient le pont d'Yvoir, trois sont tués et enterrés près de la « Villa des Toutous », trois autres enterrés près de la ferme d'Hèneumont, où l'on soigne deux blessés. Une dizaine d'autres blessés sont confiés aux religieuses de Warnant.

À 17 h 30, l'ennemi peut donc occuper sans danger la rive ouest de la Meuse, vers Fidevoye. Quelques Allemands traversent d'abord en barque et ce sont eux qui achèvent le capitaine Gaudelet. Les habitants d'Yvoir voient ensuite accoupler des barques au lieu-dit Au Rivage et former les pontons à rames qui servent au transport des troupes. Celui-ci débute à 19 heures et se poursuit jusqu'au matin à la lueur de lanternes suspendues à un câble, d'une rive à l'autre.

À Houx, très peu de fantassins peuvent utiliser le pont endommagé. Les troupes sont dès lors dirigées vers Leffe (pont de bois), car la traversée sur ponton est trop lente.

Le lendemain à 6 h du matin, c'est le combat de Warnant. La 23e division de réserve allemande, après avoir dormi en pleine rue à Anhée, se heurte aux troupes belges du général Ghislain, arrivant de Bioul.

Les Allemands ont gagné leur combat, la Meuse est passée, la guerre s'éloigne pour les habitants d'Yvoir et de la vallée. Elle commence pour d'autres.

Chapitre 3
23 août 1914
Une journée maudite pour Spontin*

Spontin va énormément souffrir des débuts de la guerre et du passage des troupes allemandes. Arrêtées dans leur progression par les Français sur la Meuse du 15 au 23 août, celles-ci – exaspérées par un nationalisme à fleur de peau, entraînées dans une sorte de délire collectif frisant la paranoïa – se vengent sur des innocents accusés d'être des « francs-tireurs », sur des villages et des localités chargées de tous les maux. Dans ce contexte, Dinant fait figure de ville-martyre symbole avec ses 674 civils tués ou assassinés[12]. D'autres villes ont aussi à souffrir lourdement, au rang desquelles Andenne et Tamines, mais également plusieurs villages comme Spontin et Surice. À des degrés divers, les autres localités qui composent aujourd'hui Yvoir ont subi des dégâts et des pertes humaines durant ces journées maudites.

Le récit de ces atrocités a été longuement consigné et détaillé par le chanoine Jean Schmitz, secrétaire de l'évêché de Namur, et Dom Norbert Nieuwland, moine à l'abbaye de Maredsous[13]. Faisant œuvre d'historiens avec une objectivité certaine malgré la proximité des faits, ils confrontent témoignages oraux de victimes spontinoises et carnets de route d'officiers et de soldats allemands ; la perception des faits est bien entendu différente, mais la vérité historique parvient à se trouver aux confins des deux.

---

* Ce chapitre repose essentiellement sur les nombreux témoignages recueillis durant la guerre et après la guerre auprès d'une quinzaine de Spontinois qui ont vécu ces évènements tragiques. La plupart de ces témoignages sont rassemblés dans l'annexe I, et y sont publiés soit in extenso soit de manière sélective. On invite le lecteur à s'y référer. Les références aux sources principales sont mentionnées dans la bibliographie.

[12] Sur les combats et les massacres de Dinant, cf. l'ouvrage de SCHMITZ & NIEUWLAND, mais aussi désormais M. COLEAU, M. KELLNER, V. SCARNIET et A. TIXHON, *Dinant, Août 1914. Les rives sanglantes*, Dinant, 2014.

[13] Sur cet ouvrage, cf. Thierry SCHOLTÈS, « Une mémoire de papier : l'ouvrage monumental de Schmitz et Nieuwland sur l'invasion des provinces de Namur et de Luxembourg », dans *1914-1918. Le Dieu de la guerre*, Bastogne, 2013, p. 161-170.

Spontin l'Assassinée

Fig. 14. Titre de la brochure publiée à Dinant par l'avocat Édouard Gérard en 1919 avec comme pré-titre "Pour qu'on sache !" *Coll. J. Germain.*

Cette tuerie sans nom va rendre le village de Spontin tristement célèbre dans l'historiographie des ouvrages consacrés aux sévices subis par les civils[14]. L'assassinat du curé, tout particulièrement, va être retenu comme hautement symbolique de cette barbarie culturelle et religieuse et évoqué jusqu'au Vatican.

L'arrivée des troupes allemandes et la difficile cohabitation

La Grande Guerre frappe à la porte de Spontin le 10 août 1914. Dans un premier temps, tout semble se passer plus ou moins calmement :

> Dès les premiers jours d'août, des uhlans traversèrent Spontin en mendiant des vivres[15]. Le 10 août, il passa six dragons; le 13, on en vit vingt-et-un et, l'après-midi, il en repassa trois, avec quatre chevaux : le reste avait péri dans l'escarmouche d'Yvoir.
>
> Le 15, des troupes montées et des soldats cyclistes avec quelques autos et de l'artillerie arrivèrent de trois côtés, se dirigeant vers Dinant. Des sentinelles furent postées à la gare, au moulin, sur la place et près des ponts. Le canon tonna toute la journée et, à 17 h 30, ces troupes revinrent précipitamment; les cyclistes s'abritèrent dans la carrière.

Le lendemain, avec de grands mouvements de cavalerie, commence le passage de cuirassiers et de dragons de la Garde de Berlin, des premier et deuxième régiments. Leur présence est attestée par les témoins de Spontin mais également par un billet délivré par un *Rittmeister* du premier régiment et par un lieutenant du deuxième.

---

[14] Le cas de Spontin est considéré comme emblématique par les historiens irlandais J. HORNE, et A. KRAMER, *1914. Les Atrocités allemandes. La vérité sur les crimes de guerre en France et en Belgique*, Paris, Texto, 2011, p. 96-97 et passim, qui parlent du « cas le plus célèbre ». - Il est rappelé récemment dans l'ouvrage de D. CONRAADS et D. NAHOÉ, *Sur les traces de 14-18 en Wallonie. La mémoire du patrimoine*, Namur, Institut du Patrimoine Wallon (IPW), 2013, p. 129.

[15] D'après les Sœurs Victoire et Rachelle, institutrices à Spontin, des uhlans seraient déjà passés par le village dès le 4 août ; ces déplacements semblent néanmoins très précoces par rapport aux passages de troupes suivants.

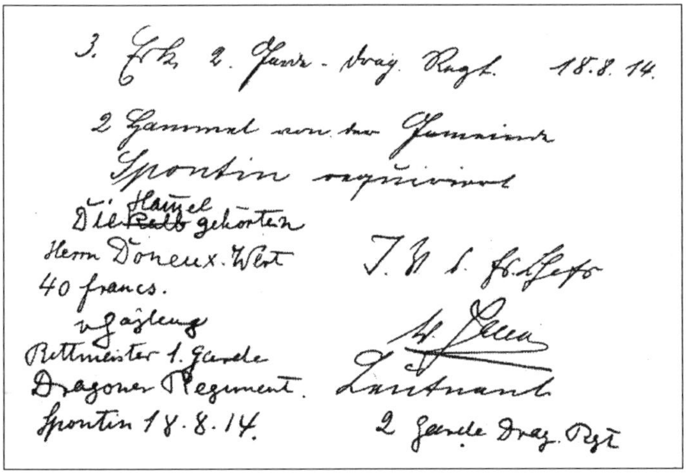
3. Esk. 2. Garde-Drag. Regt. 18.8.14.

2 Hammel von der Gemeinde Spontin requiriert

Die Hammel gehörten Herrn Doneux. Wert 40 francs.

v. Gayling Rittmeister 1. Garde Dragoner Regiment. Spontin 18.8.14.

Leutnant 2 Garde Drag. Rgt

Fig. 15. Pièce délivrée au fermier Doneux le 18 août pour réquisition, par les régiments des Dragons de la Garde qui ont participé à l'attaque de Dinant le 15 août. *Schmitz & Nieuwland, p. 97.*

Le général Max von Hausen explique ces mouvements de cavalerie dans ses Mémoires :

> La cavalerie d'armée (5e division de cavalerie et division de cavalerie de la garde) renforcée par les bataillons de chasseurs et de tirailleurs de la garde, 11e, 12e et 13e, avait été chargée par le G. Q. G. [Grand Quartier Général] de se porter en avant de la zone de concentration, par Bastogne, en direction ouest, sur Dinant avec mission d'observer et d'explorer la ligne de la Meuse de Namur à Mézières. Dans l'accomplissement de cette mission, elle se heurta d'abord à de faibles détachements de cavalerie française, puis à de plus forts ; c'est seulement sur le secteur de la Meuse, au sud de Namur, qu'elle rencontra une résistance qu'elle ne put briser d'emblée[16].

Fig. 16. La ferme du château de Spontin qui a accueilli un lazaret pour les blessés allemands durant les combats de Dinant. *Coll. La Mémoire de Spontin.*

[16] M. von HAUSEN, *Mémoires*, cf. http://1914ancien.free.fr/hausen01.htm ; illustré par M. TASNIER et R. VAN OVERSTRAETEN, 1926, p. 121.

Von Hausen précise également qu'il rencontre le général von Richthofen, commandant du 1er corps de cavalerie, le 20 août à Natoye, alors que celui-ci a déjà installé son quartier général dans le village, situé à moins de 5 km de Spontin. Les dragons logent dans l'étable du château du baron de Wolff ainsi que dans le village jusqu'au 21 août.

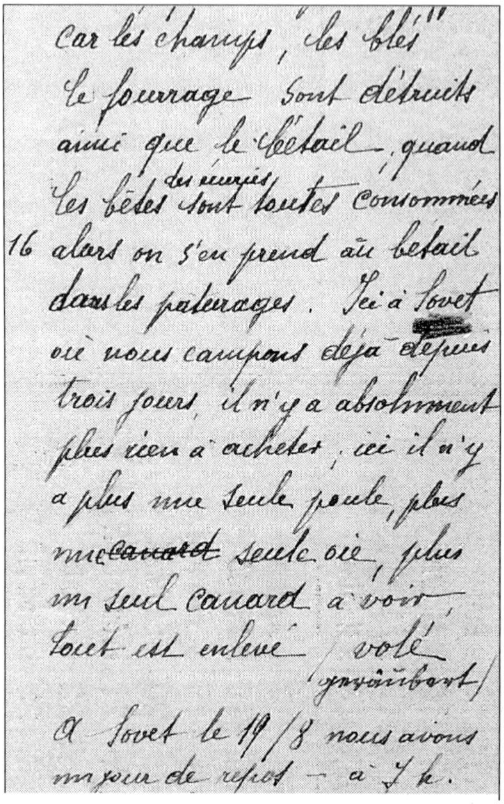
Car les champs, les blés
le fourrage sont détruits
ainsi que le bétail, quand
les bêtes des écuries sont toutes consommées
16 alors on s'en prend au bétail
dans les pâturages. Ici à Sovet
où nous campons déjà depuis
trois jours, il n'y a absolument
plus rien à acheter, ici il n'y
a plus une seule poule, plus
une ~~canard~~ seule oie, plus
un seul canard à voir,
tout est enlevé / volé
(geräubert)
A Sovet le 19/8 nous avons
un jour de repos – à 7 h.

Fig. 17. Dans le carnet trouvé à Aische, un soldat allemand campant sur les hauteurs entre Spontin et Sovet fait état des pillages et des réquisitions. *A.Év.N. Fonds Schmitz S-105.*

D'après le récit des Sœurs, il y a également un passage de cyclistes montés ; ceux-ci ne sont cependant pas repris dans l'inventaire de la troisième armée. Les dragons mènent de nombreuses patrouilles jusqu'aux 20 et 21 août, dates durant lesquelles les troupes se remettent en route. Il n'y a aucun incident majeur à déplorer, excepté le pillage du magasin de la Coopérative et un incident de tir, dû à un soldat, qui est réprimé par un supérieur.

Des blessés d'un combat contre les troupes françaises à Dinant sont amenés au château, lequel sert d'hôpital de campagne ou de lazaret, arborant dès lors le drapeau de la Croix-Rouge. Les blessés, des dragons et des soldats de divers régiments, sont soignés par le médecin allemand Weiser et le docteur Louis Bardiau, de Spontin.

Avec l'arrivée dès le 21 des troupes d'infanterie et des imposants corps d'armée, apparemment originaires de Saxe, le danger se précise. Dans l'après-midi du 22, arrivent le 105e et le 108e. Ils s'installent partout, sur les chemins, dans les vergers, dans les granges et dans les maisons. À 21 heures, une partie des soldats quittent le village et s'installent sur les hauteurs voisines.

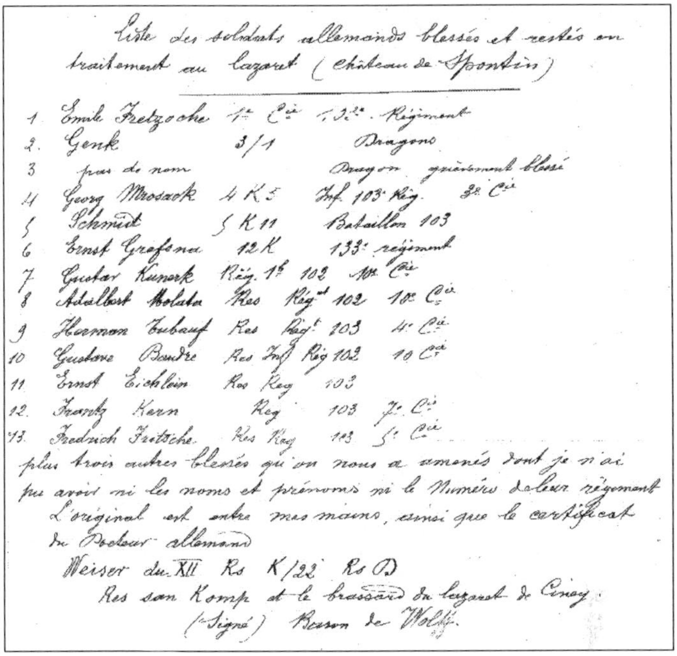

Liste des soldats allemands blessés et restés en traitement au lazaret (Château de Spontin)

1 Emile Fretzoche 1re Cie 13e Régiment
2. Genk 3/1 Dragons
3 pas de nom Dragon grièvement blessé
4 Georg Mrosack 4 K 5 Inf 103e Rég. 3e Cie
5 Schmidt 5 K 11 Bataillon 103
6 Ernst Grafsna 12 K 133e régiment
7 Gustav Kunerk Rég. 1e 102 10e Cie
8 Adalbert Molata Res Régt 102 10e Cie
9 Herman Zubauf Res Régt 103 4e Cie
10 Gustave Bandre Res Inf Rég 102 10 Cie
11 Ernst Eichlein Res Reg 103
12. Frantz Kern Reg 103 7e Cie
13. Fredrich Fretsche Res Reg 103 5e Cie

plus trois autres blessés qu'on nous a amenés dont je n'ai pu avoir ni les noms et prénoms ni le Numéro de leur régiment
L'original est entre mes mains, ainsi que le certificat du Docteur allemand
Weiser du XII Rs K/22 Rs D
Res san Komp et le brassard du lazaret de Ciney.
(Signé) Baron de Wolff.

Fig. 18. Liste des soldats allemands blessés et soignés au château de Spontin dressée par le baron de Wolff fin août 1914. *A.Év.N. Fonds Schmitz S-103.*

Les habitants ayant bien accueilli la cavalerie, le village ne souffre pas jusqu'alors d'une mauvaise réputation. Dès leur arrivée, les Allemands viennent réquisitionner du vin et de la nourriture, notamment au presbytère chez le curé Justin Laisse, assisté par sa servante, Amandine Kinard. Ceux-ci ne leur refusent rien, d'après le témoignage de la servante (voir annexe 1.1).

Fig. 19 et 20. Portraits du bourgmestre Antoine Lambert et du curé Justin Laisse, pris en otage par deux fois puis assassinés à l'aube du 23 août. *A.Év.N. Fonds Schmitz S-105. / Souvenir mortuaire.*

Du 20 au 22 août, le curé et le bourgmestre, Antoine Lambert, sont régulièrement retenus par les troupes, et ce même durant la nuit. Le soir du 22, vers 20 h, ils sont emmenés à l'hôtel du Cheval Blanc. Ils doivent prêter serment aux Allemands, leur jurant qu'aucun civil ne leur tirera dessus. Ils sont libérés le lendemain, à 4 h 30 du matin[17].

Les massacres et l'incendie

Peu après, à 5 h du matin, un premier coup de feu retentit, près de l'hôtel du Bocq. Tout bascule en peu de temps.

Fig. 21. Photo de Spontin en feu, à l'entrée du village ; des prisonniers sont rassemblés à l'emplacement même du futur monument aux morts. *Journal allemand non identifié.*

Presque immédiatement, une fusillade éclate dans tout le village. Dans un premier temps, les villageois pensent qu'un combat a lieu à Dorinne, ou que les Allemands tirent sur un avion de reconnaissance. Rapidement, ils se rendent compte qu'il n'en est rien. Les soldats crient : « *On a tiré sur nous* » et s'en prennent aux civils. La panique règne à ce moment parmi les troupes, qui néanmoins profitent du chaos pour piller les habitations. Les 103e et 107e R.I., ainsi que le 133e R.I.R. mettent alors le feu aux quartiers du village, au presbytère, à la maison communale, à l'école des garçons et à l'église, monument historique de la localité, antérieure au XVe siècle mais reconstruite dans le style gothique au XIXe siècle. D'après l'architecte Adolphe Ledoux,

[17] Dans d'autres témoignages, comme celui d'Amandine Kinard, le curé et le bourgmestre sont libérés à 4 h. Selon Charles Verhoost, ils le sont à 5 h. D'autres sources indiquent 6 ou 7 h. Cette confusion provient sans doute du fait qu'après avoir envahi la Belgique et installé leur administration, les Allemands suppriment un fuseau horaire pour établir une concordance horaire entre les territoires conquis et l'Allemagne.

chargé par la commune de reconstruire le village et qui a fait l'inventaire des dégâts, les soldats ont au préalable saccagé l'église à coups de hache, notamment les fonts baptismaux.

Fig. 22 et 23. Deux photos du clocher de l'église incendiée le matin du 23 août. *A.Év.N. Fonds Schmitz S-105.*

Les archives de Spontin, dont des documents médiévaux, ainsi que les archives communales et ecclésiastiques partent en fumée[18]. Les soldats utilisent de l'essence pour accélérer le départ de l'incendie ; certains sont même aperçus avec des bottes de paille. Sur les 161 habitations que comptait le village, seules 24 échappent au sinistre, 4 subissent un départ d'incendie, mais les 133 autres sont réduites en cendres.

[18] Des cendres chassées par le vent arriveront même jusqu'à Vincon et Natoye.

Fig. 24 et 25. Photos des deux hôtels du village incendiés le 23 août. *A.Év.N. Fonds Schmitz S-105.*

Le massacre du bourgmestre et du curé[19]

Les troupes viennent chercher Justin Laisse et Antoine Lambert, qui viennent d'être libérés et dont les maisons au centre du village sont voisines. On les accuse d'être responsables de l'attaque qui est menée contre eux alors qu'ils ont juré que les soldats ne subiraient pas d'attaque de la part des civils. Le curé est appréhendé alors qu'il va se reposer. Les soldats tirent d'abord sur le presbytère puis y pénètrent alors que le curé et la servante partent se réfugier dans la cave pour

Fig. 26. Gravure naïve de *La Belgique martyre,* n° 7 représentant l'assassinat du bourgmestre et du curé près de la gare. *Coll. La Mémoire de Spontin.*

---

[19] Lire les témoignages 1.1 et 1.2 de l'annexe I.

éviter les balles. Ils menacent le prêtre et l'emmènent rejoindre le bourgmestre. Ils sont tous deux ligotés puis conduits *manu militari* jusqu'à la gare. Sur le trajet, ils sont victimes de mauvais traitements, Julien Laisse recevant même deux coups de baïonnette en plus des coups de crosse de Mauser. Un officier dit au curé qu'il a tiré sur leur major, ce dernier dément l'accusation et reçoit un coup de crosse qui lui brise la mâchoire. Une fois arrivés près de la gare, les deux hommes sont abattus, le curé touché à la poitrine et le bourgmestre à la tête. Le récit est violent, il démontre l'hostilité des militaires allemands vis-à-vis de l'autorité communale et de l'autorité ecclésiastique.

Fig. 27. Coussin-relique de l'abbé Justin laisse, conservé dans sa famille depuis 1914. "Précieuse corde qui a lié les mains du martyr de Spontin – 23 août 1914". *Don de Michel Naomé. Coll. La Mémoire de Spontin.*

Terrifiée, une partie des habitants fuit et tente de se cacher le mieux possible derrière les haies, dans les hautes herbes, les fournils, les bois de Mianoye et de Chansin, vers Dorinne, ou encore dans des grottes comme « le Trou des Nutons » en direction de Durnal. Certains y vivent cachés durant plusieurs jours. Entre-temps, 25 autres habitants sont abattus dans le village, dans leur maison ou leur jardin, dans le cimetière, sur la rue ; certains sont mêmes brûlés ou asphyxiés[20] dans leurs habitations. D'après le témoignage de Pierre Martin (garde-champêtre), la fusillade a duré de 5 h à 9 h 45. Il y a probablement deux fusillades, ou en tout cas une fusillade en deux temps. La première qui fait 27 victimes, et une seconde, qui se déroule entre 7 et 8 h dans les carrières de Spontin, où une quinzaine d'habitants se sont cachés. L'intervalle se situant entre les deux fusillades étant relativement court, elles ne sont généralement pas distinguées dans les témoignages, hormis celui de Pierre Martin. La seconde fusillade ne fait aucune victime. M. Scaillet estime à 500 le nombre de coups de feu tirés par les troupes, et de 2000 à 3000 le nombre de soldats. Cependant, vu la panique et le chaos régnant lors de la fusillade, son témoignage reste sujet à caution. Pierre Martin estime le nombre de soldats présents à 6000, voire à 7000, notamment sur les hauteurs, dans les campagnes vers Sovet. Ce témoignage soulève les mêmes problèmes critiques que le précédent. Il est néanmoins possible d'affirmer que les soldats ont utilisé de nombreuses cartouches durant ces 4 heures 45. De surcroît, l'artillerie allemande a également pilonné le village[21].

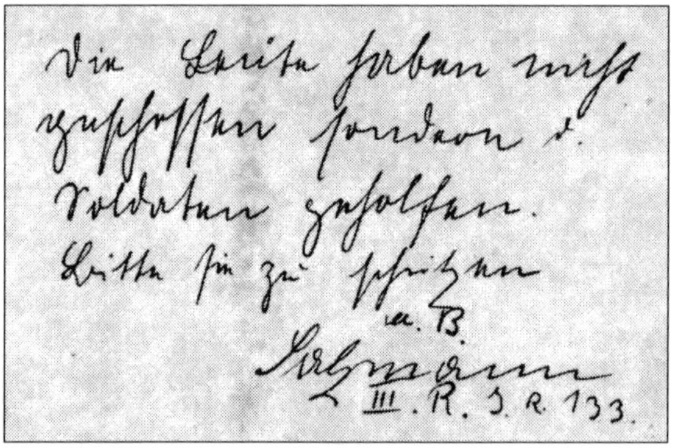
Die Leute haben nicht geschossen sondern d. Soldaten geholfen. Bitte sie zu schützen u. B. Salzmann III. R. J. R. 133.

Fig. 28. Billet de protection délivré par un soldat allemand du 133e régiment d'infanterie à Alphonse Boursoit. *Schmitz & Nieuwland, p. 108.*

Reconnaissons que certains soldats ne participent pas à cette politique de destruction. Ainsi, Alphonse Boursoit, le clerc-chantre de Spontin, se voit protégé par un papier rédigé à la hâte par un soldat du 133e R.I.R., Salzmann, lors de la fusillade. Arthur Doneux, après que sa ferme a été investie avec force par des soldats, reçoit également un billet de protection rédigé par ces

[20] La famille Poncin, le père Edmond Poncin, et deux de ses petites filles, Gabrielle et Laure. Lire les témoignages poignants 1.14 et 1.13.

[21] A.G.R., Fonds des archives de la Commission d'enquête sur la violation du droit des gens, des lois et des coutumes de guerre, 1914-1926, n° 487 et 491 ; Commission d'enquête sur les violations des règles du droit des gens, des lois et des coutumes de la guerre, t. I, vol. 1, *op cit.*, p. 117.

mêmes soldats. Tous n'ont donc pas pris part à cette chasse à l'homme du 23 août 1914, bien que ces actions visant à protéger les habitants restent marginales.

L'acte qui suscite le plus de remous au sein de la communauté internationale est l'assassinat du curé et du bourgmestre[22]. Du Havre à Londres, des Pays-Bas au Vatican en passant par le reste de l'Italie, l'affaire se répand dans la presse[23], ainsi qu'en Allemagne[24]. Le Ministre belge des Affaires étrangères Davignon demande même à son cabinet de citer l'exemple dans une lettre à destination du Chili, ému par le sort qu'ont subi les ecclésiastiques belges. Le nonce apostolique en Belgique demande également à être tenu informé des exactions allemandes à Spontin et dans les autres localités[25].

Fig. 28. L'assassinat de l'abbé Justin Laisse représenté de manière allégorique dans un environnement médiéval. Illustration extraite de la *Lettre pastorale du cardinal Mercier* enluminée par les moniales de Maredret[26].

---

[22] Cet épisode est représenté avec quelques libertés par rapport à la réalité dans *La Belgique martyre. Les atrocités allemandes*, n° 7, Charleroi, [1918].

[23] La censure empêchera Schmitz de répondre à une demande du *Kölnische Volkszeitung* concernant l'exécution du curé, racontée dans le *Kölnische Zeitung* [journal libéral] qui aurait attisé la haine des Belges à l'encontre des Allemands dans ses sermons.

[24] Schmitz & Nieuwland p. 99, 105-108. L'assassinat du curé est raconté différemment par rapport aux témoignages des autres sources ; on y exagère la brutalité des soldats, déjà extrême (ils auraient pendu le curé par les pieds et les mains). Le témoignage a dû être amplifié par la rumeur, il provient en effet d'un rapport de l'abbé Wathelet, à qui deux habitants d'Yvoir ont relaté les faits.

[25] Ministère des Affaires étrangères, Fonds Première Guerre mondiale, CLB 298/1. Le ministère se base également sur les rapports que la Commission d'enquête adresse aux autorités belges en exil.

[26] Sur les fameuses enluminures de Maredret illustrant la lettre pastorale du cardinal Mercier, cf. Gérald DECOSTER et Jean-Marie DOUCET, « L'invasion de la province de Luxembourg (août 1914)

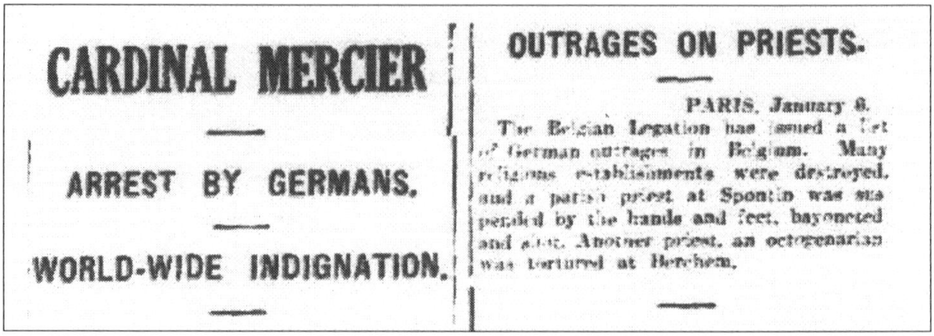
CARDINAL MERCIER

ARREST BY GERMANS.

WORLD-WIDE INDIGNATION.

OUTRAGES ON PRIESTS.

PARIS, January 8.

The Belgian Legation has issued a list of German outrages in Belgium. Many religious establishments were destroyed, and a parish priest at Spontin was suspended by the hands and feet, bayoneted and shot. Another priest, an octogenarian was tortured at Herchem.

Fig. 29. L'assassinat de l'abbé Justin Laisse, sous sa forme légendaire "pendu par les pieds et par les mains", va faire le tour du monde. *Petit article du journal australien d'Adélaïde "The Advertiser" du 8 janvier 1915. © National Library of Australia ABN 28346858075.*

Prisonniers, fusillés et otages

On croit avoir connu le pire. Le traitement infligé aux hommes et jeunes gens faits prisonniers est plus cruel encore, car sciemment orchestré et diaboliquement exécuté.

La fusillade terminée, 145 personnes sont emmenées en otages. Le premier groupe, qui se compose de 89 personnes (87 hommes et 2 femmes), est emmené d'abord à Dorinne, où 9 d'entre eux sont fusillés le matin même, puis forcés à les suivre jusqu'à Yvoir, Roly et Hotton. Le deuxième groupe de 56 prisonniers est emmené d'abord vers Sovet, puis à Durnal et, le lendemain matin, à Dorinne. Selon les soldats, ce groupe est constitué de francs-tireurs, certains sont liés, et d'autres non.

Fig. 31. Les prisonniers emmenés par les Allemands vers Dorinne sont victimes de coups de crosse permanents. *Croquis de C. Van Offel* pour *Les atrocités allemandes dans la province de Namur, n° 29 - Coll. Patrick Hilgers.*

---

dans l'imagerie néo-gothique des moniales de Maredret », dans *1914-1918. Le Dieu de la guerre*, Bastogne, 2013, p. 25-41.

Les prisonniers emmenés vers Dorinne, puis Yvoir[27]

Le premier groupe se forme peu après les premiers coups de feu du 23 août ; il est constitué d'hommes appréhendés dans le centre du village et dans la partie qui s'étend vers Dorinne. On le dirige vers Dorinne, sous bonne escorte. Déjà fortement martyrisées par les soldats et souffrant de multiples plaies et contusions, neuf victimes y sont exécutées, dès 6 h du matin.

Le docteur Bardiau fait partie des victimes, lui qui avait soigné les blessés allemands au lazaret installé dans le château de Spontin. Il est accusé d'être un franc-tireur profitant du symbole de la Croix-Rouge qu'il arbore au bras.

Le récit qu'en fait Hubert Nicaise est poignant :

> C'est ainsi que furent choisies les neuf victimes ; ils les ont sûrement tuées pour s'en débarrasser, tant ils les avaient déjà martyrisées !
>
> Un officier annonça qu'ils allaient être fusillés. Au milieu de la foule des soldats dans lesquels nous étions noyés et qui trépignaient de joie, il les mena deux à deux à une vingtaine de mètres plus bas, dans un petit chemin de campagne ; ils y furent alignés et on leur mit à nu la poitrine. Puis, un peloton se porta devant eux et, au signal donné par un coup de revolver, les soldats tirèrent : nous vîmes nos pauvres compatriotes s'affaisser raides morts.

L'ensevelissement de ces fusillés à Dorinne est tout aussi glauque. Un des habitants de Dorinne chargé de cette pénible tâche le raconte avec beaucoup d'émotion (voir Annexe 1.11).

Fig. 32-33. L'ensevelissement des fusillés du 23 août dans une fosse commune par les habitants de Dorinne. *Croquis de C. Van Offel pour Les atrocités allemandes dans la province de Namur, n° 29 - Coll. Patrick Hilgers.*

[27] Lire les témoignages 1.3 à 1.6. de l'annexe I.

Le groupe se déplace alors vers Purnode, puis Évrehailles, où il arrive à 9 h. Là, les prisonniers servent de bouclier humain jusqu'à 11 h à l'artillerie allemande, qui tire sur les positions françaises de l'autre côté de la Meuse. Si cela n'est pas l'intention première des soldats allemands, les otages se retrouvent néanmoins au plus près du point de chute des obus français. Les prisonniers sont conduits ensuite à Yvoir vers 19 h ; ils y sont rejoints par d'autres prisonniers.

Fig. 34 et 35. Les prisonniers emmenés vers Évrehailles sont dépouillés de leurs effets personnels et servent de bouclier humain pour les Allemands. *Croquis de C. Van Offel pour Les atrocités allemandes dans la province de Namur. Andenne, n° 27 – Site Internet www.eglise-romane-tohogne.be.*

Le lendemain, après avoir passé la nuit dans l'église, ils partent vers l'Entre-Sambre-et-Meuse en passant par Moulins, Haut-le-Wastia, Falaën et Ermeton, qui est atteint à 23 h. Le 25 août, à 3 h, les prisonniers sont menacés de mort jusqu'à 5 h, puis certains prisonniers sont relâchés, sauf les membres de l'administration communale d'Yvoir, les religieux et les habitants de Spontin et de Hun. C'est alors, à Stave, qu'est tué le dernier habitant de Spontin, François Kaiser, qui cherche à se désaltérer. Percé de deux coups de baïonnette dans la hanche, il tente de continuer à marcher mais finit par s'arrêter au bord de la route à côté de laquelle il est achevé par les troupes allemandes.

Fig. 36. Gravure de *La Belgique martyre*, n° 7 illustrant l'assassinat de François Kaiser à Stave. *Coll. La Mémoire de Spontin.*

Le groupe passe alors par Florennes et Philippeville, pour s'arrêter à Roly jusqu'au lendemain. De là, à 8 h 30, ils font demi-tour et se dirigent vers Hotton, en repassant par Philippeville et Florennes, puis Dinant, où ils arrivent le jeudi 27 août. Durant leur périple, les prisonniers ont à subir les outrages des soldats de divers régiments allemands, la privation de vivres et de nombreux coups.

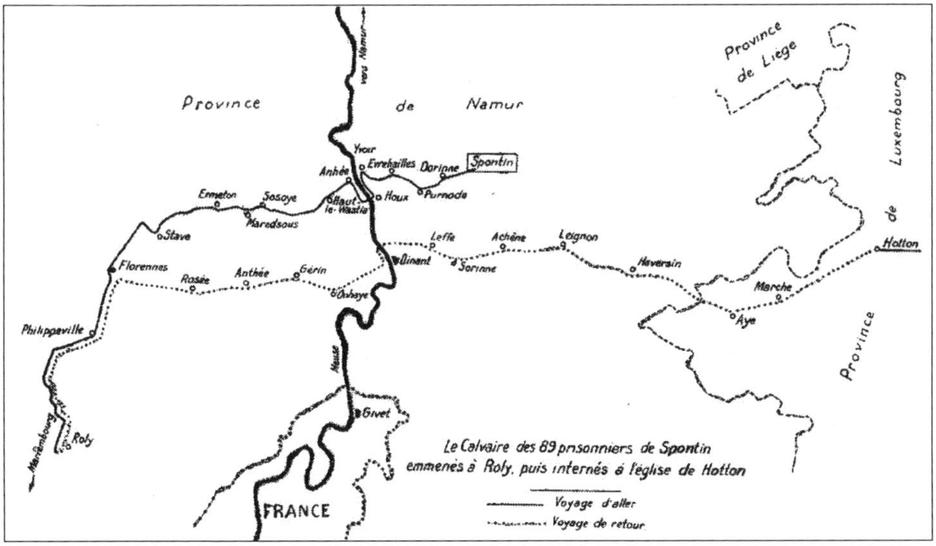

Fig. 37. L'itinéraire emprunté par les 89 prisonniers vers Roly puis Hotton, soit environ 165 km en 9 jours. *A.Év.N. Fonds Schmitz S-103.*

À Dinant, 18 prisonniers sont détachés du groupe et affectés à l'ensevelissement des victimes du massacre de Dinant, ainsi qu'au nettoyage des latrines. Ils sont relâchés le dimanche 30 août. Le reste des prisonniers part vers Sorinnes, Leignon, et atteint Hotton-sur-Ourthe, au-delà de Marche-en-Famenne. Ils y sont finalement libérés le 1er septembre grâce à l'intervention du curé du village. Il eût été impossible de les conduire en Allemagne, où ils étaient condamnés à se rendre, car ils auraient péri en route ! Heureusement aussi, il manquait des wagons pour les y emmener.

Les prisonniers du Fond des Vaux[28]

Le second groupe n'a rien à leur envier, même s'il n'est pas contraint à d'aussi pénibles déplacements. Il se forme entre 9 et 11 h et se compose de prisonniers liés et d'autres « non-liés ». Placés sous la responsabilité du sous-lieutenant Luykens, du 133e R.I.R., ils sont d'abord acheminés au Fond des Vaux, vers Sovet, où ils sont interrogés de 15 h 30 à 18 h par le capitaine d'Eslar, du 107e R.I., puis pris en photo par des officiers.

Fig. 38. Photo de presse du groupe de "francs-tireurs" emmenés au Fond des Vaux vers Sovet. *Journal allemand non identifié.*

Le capitaine leur demande brutalement s'il y a des francs-tireurs parmi eux et si le curé de Spontin a prêché des discours de haine vis-à-vis de l'armée

[28] Lire les témoignages 1.7 à 1.11 de l'annexe I.

allemande. Ils partent ensuite vers Durnal. Ils y sont rejoints par 20 prisonniers d'Évrehailles à 23 h. Le lendemain, à 5 h 30, un général vient rendre visite aux troupes (le 103e) et traite les prisonniers de « *cochons* », d'après Charles Verhoost. À 7 h, le groupe part vers Dorinne. Le capitaine d'Eslar réinterroge les prisonniers, puis dit à Verhoost que tous les prisonniers sont coupables excepté lui et que le général veut les faire fusiller. Il ajoute cependant que si le coupable se dénonce, les autres seront libérés. Personne ne se dénonçant, d'Eslar décide alors de tirer au sort 10 % des prisonniers en vue de les exécuter. Comme il veut en choisir dix ou douze, Charles Verhoost lui fait remarquer que cela fait plus de 10 %. Il en désigne alors six de Spontin et deux de Bauche-Évrehailles. Divers témoins relatent cette seconde fusillade, particulièrement horrible (voir Annexe 1, témoignages 1.7 à 1.11).

Fig. 39. Gravure de *La Belgique martyre*, n° 8 illustrant le groupe des fusillés de Spontin et de Bauche le 24 août à Dorinne. *Coll. La Mémoire de Spontin.*

Les habitants survivants sont libérés mais encore menacés, surtout Édouard Famerée. Celui-ci arbore un brassard et une casquette noire en signe d'un récent deuil, et est pris pour un franc-tireur.

Deux témoins allemands de l'exécution des huit civils, Hugo Hoppert, sous-officier à la 3e batterie du 29e (en réalité le 23e ou le 24e) régiment d'artillerie de réserve de campagne du XIIe corps d'armée, et Georges-Alfred Heinz, de la Landwehr, trouvent que la scène est impressionnante mais affirment que pour le groupe de prisonniers, « *C'était l'expiation du 23* ».

Le nombre de victimes du massacre de Spontin s'élève donc à 44, compte tenu des personnes tuées à Dorinne, Dinant et Stave, soit 7 % de la population du village, s'élevant alors à 627 personnes.

Tous ces faits jettent la lumière sur la procédure et la mentalité allemandes. On a tiré à Spontin : donc ce sont les civils ! Des malheureux, brutalement arrachés à leurs maisons, sont amenés devant le major, les vêtements en lambeaux et pleins de sang : donc ils sont coupables ! Il en est que la soldatesque a torturés davantage : donc ce sont les plus coupables ! Ils ont eu beaucoup à souffrir de l'armée : donc ils méritent que l'armée continue à les tourmenter jusqu'à l'épuisement, si l'on peut dire, de leur capacité d'endurance ! Cependant, aucune charge ne peut être retenue contre eux, leur innocence est claire comme le jour : qu'on en fusille quand même, car c'est la guerre ! et il faut des victimes ! Les innocents doivent d'ailleurs payer pour les coupables, car « *on a aussi tiré du clocher, on a tiré de la Croix-Rouge, le médecin a tiré, le curé a tiré, les femmes, les vieillards, les enfants ont tiré !...* » Qui pourra comprendre et expliquer le mystère de cette perversion de la justice et de cette cruauté obstinée ?

La justification allemande

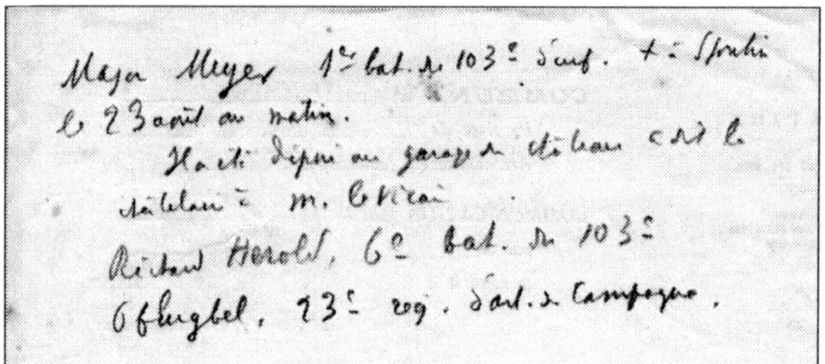
Major Meyer 1er bat. du 103e inf. † à Spontin
le 23 août au matin.
Ha été déposé au garage du château côté du
château de M. [illegible]
Richard Herold, 6e bat. du 103e
Pflugbel, 23e rég. d'art. de campagne.

Fig. 40. Liste manuscrite des soldats allemands tués le 23 août et ayant servi de prétexte aux massacres de Spontin. *A.Év.N. Fonds Schmitz S-105.*

Les Allemands justifient le massacre de Spontin en prétendant que les habitants ont tiré sur eux et tué un major ainsi que deux soldats. Les deux soldats sont, selon les sources, Richard Herold, du 6e bataillon du 103e R.I., et le soldat Pflugbel, du 23e régiment d'artillerie de campagne[29] [de réserve]. L'officier tué est le major Meyer, du 1er bataillon du 103e R.I.

[29] Il est probable qu'il fasse partie du 23e régiment d'artillerie de campagne de réserve, plutôt que des troupes d'active de la 23e brigade d'artillerie de campagne (12e et 48e régiments).

Les trois militaires sont déposés au château servant d'hôpital de campagne aux troupes allemandes. Charles Verhoost relate ainsi les faits :

> 3 cadavres d'Allemands furent déposés par les boches eux-mêmes dans une remise du château. Le Major s'appelait, nous disait-on, «Meyer ». Or, des personnes de Spontin parlant la langue allemande ont vu, en septembre 1915, dans le cimetière de Ciney, une pierre tombale portant cette inscription : « *Major Meyer gefallen in Kampfe bei Spontin, den 23 August 1914... Major Mayer tombé à la bataille près de Spontin, le 23 août 1914* ». Ceci prouve surabondamment la mauvaise foi de l'envahisseur, spéculant sur les cadavres de trois des leurs pour lancer sur une population paisible et sans armes la meute de leurs assassins et de leurs incendiaires.

Les corps sont enterrés le lendemain. Les autres habitants interrogés confirment ces dires. Un des habitants, M. Henin, affirme que le major a été tué sur la route entre Ciney et Spontin. Les Sœurs n'ont pas entendu parler de la mort du major, mais elles précisent qu'un soldat a été tué près de la maison d'Hadelin Roosens. En plus de ces trois morts, 40 autres soldats allemands sont blessés dans la fusillade[30].

Tant les enquêtes menées par la Commission belge que les témoins interrogés par Schmitz et Nieuwland accréditent la thèse selon laquelle les trois militaires tués, l'ont été par leurs propres troupes[31]. Ils notent également que dans divers autres cas que celui de Spontin, les soldats allemands sont victimes de tirs fratricides, volontaires ou non. Ceux-ci sont déclenchés par accident, méprise, panique, voire par dispute ou désaccord. Il ne s'agit donc pas d'un fait unique, isolé.

Néanmoins, les soldats allemands sont convaincus, en toute bonne foi, d'avoir eu affaire à des francs-tireurs. Les récits de soldats allemands collectés par le chanoine Schmitz (Félix Marschner, Hugo Hoppert et Georges-Alfred Heinz) font tous mention d'une attaque de francs-tireurs, mais jamais leur témoignage n'est direct ; ils répètent ce qu'on leur a dit. Le capitaine d'Eslar a fait fusiller les huit hommes le 24 août à Dorinne car ceux-ci étaient considérés comme des francs-tireurs.

Même le général Max Von Hausen, commandant la troisième armée y fait référence :

> (...) le régiment d'infanterie de réserve n° 103, marchant â la tête de la 23e D.I.R., eut livré à Dorinne un sérieux combat contre des paysans armés. Il ajoute : La troupe saxonne qui se vit obligée, dans sa lutte contre la population qui l'attaquait avec perfidie, de recourir à des représailles [à propos de Dinant] nécessitées par l'objet de la guerre (...). En tout cas, les habitants de ces villages

[30] Lire le rapport 1.16 du Dr GATHY de Ciney, publié dans Schmitz et Nieuwland, p. 125.

[31] Les historiens irlandais J. HORNE et A. KRAMER qui ont largement étudié les atrocités allemandes dans leur ouvrage, confirment cette thèse.

> belges doivent s'en prendre à eux-mêmes s'ils ont été victimes de dangers auxquels ils se sont exposés en connaissance de cause. S'ils s'étaient abstenus d'une résistance armée et d'une participation aux combats, ils auraient à peine souffert dans leur vie et dans leurs biens malgré la situation périlleuse dans laquelle ils se trouvaient nécessairement placés du fait des opérations de guerre.[32]

Les troupes allemandes sont convaincues du bien-fondé de leurs représailles ; même si certains soldats expriment une forme d'empathie avec les victimes, ils n'en demeurent pas moins d'accord avec la manière de réprimer les prétendus francs-tireurs.

Le haut-commandement est au courant de ces exactions mais ne prend aucune mesure pour réprimer les comportements transgressant les lois de la guerre ; au contraire, il les légitime, la conduite des opérations et les nécessités de guerre primant sur la vie des civils. Les atrocités commises par les troupes allemandes sont censées servir également d'exemple pour les autres localités.

Toutefois, il paraît avéré aujourd'hui que ce massacre qui a coûté la vie à 44 citoyens et détruit 131 habitations du village, est sans doute dû à un tir fratricide, probablement accidentel, peut-être parti d'un simple tir de fusil de chasse. Celui-ci a déclenché la panique parmi les unités combattantes, nerveuses, désœuvrées, sans doute ivres en partie.

En résumé, les premières victimes belges des soldats allemands sont le bourgmestre Antoine Lambert et le curé Julien Laisse, qui ont été également brutalisés avant d'être exécutés. La tuerie dans le village cause encore la mort de 25 habitants, mais ne signifie pas la fin du calvaire des villageois. En effet, 89 prisonniers ont été emmenés à Dorinne le 23 août et neuf d'entre eux y ont laissé la vie. Les 80 personnes restantes traversent la province de Namur et sont relâchées le 30 août. Le lendemain, six Spontinois d'un autre groupe d'otages sont à leur exécutés.

---

32 M. VON HAUSEN, M., http://1914ancien.free.fr/hausen01.htm (consulté le 10/12/2012).

Fig. 41, 42 et 43. Photos de divers quartiers du village incendiés le 23 août. *A.Év.N. Fonds Schmitz S-105.*

Fig. 44-45. Photos d'une partie des Spontinois tués les 23 et 24 août 1914, avec annotations manuscrites du chanoine Schmitz sur le jeu d'épreuves. *A.Év.N. Fonds Schmitz S-105.*

Pl. V verso
Fig. 59. – Firmin Dénis,
tué à Spontin.
Fig. 60 – Joseph Gérard,
tué à Dorinne.
Fig. 61. – Hadelin Roosens,
carbonisé à Spontin.
Fig. 62. – Léopoldine
Rassineux, de Spontin,
tuée à Dinant.
Fig. 63. – Paul Lambe
tué à Spontin.
Fig. 64. – Martin Scaillet,
tué à Spontin.
Fig. 65. – Edmond Fonçon,
Fig. 66. – Alexis Fo.
tué à Spontin.
Fig. 67. – Auguste
Golinvaux, tué à Spontin
Fig. 68. – Auguste Simon,
tué à Dorinne.
Fig. 69. – Hubert Simon,
tué à Dorinne.

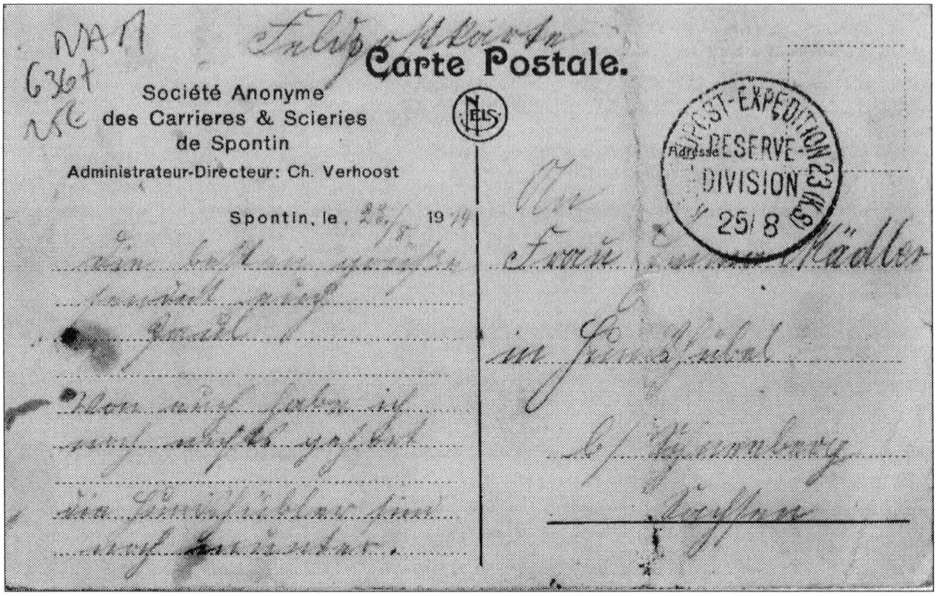

Fig. 46. Carte postale de la Grande carrière écrite par un soldat allemand le 23 août à Spontin et postée à Ciney le 25. *Coll. Monique Oger.*

Chapitre 4
Représailles et exactions allemandes dans les autres villages de l'entité*

Le sort de Spontin fut particulièrement terrible. D'autres villages de l'entité d'Yvoir ont aussi souffert dans une moindre mesure, particulièrement Évrehailles, Mont et Houx, alors que Durnal, Purnode et surtout Godinne ont été davantage épargnés.

Nous examinons ici le sort réservé aux différents villages, en descendant du plateau vers la vallée.

Durnal, menacé mais sauvé

Durnal voit passer quelques uhlans dès le 9 août 1914. Ils poursuivent vers Jassogne, où ils font mine de s'installer, mais ils sont délogés deux jours plus tard par les Français.

Cet incident sera relaté plus tard par le général Cadoux, colonel du 148e en août 1914 :

> Une reconnaissance conduite par le lieutenant Arnaud quitta Anhée à 7 h 30. Elle comprenait deux sous-officiers, quatre caporaux et quarante-huit soldats de la 4e compagnie du 148e. (…) Arrivée à Bauche, la reconnaissance apprit que la ferme de Jassogne était occupée par l'ennemi. Utilisant un sentier à travers bois, elle monta la cote 275 et, à 11 h 30, elle se heurta à quelques vedettes allemandes couvrant la ferme. Le lieutenant fit ouvrir le feu ; les vedettes répondirent et quelques hommes, accourant à leur aide, se déployèrent derrière une haie. Après un quart d'heure, la section monta à l'assaut et découvrit environ 80 cavaliers qui fuyaient vers l'est. Quarante chevaux abandonnés à la ferme furent dirigés le 12 sur Dinant. La reconnaissance rentra à Anhée à 17 h, sans avoir subi de pertes. D'après des renseignements fournis à 19 h par le chef de station de Spontin, l'ennemi, qui appartenait au 19e dragons d'Oldenbourg, aurait emporté 17 morts ou blessés sur un chariot dans la direction de Braibant-Ciney et 9 chevaux auraient été recueillis par des cyclistes belges.

---

* L'essentiel de ce chapitre repose sur les témoignages recueillis par Schmitz & Nieuwland, p. 126-128. Quelques témoignages complémentaires ont été rajoutés d'après l'ouvrage de J. Brilot.

Dès le 10 août, le bourgmestre de Durnal, Edmond Capelle fait savoir que le pain et la farine commencent à manquer. Le mayeur, apparemment optimiste, se contenterait de 4 000 kilos de farine. Très influent, il n'hésite pas à s'adresser aux Allemands et à s'interposer le cas échéant.

Il dresse un rapport assez long des évènements, dont ce bref extrait, qui montre de quels sentiments étaient animés le général von Elsa et ses troupes à l'égard des civils et surtout, comme on le verra, du clergé :

> Le 13, on amena de la ferme Arnould, de Dorinne, à la Croix-Rouge établie au château de Durnal, les soldats Wilhelm Schmidt et Otto Roland, du 2e escadron du 1er régiment des dragons de la Garde, blessés à l'engagement d'Évrehailles. Le 15 août, les crêtes sises au sud-est de Durnal, vers Sovet, Achêne et Braibant, furent occupées par l'ennemi.

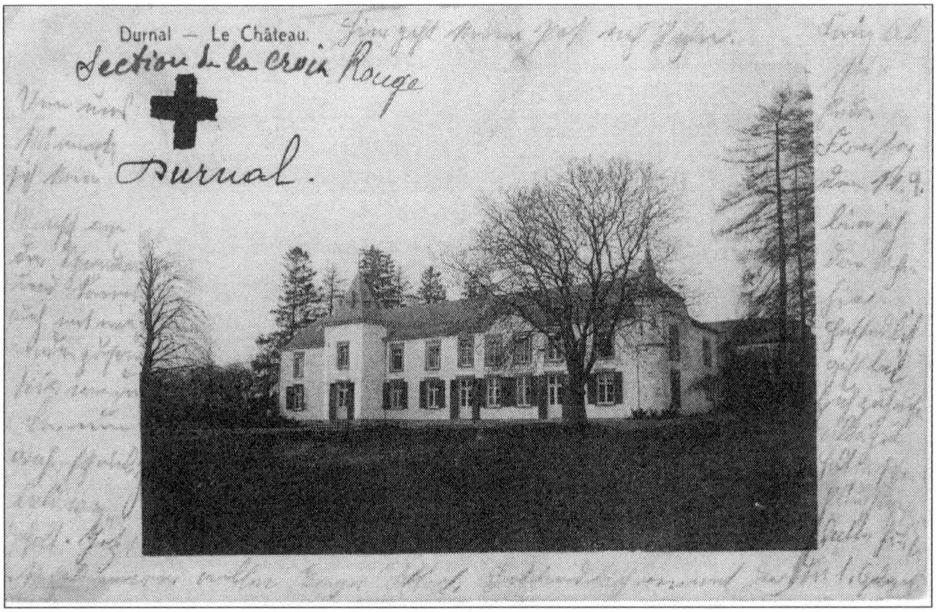

Fig. 47. Carte du château de Durnal converti en hôpital de la Croix-Rouge. Le soldat qui y est hébergé, originaire de Dresde, explique à sa famille qu'il a été blessé le 21 août près de la Meuse ; il souligne le bon traitement alimentaire reçu et se sent déjà rétabli, prêt à quitter. *Coll. J. Germain.*

Le premier bataillon des Chasseurs de la Garde et le premier escadron des Leib Kurassier entrent à Durnal le 20 août. Le lendemain, les villages des hauteurs commencent à être occupés par les XIIe et XIXe corps.

> Le 21, c'est le 1er bataillon du 103e, qui participa au sac de Spontin. Ces soldats du 103e, que leur major appelait des « *forçats* » et qu'il ne pouvait faire obéir, ont laissé maints souvenirs au village : ayant volé des porcs, ils s'amusaient à les tenir sur le dos et à les écarteler vivants, de la tête à la queue ! (...) Ces troupes

ont laissé au village des bons de réquisition. À partir du 22, les campagnes étaient couvertes de troupes, sur une étendue d'environ 5 km, de Mianoye aux biens communaux de Durnal.

La nuit du 22 au 23 août, la division du général von Elsa se déploie à Durnal. Les uhlans envahissent le village. Écoles et maison communale sont mises à sac, les archives et livres jetés pêle-mêle, brûlés ou détruits. La maison du garde-chasse Jules Lamoline est incendiée.

Le 22, à 16 h, une patrouille commandée par le lieutenant Heymann, du 18e uhlans, amena au bourgmestre cinq hommes de la commune (…) qu'elle s'apprêtait à fusiller, « *pour avoir tiré sur les troupes* ». Le bourgmestre affirma leur innocence et obtint une enquête. L'accusation était la suivante : « *Quatre francs-tireurs venant de Dorinne avaient, à l'arrivée à Durnal, tiré sur une patrouille.* » Quatre coupables et cinq accusés : le bourgmestre fit ressortir d'abord que l'un d'eux n'était certainement pas coupable. Il les interrogea ensuite isolément et ils prouvèrent leur innocence, citant des témoins qui pourraient établir qu'ils n'étaient pas sortis de chez eux. (…) Enfin il put interroger les soldats de la patrouille, nommés Engmann et Gunther, du 103e, qui donnèrent du fait des versions différentes ; sur quoi les accusés furent libérés et procès-verbal authentique en fut dressé[33].

Le 23, le général von Elsa vint à Durnal et dit au bourgmestre, chez lequel il prit quartier : «*J'ai brûlé Spontin, et si on tire un coup de fusil pendant la nuit, votre village sera détruit.*» Les hommes furent placés à l'église et gardés par les soldats ; fort heureusement, car en descendant de sa chambre, le 24 août à 5 h du matin, il prétendit qu'« *on avait tiré sur ses troupes trois coups de fusil pendant la nuit et que le village allait être brûlé* ». Lorsqu'on lui objecta que c'était impossible, aucun homme n'ayant séjourné dans les maisons, il se borna à répondre : « *Quelle chance vous avez !* » À la soirée, des soldats ivres venus de Spontin menacèrent femmes et enfants restés seuls au logis, tirèrent des coups de feu et semèrent la terreur. La troupe quitta Durnal le 24 à 6 h du matin, se dirigeant vers Dorinne et Dinant.

Pour l'abbé Lefèvre, curé de Durnal, la véritable invasion se produisit le 23 août.

Vers 4 h 30 du matin, les routes et une partie des campagnes avoisinant la localité furent couvertes de troupes, qui arrivaient à flot continu. À 5 heures, une patrouille de dix soldats vint me prendre, et m'emmena avec quarante-cinq hommes sur la route de Crupet, à un kilomètre de l'église. Un colonel me fit subir un interrogatoire, mettant mes réponses par écrit. Je dus lui promettre de prêcher le calme et de défendre aux paroissiens de tirer. Il fit porter son rapport au général qui, dix minutes après, vint nous délivrer. (…)

---

[33] Ce procès-verbal, contresigné par un officier allemand, est conservé dans les archives communales de Durnal.

> Ces troupes occupèrent Durnal jusque 13 h 30 et pillèrent environ vingt-cinq maisons, dont le presbytère. Celles de l'instituteur et des religieuses furent complètement saccagées.
>
> Au départ des troupes, je dis à un commandant que c'était malheureux de voir détruire un village comme Spontin. Il me répondit « *Mais nous... major tué Spontinne... Spontinne calculation... et curé aussi !* »
>
> Après leur départ, nous croyions être débarrassés pour toujours, quand, à 20 h, nous entendîmes des fusillades : c'était le signal de l'arrivée d'autres troupes. En même temps, des patrouilles faisaient la visite des maisons, à la recherche de soldats français, et emmenaient à l'église tous les hommes qui n'avaient pas eu le temps de se cacher. J'y fus conduit aussi, entre des soldats qui portaient des appareils incendiaires et des rouleaux de cordes. Au nombre de 79, nous y restâmes comme otages jusqu'au lendemain.

Le curé Lefèvre, fait prisonnier depuis la veille, est heureusement libéré peu après. Durnal a eu peur, mais s'en sort bien : une seule maison incendiée, plusieurs pillées.

Dorinne : le martyre de l'abbé Servais

Le curé de Dorinne, l'abbé Pierre-Alphonse Servais, est au centre des évènements qui se déroulent à Dorinne ; il en sera la principale victime[34]. Voici ce qu'il raconte du début du passage des Allemands dans le village :

> Ce fut seulement le 10 août qu'eut lieu la première apparition de l'ennemi : une escouade de uhlans, venant de Durnal, traversa Dorinne, se dirigeant vers Dinant.
>
> Le lendemain 11, l'accès de cette ville nous était interdit, la route étant sillonnée par les patrouilles allemandes. Des communications restaient possibles avec la vallée de la Meuse, par Yvoir. Durant toute la semaine, on vit, de temps à autre, repasser des chevaux désemparés, privés de leur cavalier ou blessés, ou bien des uhlans à pied qui avaient essuyé les coups de feu des avant-postes français dans le secteur d'Évrehailles-Yvoir. L'avant-veille de l'Assomption, d'importants mouvements de troupes se dessinèrent : des colonnes de soldats allemands de toutes armes, venant de la direction de Sovet, défilaient, mais en dehors de l'agglomération, par les chemins de Sovet et de Thynes, et ayant Dinant pour objectif.

Le dimanche 16, quatre soldats allemands s'emparent du repas préparé au presbytère et d'une paire de jumelles. Le mardi 18, d'autres soldats réquisitionnent des vivres et le 22, des armes. Le soir, le bourgmestre Sohy est appréhendé, incarcéré au château, puis conduit en Allemagne. Les XIIe et XIXe corps d'armée allemands occupent le village.

---

[34] Sur les évènements qui se sont déroulés à Dorinne, cf. Schmitz & Nieuwland, p. 128-142, avec un très long récit par l'abbé Servais des exactions commises dans le village et surtout le concernant.

Ce n'est que le 23 au soir que la population apprend l'incendie de Spontin et, le lendemain, l'exécution, près du château saccagé de Dorinne, de neuf civils de Spontin, à 6 heures du matin.

Fig. 48. C'est en contrebas du château Thibault incendié qu'ont été fusillés les deux jours des habitants de Spontin. *A.Év.N. Fonds Schmitz S-105.*

Des soldats ennemis envahissent le presbytère de Dorinne, consommant la nourriture et buvant l'excellent vin du curé. Le château incendié, beaucoup d'habitants cherchent refuge dans les bois. Le soir, six jeunes gens sont pris en otage, mais bien vite libérés à l'entrée de Purnode. Le 24 août, six autres civils de Spontin et deux de Bauche sont exécutés à Dorinne.

Ramené de Durnal à Dorinne sous la menace, pour y être interrogé sur la présence de francs-tireurs, Léon Laloux répond au capitaine Burmann : « *La vérité, c'est premièrement que vous mentez ; deuxièmement, que vous êtes tous des bandits* ». Un coup de poing souligne cette réplique inattendue de l'officier : « *Eh bien ! Tu seras sauvé !* ».

Le 25 août, le presbytère de Dorinne est incendié, l'école saccagée et le curé Servais arrêté. Dans le sinistre du presbytère, disparaissent de nombreuses liasses d'archives d'Ancien Régime de Spontin que le curé avait obtenues en prêt des Archives de l'État.

Sommé de livrer son argent, le curé est jugé sommairement par un tribunal de campagne; comme d'autres, il est accusé d'avoir excité la population contre les Allemands lors de ses sermons. On réclame une contribution de 100.000 francs à la commune, réduite finalement à 60.000 francs ; en réalité, cette somme sera versée par des particuliers, dont l'abbé Quinot et François Gillet.

Quant au curé Servais, il est joint au groupe de prisonniers de Spontin qui, mains liées derrière le dos et le cou enlacé par un nœud coulant, sont emmenés jusqu'à Roly, puis de là vers Hotton avant d'être libérés le 24 septembre ; le curé est même attaché à l'arrière d'un chariot de ferme. Les brimades, coups et tortures de tous types que subit le curé vont le marquer mentalement et physiquement jusqu'à la fin de sa vie. Son long calvaire est raconté par lui-même[35].

Fig. 49. Vue intérieure du presbytère incendié et détruit le 25 août. *A.Év.N. Fonds Schmitz S-105.*

Fig. 50 et 51. Deux croquis de Van Offel illustrant l'arrestation et les sévices commis à l'encontre de l'abbé Servais de Dorinne, emmené notamment sur une charrette avec des porcs. *Les atrocités allemandes dans la province de Namur, n° 29 - Coll. Patrick Hilgers.*

[35] Cf. SCHMITZ et NIEUWLAND, p. 132-142. Comme ces derniers le font remarquer, c'est une page caractéristique de l'invasion ; ce long témoignage de l'abbé, écrit en octobre 1914 et durant l'occupation, permet au lecteur de connaître exactement les sentiments hostiles dont l'armée allemande était animée contre le clergé catholique et la mission qu'elle s'attribuait. Cette mission se résume dans les paroles qu'adressa le juge aux habitants de Dorinne, à côté des ruines fumantes du presbytère : « *Vous devez bénir l'Allemagne de ce qu'elle est venue vous rendre justice et vous libérer du joug des prêtres !* ».

Purnode relativement épargné

Dès le 4 août 1914, la garde civile est en état de fonctionnement à Purnode. En tenue civile, munis de solides gourdins ou d'un outil, des habitants de Purnode patrouillent dans le village, particulièrement sur la grand-route Yvoir-Ciney.

Des éclaireurs uhlans arrivent au pas le 11 août vers 11 h, venant de Dorinne, traversent le village et vont se heurter à des Français, tapis dans les bois de Bloquemont. Ils font dès lors demi-tour mais reviennent en force le 15 août pour tenter, sans succès, le passage de la Meuse à Dinant.

Des batteries d'artillerie s'installent alors le 16 sur les hauteurs, entre Purnode et Dorinne. Elles tirent en direction de Bioul, secteur tenu par les Français.

Les habitants, constatant à quel point les troupes s'attaquent aux civils, sont saisis de panique et dès le 17 août, la plupart d'entre eux s'enfuient dans les bois, dans les grottes de la vallée et dans les villages voisins, surtout à Durnal plus à l'écart. Seul le curé, M. Morelle, reste à son poste.

En vue de l'attaque de Dinant le 23 août, de nombreuses troupes logent à Purnode et pillent les habitations. Deux maisons proches du presbytère sont incendiées par le XIIe corps d'armée, le 24 août ; le curé croit alors que sa paroisse va subir le sort d'Évrehailles et de Spontin, mais la fureur des soldats s'arrête là. L'église n'est toutefois pas respectée, notamment le tabernacle qui est profané. Aucun civil n'est fusillé, mais plusieurs sont emmenés avec les prisonniers de Spontin et d'Évrehailles dont ils partagent le sort. Les gens reviennent dans les maisons à partir du 25 août ; ils les trouvent pillées de fond en comble.

Les jours suivants, Purnode voit l'arrivée de sinistrés de Spontin et Évrehailles qui s'installent au village, à titre provisoire.

Évrehailles, partiellement incendié

La guerre débute à Évrehailles[36] le 13 août par une sérieuse escarmouche. Les Français viennent à peine de traverser le village qu'on annonce, à 11 h 30, l'arrivée de 21 dragons allemands, venant de Dorinne. Ils prennent avec eux le plus jeune enfant de la ferme Kinif qui les conduit « Sur les Roches », en vue d'Yvoir où ils sont atteints par les tirs du poste français, de faction à la gare. Certains sont tués, d'autres blessés et les rescapés s'enfuient.

---

[36] Pour les récits concernant les autres villages, cf. SCHMITZ & NIEUWLAND, p. 143-156.

Des témoins racontent :

Le 16 août, il y eut une nouvelle escarmouche dans l'avant-midi : un cheval fut tué au Jauviat et le cavalier eut la jambe emprisonnée sous son cheval. Comme le bourgmestre voulait dégager le blessé, celui-ci ne s'y prêta pas et menaça de son fusil ceux qui s'approchaient pour le relever ; finalement, il fut pris et conduit à Yvoir. À peine s'était-il éloigné qu'il passa 60 dragons allemands, se dirigeant vers Purnode. À mi-chemin, entre Évrehailles et Purnode, l'un d'eux fut tué par des soldats français, dissimulés derrière des gerbes de froment.

Le 17 août, les cloches sonnèrent pour annoncer les obsèques de M. Pousseur, d'Évrehailles, tué par mégarde dans une fusillade, au fond Bigot. L'ennemi y vit-il un signal ? Vers 11 h, l'artillerie allemande lança sur le village, des environs de Dorinne, une centaine d'obus, qui endommagèrent les vitraux et la voûte de l'église, le château et de nombreuses habitations. (...) Le village fut, dès ce moment, abandonné par de nombreux habitants, qui gagnèrent Fumy, Harnoy et Yvoir, revenant à la soirée ou au matin, pour soigner le bétail et voir ce qui se passait. Deux heures après le bombardement, trois uhlans revinrent et annoncèrent aux rares passants qu'« *ils avaient puni le village, parce qu'un des leurs avait été tué par les civils entre Évrehailles et Purnode* ».

Mardi 18, de bonne heure, le village se remplit de troupes françaises, qui se retirèrent bientôt. À 10 h, des uhlans, plus excités que jamais, vinrent enlever le curé, M. l'abbé Louyest, l'accusant d'avoir fait des signaux au clocher ; ils le firent monter devant eux à la tour, puis l'emmenèrent. Bientôt, sur le haut du village, ils se heurtèrent à des Français : une fusillade éclata, à la faveur de laquelle le curé s'enfuit. Après s'être caché, pendant deux heures, dans les hautes herbes du cimetière, il parvint à se rendre chez Joseph Mabille, où il revêtit à la cave des habits civils, tandis que les uhlans pénétraient aussi dans la maison, à sa recherche. Il gagna de là Mont-de-Godinne et Namur.

Vers midi, le village se remplit de troupes ennemies assez considérables, qui échangèrent quelques obus avec l'artillerie française postée à Haut-le-Wastia. À 13 h, elles se retirèrent sur Sovet, Spontin et Dorinne.

Le 19 et les jours suivants, les habitants firent une courte apparition dans la journée, pour retourner ensuite à leur refuge.

Le 21, à 16 h 30, un orage éclata, et certains fugitifs, trempés par la pluie, durent revenir chez eux. À peine s'y trouvaient-ils que les Allemands se remirent à bombarder Évrehailles : de nombreuses maisons du Battis (maisons Bellefroid, Finfe, etc.) furent atteintes par des obus. À 18 h 30, l'infanterie pénétra dans le village, tandis que la ferme Kinif brûlait. On ne sait si l'incendie fut causé par l'artillerie ou si le feu fut mis par les troupes. (...)

Le 22 au matin, les soldats du 101ᵉ commencèrent l'incendie du village par les maisons Dinant et Bouchat, voisines de l'église et du presbytère.

Le 23, tandis que les hommes étaient emmenés, les vieillards, les infirmes, les femmes et les enfants étaient parqués près de la ferme du château et un capitaine passait et repassait devant eux, en répétant : « *Tous les Belgians sont des canailles ! Ils ont tué nos soldats !* » Ils furent mis en rangs comme pour être fusillés, menacés d'être conduits à Dorinne, etc. (...) C'est dans l'après-midi du 23 août que le feu fut mis à la demeure du bourgmestre, du secrétaire communal et à de nombreuses maisons du village. Toutes les archives de la commune ont péri.

Il semble évident aujourd'hui que les Allemands ont sciemment prémédité la destruction totale d'Évrehailles : des officiers l'annoncent bien des jours à l'avance à Spontin, à Dorinne et à Thynes. Vengeance, intimidation ou terreur ?

Fig. 52. Vue intérieure de l'église détruite lors des bombardements du village. *A.Év.N. Fonds Schmitz S-105.*

Fig. 53. Maison proche de l'église détruite le même jour. *A.Év.N. Fonds Schmitz S-105.*

Fig. 54 et 55. Deux vues de la ferme proche de l'église vicitme également des bombardements. *A.Év.N. Fonds Schmitz S-105.*

Un bon nombre d'habitants d'Évrehailles sont fort maltraités. Un premier groupe, pris le 23 août, vers 4 ou 5 h du matin, a rejoint à Wayempré, les gens de Spontin qui ont été dirigés sur Roly et Hotton. Ce sont les huit hommes restés au village, mis en rang comme pour être fusillés, parqués puis emmenés à Yvoir. En descendant vers Yvoir, ils entendent la fusillade qui tue Joseph

Deltombe et son domestique. À l'église d'Yvoir, ils retrouvent plusieurs de leurs concitoyens qui ont fui.

À cela s'ajoute le décès à Surice de Gustave Copienne, le 25 août 1914.

Le bourgmestre d'Évrehailles, M. Marloye, rencontrera à Dinant, en 1916, lors de la réquisition des hommes, le capitaine Sigert, du 102e, qui déclare s'être trouvé à Évrehailles le 23 août. Il reconnaît qu'« *on avait eu tort d'incendier le village, qu'il n'y avait pas eu de francs-tireurs, mais que des soldats français avaient revêtu des habits civils...* » Cette dernière accusation n'est nullement fondée. Le 103e a aussi participé au sac de la localité.

Bauche : incendie et deux fusillés

Le 21 août, dans la matinée, une patrouille de uhlans passe à Bauche. L'un d'eux, Paul Wagner, est tué par les Français sur le pont du chemin de fer et enterré au cimetière de Durnal. En guise de représailles, l'infanterie allemande, cantonnée aux alentours, encercle Bauche le soir. De nombreux soldats surgissent des bois et envahissent la place de la gare. Ils mettent le feu aux hôtels et s'emparent de la population, qu'ils emmènent à la ferme de Harnoy. Quelques-uns leur échappent en se cachant dans les bois.

Le 22 août, à 5 heures du matin, les otages sont ramenés à Bauche, puis enfermés, toujours par seize hommes du 103e, dans le fournil et le poulailler de la ferme d'Harnoy. À 13 heures, femmes et enfants sont libérés, tandis que les hommes sont dirigés vers Durnal, mains liées sur le dos, liens tellement serrés qu'ils hurlent de douleur. De plus, ils sont attachés tous ensemble par une autre corde.

Leur calvaire passe par la gare de Chansin, avec menace d'être fusillés, par Spontin, Senenne, Natoye, Halloy, Braibant, Sovet, Dorinne et Durnal où on les hisse dans le grenier de Louise Wiart. Enfin, le 24 au matin, ils sont acheminés à Dorinne où deux d'entre eux, Édouard Réveillon et Eugène Warnon, veuf et père de 5 enfants, sont fusillés avec six autres victimes de Spontin. Tous deux ouvriers agricoles, ils sont âgés respectivement de 31 ans et de 55 ans.

Après la fusillade, les autres prisonniers sont libérés et peuvent enfin regagner leur foyer. Pendant ces trois jours, femmes et enfants de Bauche se terrent chez Alphonse Baillot où Alfred Thérasse vient leur apporter chaque jour un panier de pain.

Sur les faits qui se sont déroulés à Bauche, on dispose d'un témoignage indirect, grâce au carnet de Marguerite De Mot[37] :

---

[37] Ce journal a été écrit par Marguerite Giron (1862-1927), fille du magistrat Alfred Giron, et épouse d'André De Mot, lui-même cousin germain du bourgmestre libéral de Bruxelles Emile De

Samedi 5 décembre 1914

Visite de Marie Dartois, qui nous raconte les souffrances et les affres de notre hameau depuis l'apparition des premiers uhlans descendant dans la vallée par le chemin d'Harnoy jusqu'au passage récent d'une troupe de Bavarois. Les premiers arrivés ont été affreusement cruels. Ils ont emmené jusqu'à la ferme toute la population du village, hommes, femmes et enfants, depuis la vieille Haquenne, âgée de 92 ans, branlante, décrépite et impotente, jusqu'à un nouveau-né dans les bras de sa mère. À ceux qui marchaient trop lentement ou difficilement, on donnait le réconfort de quelques coups de crosse. On les a parqués dans un fenil, où ils ont dû passer la nuit debout, faute de place pour s'asseoir. On n'a pas eu plus de pitié pour la vieille ancêtre qui ne quitte plus le coin de son feu que pour la récente accouchée. Pendant qu'ils se morfondaient là-haut, à moitié morts de peur, on a fouillé leurs maisons, volant linge, couvertures, casseroles, lard et vêtements. Puis on a relâché les femmes. Les hommes, liés deux par deux, ont été emmenés pendant trois jours à la suite des soldats. Dans chaque village traversé, on récoltait de nouveaux prisonniers, traités de semblable façon.

À Dorinne, on les a alignés dans une prairie et on a fusillé les dixième, vingtième, etc. Bernard Réveillon a eu un mauvais numéro. Le malheureux Warnon, resté veuf l'an dernier avec cinq petits enfants, a aussi été victime de ce crime monstrueux. On a ensuite permis aux autres, révoltés mais terrorisés, de rentrer chez eux. On a incendié les deux hôtels. Bauche en a été quitte pour un assassinat et deux incendies, tandis qu'Évrehailles a beaucoup souffert. Une partie de la population s'est réfugiée chez nous, amenant ses enfants, ses vaches, ses poules.

Houx incendié

Le village de Houx, blotti au pied des ruines de Poilvache, très proche de la ville de Dinant, est la première localité de la vallée à subir les sévices de l'ennemi. Dès le 14 août, vers 11 heures, des Allemands atteignent les hauteurs de Houx et attaquent les Français qui défendent la voie ferrée.

Le 15 août, les troupes du 2e dragons, vexées de la résistance des Français[38], s'en prennent au bourgmestre, le comte de Lévignen, et aux civils du hameau, qu'ils emmènent et exposent au feu de la bataille. Affolée par ces procédés, la population ne tarde pas à fuir, ce qui la préserve vraisemblablement de nouveaux malheurs.

Mot (1850-1909). Ce texte fut caché pendant l'occupation au fur et à mesure qu'il était écrit, puis conservé pendant plus de septante ans par la famille de Marguerite Giron. Marion Van Offelen est actuellement dépositaire de l'original du manuscrit de sa grand-mère. Nos remerciements à Daniël Vanacker qui nous a autorisé à en publier des extraits et à Patrick Évrard qui nous en a révélé l'existence.

[38] Le lecteur intéressé pourra lire le récit par Georges Lahy des principaux faits qui s'y sont déroulés le 15 août dans Schmitz & Nieuwland, p. 153-155. Une relation des opérations militaires de la journée par le général Cadoux y est également consignée en note p. 154.

Fig. 56. Les sévices infligés au comte de Lévignen sont représentés de manière allégorique sous forme d'enluminure. Illustration extraite de la *Lettre pastorale du cardinal Mercier* enluminée par les moniales de Maredret.

Le comte de Lévignan, bourgmestre de Houx, est attaché, les yeux bandés, sur une mitrailleuse. Son écharpe tricolore est foulée aux pieds. — 15 Août.

Dans la nuit du 21 au 22, en même temps que se passe, à Dinant, le sac de la rue Saint-Jacques, de nouvelles troupes envahissent Houx et mettent le feu à 18 maisons.

Le 177e régiment incendie le restant le 24 août, et les quelques civils, découverts dans les ruines et aux abords, sont emmenés à Dinant et obligés à jeter négligemment en terre les centaines de cadavres qui jonchent les rues du faubourg de Leffe. À Houx, l'incendie détruit plus de la moitié des maisons, 43 sur 70. À leur retour, les habitants de maisons préservées trouvent plusieurs crucifix profanés.

Fig. 57. Le centre du village de Houx ravagé par les flammes, à l'exception de la chapelle castrale. *A.Év.N. Fonds Schmitz S-105.*

Dans la nuit du 21 au 22 août, vers 21 h 30, une bande de soldats allemands accompagnés du fermier de Bloquemont, viennent placer trois bombes à l'école communale et incendier une vingtaine de maisons.

Enfin, le 23 août à 18 h, l'ennemi franchit enfin la Meuse pour la première fois, sur le pont de Houx. D'autres habitations sont encore brûlées le 24 août par le 177e régiment d'infanterie. Le 24 août, de 300 à 400 Allemands parviennent à traverser la Meuse, sur de grosses barques en fer, le pont du chemin de fer ayant été dynamité par les Français.

Fig. 58. Autre vue panoramique de Houx incendié, vers Champalle et Yvoir. *A.Év.N. Fonds Schmitz S-105.*

Fig. 59. Rue du village détruit par les flammes. *A.Év.N. Fonds Schmitz S-105.*

Yvoir au centre des combats : six victimes à déplorer

Au contraire de ses voisins, le village d'Yvoir va échapper à la destruction totale. Il faut y voir probablement deux raisons : tout d'abord les religieuses du couvent du Cénacle soignent, dès le début des hostilités, tous les soldats qui leur sont amenés, quelle que soit leur nationalité. Ensuite, pressé de franchir la Meuse, l'ennemi s'y attarde peu de temps.

Relevons que la ligne de chemin de fer du Bocq cesse de fonctionner le 7 août, celle de Namur le 17 et celle de la Molignée le 23.

Pour les principaux faits relatés par l'abbé Grégoire, curé d'Yvoir, on se reportera au chapitre 2. Il nous raconte ici les suites de la journée du 23 août :

> À 18 h, je partis avec un lieutenant dans la direction de la Fenderie et j'aperçus la maison Bastin en feu. Arrivés à côté de Fidevoye, à l'endroit où ils avaient choisi de construire un pont, on déchargeait des barquettes. Des hommes très déprimés, des femmes qui pleuraient étaient poussés en avant. Le lieutenant m'annonça qu'on les conduisait à l'église et que j'y serais mené aussi. Nous fûmes bientôt une quarantaine et le groupe ne cessait de grossir. À 18 h 30, quand nous entrâmes à l'église, elle était déjà à moitié remplie. En passant près du bénitier, je reçus un coup de poing en pleine figure, accompagné de paroles en allemand. Je me dirigeai vers le confessionnal et j'y étais à peine arrivé que je fus renversé par un nouveau coup porté à la nuque.
>
> Pendant ce temps, l'église s'emplissait toujours davantage. Je vis arriver les gens de Spontin, dont une femme à moitié vêtue, les cheveux en désordre et les yeux hagards, Madame Bardiau, que les soldats enfermèrent jusqu'au lendemain à la sacristie. Je vis amener des vieillards de ma paroisse, ainsi que Madame van Wayenberghe, née Céline Chantraine, qui n'était pas encore relevée de ses couches et qui marchait péniblement au bras de son mari, portant le bébé.
>
> Alors vint devant moi un major du 103e, âgé d'environ 55 ans. Il commença le discours suivant : « *Ce sont les curés qui sont la cause de la guerre car ils ont excité le peuple contre nous. C'est pourquoi nous brûlons et nous fusillons* ». Quelqu'un se leva et demanda la parole.
>
> - *Qui êtes-vous ?* demanda l'officier.
>
> - *Le docteur Baudart, de la Croix-Rouge.*
>
> - *La Croix-Rouge ! Les docteurs ne valent pas mieux que les curés. Nous avons dû en fusiller un qui avait excité les civils* [le docteur Bardiau de Spontin].
>
> Le docteur prit ma défense : « *Loin d'exciter les civils, le curé les a exhortés à prendre soin des troupes !* ». Je croyais le danger passé, lorsqu'un officier, escorté de deux soldats, vint m'empoigner et me poussa dans les bancs des petites filles. Je m'y agenouillai et y passai toute la nuit, tantôt m'asseyant, puis me remettant à genoux, brisé de fatigue.
>
> À 19 h 30, les femmes furent autorisées à partir. Les hommes restèrent au nombre de 400, dont le bourgmestre d'Yvoir, Monsieur Lambret. À défaut

d'électricité, on alluma quelques bougies. Beaucoup de soldats allaient et venaient, fumant la pipe, vidant des flacons de vin et de liqueur.

Pendant cette nuit, des scènes de pillage et de brutalité se passaient dans tous les quartiers du village.

Quant aux prisonniers retenus à l'église d'Yvoir, ils furent emmenés le 24 août, dans la direction de Houx, Anhée, Roly, Dinant et Hotton.

Les victimes directes de la journée du 23 août sont donc au nombre de six, quatre hommes, une femme et un adolescent : Alexandre Deltombe (65 ans), cultivateur, et son domestique, Félix Barbier (66 ans) de Falaën ; Joseph Fivet ou Focant (60 ans), ouvrier carrier, tué au Blacet ; Camille Gilles (51 ans), cantonnier au chemin de fer, tué près de la pompe publique ; Clémence Mahiant (45 ans), ménagère, et son fils de 14 ans, Camille Verlaine, abattus à proximité de la gare. Leur décès n'est enregistré à la commune que le 25 août, avec la mention explicite « tué ».

Fig. 60. Portrait de trois des victimes d'Yvoir, avec annotation manuscrite du chanoine Schmitz sur épreuves. *A.Év.N. Fonds Schmitz S-105.*

Quant à l'abbé Grégoire lui-même, en qui les Allemands voient le chef de l'organisation et qui est emmené avec les prisonniers de Spontin, il sortira de leurs mains dans un état total d'épuisement, laissé pour mort sur la route de Dinant à Sorinnes. Fortement amaigri et vieilli, lorsqu'il rentre à Yvoir plusieurs semaines plus tard, il n'est reconnu par aucun habitant...

Ajoutons que, dans l'église, des soldats allemands en profitent pour passer parmi les prisonniers, tenant un casque renversé. Pièces d'or, argent, billets de banque, tout doit être remis. Près de 50.000 fr. sont ainsi volés à la population.

Fig. 61. Villa partiellement détruite à Yvoir. *A.Év.N. Fonds Schmitz S-105.*

Mont-Godinne : deux tués

Les premiers uhlans y font leur apparition le 10 août. Le 15 août, à 8 h 30, le bourgmestre de Godinne informe le colonel français Cadoux, à Bioul, que « *des uhlans s'installent au sanatorium de Mont et paraissent vouloir s'y retrancher* ».

Le 19 août, une trentaine de uhlans essuient le tir des Français à la Campagne de la ferme de Mont. Vexés, les Allemands avertissent Nestor Hennuy que le village va être incendié ; la population fuit vers les villages voisins, dont Lustin, où le pont saute le 21.

Le 23 août, 2.000 soldats entourent le village, cernant les hommes revenus soigner le bétail. Pris d'une légitime terreur, six d'entre eux tentent de s'enfuir. Jules Bouchat, ouvrier carrier de 38 ans, et Édouard Pairon, terrassier âgé de 34 ans, sont tués, tandis que Joseph Baily est gravement atteint. Nicolas Burton, Marcel et Auguste Sinzot ont la vie sauve, mais ils sont roués de coups et emprisonnés. On enterre les deux victimes à côté du lieu d'exécution ; une chapelle dite du Sacré-Cœur sera construite en 1919 sur leur lieu d'exécution.

Fig. 62. Partie du monument aux morts de Mont réservée aux victimes de la guerre 14-18. *Photo Fr. Bal.*

Quant au blessé, il est transporté à l'école, où les Allemands enferment une vingtaine d'habitants.

Selon le témoignage du curé Charlier, les soldats sont restés à Mont (y compris au sanatorium) jusqu'au 24 août à 11 h. Ils ont pillé tout le dessous du village.

Godinne plutôt épargnée

Le 9 août, la 2e compagnie française du 148e s'établit à Rouillon pour défendre le pont et le barrage de Hun ; viennent s'y adjoindre le 22 août les 7e et 8e compagnies.

Le 16 août, à 16 heures, le pont est miné par le capitaine Mascart, du génie de l'armée belge. La mise à feu a lieu le 22 août 1914 à 16 h. 20 et le pont saute sur les deux tiers de sa portée.

Lorsque l'armée allemande s'y présente le 23 août, elle doit rebrousser chemin. C'est ainsi que, miraculeusement, Godinne va échapper aux représailles et aux exactions.

Chapitre 5
Des lendemains douloureux sous une occupation tâtillonne*

L'heure du bilan à Spontin

Au lendemain de ces terribles et sanglantes journées d'août, le bilan humain et matériel est particulièrement lourd pour Spontin : 133 maisons incendiées et 45 personnes tuées ou fusillées.

Destructions dans le village :

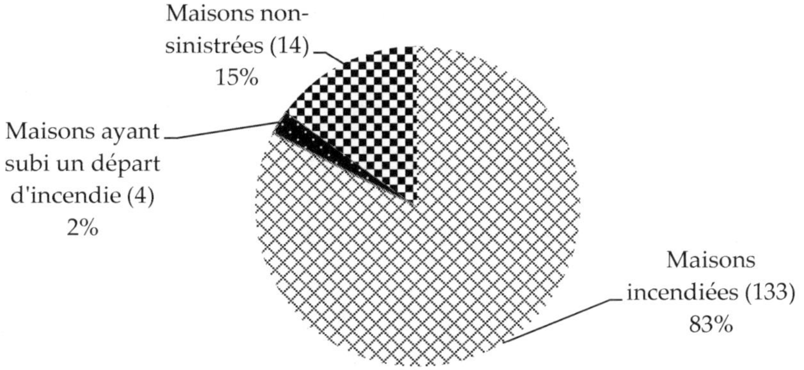

Le bilan est vite établi par l'autorité communale mais, derrière les mots, il est chargé d'émotions et de ressentiments :

> Dans la petite commune de Spontin, qui comptait, en 1914, 663 habitants, il y a eu 46 victimes, dont 4 femmes. 19 épouses sont devenues veuves, avec 39 orphelins. La famille Lambert-Poncin compte 8 victimes : trois fils, trois gendres, dont l'un a été asphyxié dans sa cave avec deux petites filles. Nous ne comptons pas les victimes qui ont succombé des suites de la journée du 23 août. 133 maisons ont été incendiées sur 161 ; cinq autres (…) ont eu un

* Ce chapitre se partage entre des contributions de J. Germain et B. Schraverus (pour Spontin), de R. Cochart (pour Durnal) et de J. Brilot (pour les autres villages). Il ne s'agit là que de quelques aspects un peu épars de la vie sous l'occupation.

commencement d'incendie ou ont été partiellement détruites. Il n'est resté de tout le village que 15 maisons, à savoir le château, l'école des filles, le chalet des eaux minérales, la ferme de Jules Tasiaux et [onze] maisons [particulières].

Fig. 63. Gravure de Léon Tombu représentant l'entrée du village et l'église au lendemain de l'incendie du 23 août. *Coll. J. Germain*.

Fig. 64. La nef centrale et le chœur de l'église dont il ne reste que les murs. *A.Év.N. Fonds Schmitz S-105.*

Voilà donc, pour l'essentiel[39], le récit des atrocités vécues par la population de Spontin en 1914. Le monument aux morts rappelle le nom de ces 46 victimes, au rang desquelles on compte 4 femmes et 4 jeunes filles. Toutes les couches d'âge sont concernées : 10 au-dessous de 20 ans, 11 de 21 à 40 ans, 16 de 41 à 60 ans, 9 au-delà de 61 ans. Rares sont les familles à ne pas avoir perdu un proche ; certaines ont été frappées plus que d'autres.

Un cénotaphe en l'honneur des victimes de la guerre est dressé au cimetière dans l'attente de la construction du monument.

Le ressentiment envers les Allemands est bien sûr violent, comme en atteste ce poème au ton tragique et emphatique d'un Durnalien signé E.C. [probablement pour Edmond Capelle, bourgmestre de Durnal] daté du 23 août 1914, publié seulement en décembre 1918[40]. Le propos est vengeur, allant jusqu'à requérir la punition divine pour tout le peuple allemand.

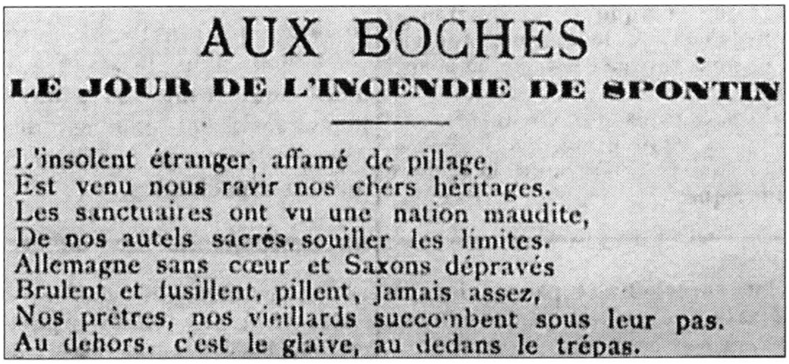

AUX BOCHES

LE JOUR DE L'INCENDIE DE SPONTIN

L'insolent étranger, affamé de pillage,
Est venu nous ravir nos chers héritages.
Les sanctuaires ont vu une nation maudite,
De nos autels sacrés, souiller les limites.
Allemagne sans cœur et Saxons dépravés
Brulent et fusillent, pillent, jamais assez,
Nos prêtres, nos vieillards succombent sous leur pas.
Au dehors, c'est le glaive, au dedans le trépas.

Fig. 65. Poème rédigé par Edmond Capelle au lendemain du 23 août et publié dans le *Journal du canton de Ciney* du 8 décembre 1918. *Cercle culturel cinacien.*

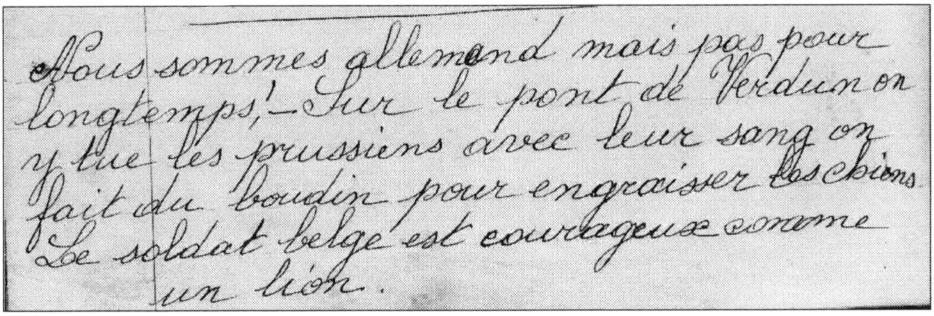

Nous sommes allemand mais pas pour
longtemps! – Sur le pont de Verdun on
y tue les prussiens avec leur sang on
fait du boudin pour engraisser les chiens
Le soldat belge est courageux comme
un lion.

Fig. 66. Texte anti-allemand extrait du cahier d'école d'Éva Rufy-Laloux de Reuleau inscrite à l'école de Natoye. *Coll. S. Rufy.*

[39] Le lecteur exigeant trouvera, dans le même ouvrage, p. 101-125, les comptes rendus *in extenso* de Spontinois ayant assisté aux divers épisodes douloureux des massacres de Spontin. Le *Liber memorialis* de la paroisse, p. 176-185, relate aussi les faits vécus par l'instituteur M. Hayot.

[40] *Journal du Canton de Ciney* n° 2 du 8 décembre 1918.

La vie reprend difficilement son cours à Spontin

On ne dispose guère que de rares témoignages directs et détaillés sur la manière dont se sont déroulées les quatre années d'occupation qui ont suivi, mais elles ont dû être douloureuses pour toutes les familles endeuillées, dont la plupart étaient privées de toit et de tout ce qui leur appartenait. La solidarité a dû jouer pour panser tant bien que mal les plaies, dans des conditions d'existence particulièrement difficiles.

Après le massacre, un certain nombre d'habitants sont hébergés dans la famille, dans les villages avoisinants, à Durnal, à Purnode, à Dorinne, à Natoye, à Senenne, à Ciney. Plusieurs restent au château, jusqu'au 15 octobre. Certains trouvent un asile précaire sur le chantier de la Grande carrière. La famille Fondaire est hébergée à l'étage du petit bâtiment des Sources. Bref, c'est le règne de la débrouille. Puis peu à peu, les habitants reviennent au village et certains se mettent à reconstruire.

La première séance communale est tenue le 2 septembre 1914. Pierre Doneux, le premier échevin et doyen du conseil communal, devient bourgmestre faisant fonction. Le curé Julien Laisse est remplacé par l'abbé Fourneau durant deux mois, jusqu'à la nomination de l'abbé Mahoux au poste le 23 octobre.

Le 8 septembre, le Procureur du Roi de Dinant demande aux autorités communales de relever les infractions commises par les troupes allemandes. Une commission pour évaluation des dommages de guerre est également mise sur pied le 18 octobre[41]. Composée en majeure partie de membres de l'administration communale, elle demande l'aide de la nation pour financer la reconstruction du village. La commune nomme un architecte pour mener à bien les travaux. Il s'agit d'Adolphe Ledoux, de Jambes, qui annonce le 12 décembre 1914 que « *18 maisons sont en reconstruction et 32 ménages installés à la carrière sous des abris provisoires* ».

Fig. 67. Photo du nouveau curé de Spontin, l'abbé Mahoux, qui va s'impliquer dans les procès faits aux Allemands. *Coll. privée.*

---

[41] L'essentiel des renseignements est tiré du *Registre des délibérations communales,* conservé aux A.É.N., Fonds des Communes contemporaines : *Spontin,* n° 61 et 121, ainsi que dans le Fonds Schmitz, n° 103 ; *Spontin/Sovet,* aux A.év.N.

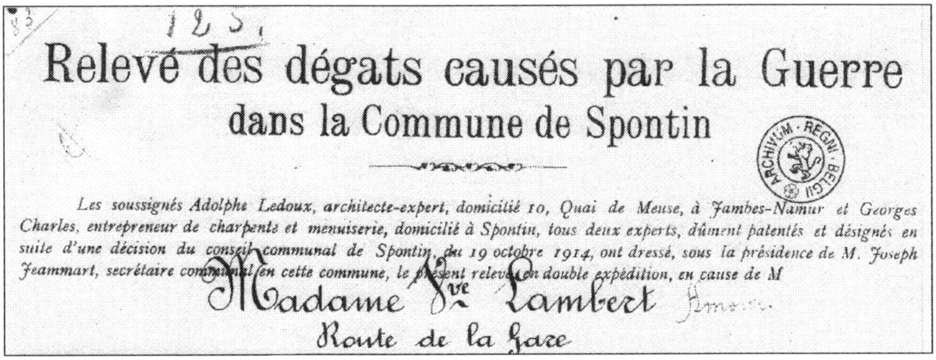

Relevé des dégats causés par la Guerre

dans la Commune de Spontin

Les soussignés Adolphe Ledoux, architecte-expert, domicilié 10, Quai de Meuse, à Jambes-Namur et Georges Charles, entrepreneur de charpente et menuiserie, domicilié à Spontin, tous deux experts, dûment patentés et désignés en suite d'une décision du conseil communal de Spontin, du 19 octobre 1914, ont dressé, sous la présidence de M. Joseph Jeammart, secrétaire communal en cette commune, le présent relevé en double expédition, en cause de M

Madame Vve Lambert

Route de la Gare

Fig. 68. Les habitants de Spontin sont invités à déclarer les dégâts qui ont été commis en août 1914. *AGR. Fonds des régions dévastées*, n° 11879.

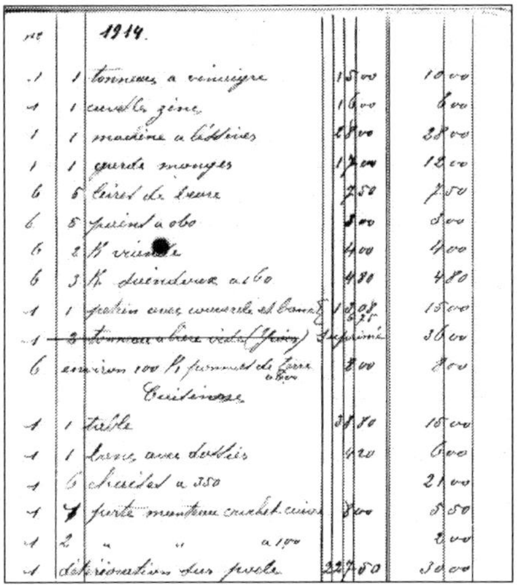

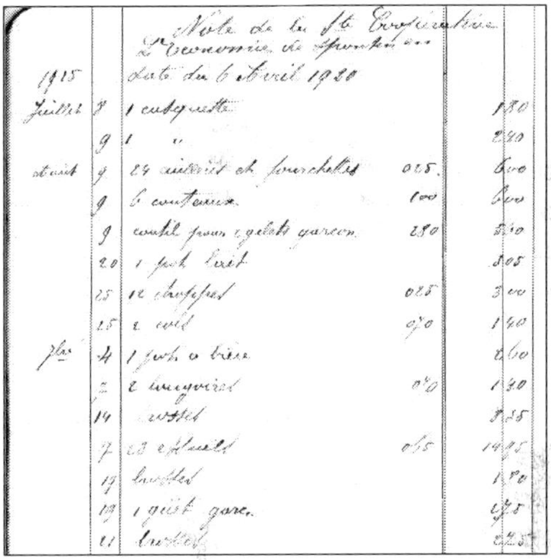

Fig. 69. Eugène Rufy a consigné dans un petit carnet tous les objets qu'il a perdus dans l'incendie, dans les moindres détails ; il a fait de même avec les achats de substitution faits à la Coopérative à partir de 1915 (à droite). *Coll. S. Rufy.*

Le 5 juin 1915, le général von Bissing, gouverneur militaire de la Belgique, nomme Charles Verhoost comme bourgmestre de la commune.

Au début de l'année 1915, Mgr Heylen se rend à Spontin, le 13 janvier. Il remet 300 fr. pour aider les villageois, et revient avec 4000 fr. l'année suivante. À cette époque, l'école des Sœurs sert d'école, de presbytère et d'église.

Le 30 juin 1915, c'est le Cardinal Mercier qui, sur le chemin d'Andenne à Dinant, passe quelques heures à Spontin et vient se recueillir sur les lieux du drame, apportant son soutien moral au curé et aux villageois. Il est touché par le fait que la messe ne puisse plus se donner à l'église, ainsi que par les conditions de vie des habitants. Il leur remet 1200 fr., provenant de Londres[42].

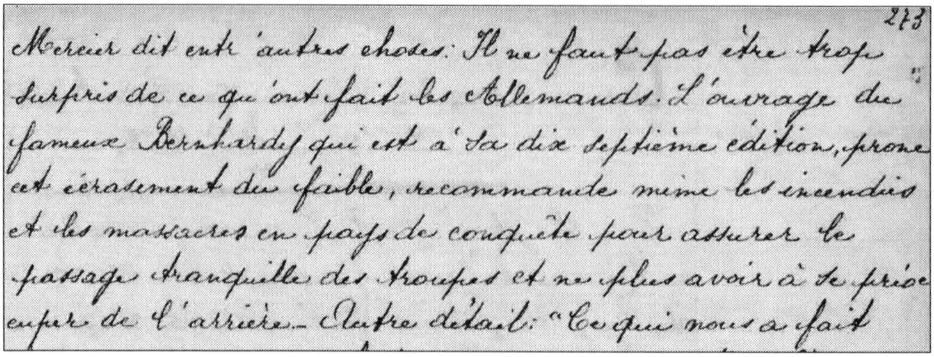
273
Mercier dit entre autres choses: Il ne faut pas être trop
surpris de ce qu'ont fait les Allemands. L'ouvrage du
fameux Bernhardy qui est à sa dix septième édition, prone
cet écrasement du faible, recommande même les incendies
et les massacres en pays de conquête pour assurer le
passage tranquille des troupes et ne plus avoir à se préoc-
cuper de l'arrière. Autre détail: « Ce qui nous a fait

Fig. 70. Propos du Cardinal Mercier concernant la mentalité allemande confiés à l'abbé Mahoux lors de sa visite le 30 juin 1915. *Liber memorialis,* p. 273.

À l'occasion, les paroissiens utilisent encore les ruines de l'église, toujours sinistrée, comme lieu de prière, ainsi lors des rogations d'après le témoignage du *Liber memorialis*.

Fig. 71-72. Deux vues de l'église détruite visitée par des architectes en vue de sa reconstruction et utilisée de temps à autre comme lieu de culte. *A.Év.N. Fonds Schmitz S-105.*

[42] *Liber Memorialis, op cit.*, p. 272-273.

Le Comité des abris provisoires fait construire des baraquements, appelés généralement "maisons Albert" en province de Namur, sans demander l'avis des autorités communales, ce qui provoque une certaine tension. Il faut l'intervention du cardinal pour régler le contentieux en la matière.

Fig. 73. Devant l'hôtel du Cheval blanc, particulièrement démoli par les bombardements, un baraquement de fortune provisoire, contesté par le Conseil communal de Spontin. *A.Év.N. Fonds Schmitz S-105.*

La commune croule sous les dettes malgré les dons, les emprunts au crédit communal, aux particuliers comme le meunier du village ou l'aide du Comité national de Secours et d'Alimentation. Les dettes s'accumulent pour reconstruire la voirie, le presbytère, la maison communale, l'école des garçons, et l'église très délabrée, qui doit également être agrandie. Les tracasseries administratives découragent le conseil communal et le bourgmestre[43].

Les bâtiments publics ne seront reconstruits qu'à posteriori. Les maisons particulières sont quant à elles rapidement rebâties ; au début de l'année 1916, il n'en reste déjà plus que 25 à reconstruire.

[43] Ils doivent écrire à l'autorité allemande pour les affaires civiles, à la Commission royale des Monuments, puis au Haut-Commissariat royal adjoint pour les régions dévastées, au Ministère des Affaires économiques et à celui de l'Intérieur, à l'Office des régions dévastées, etc. Le bourgmestre dit « *laisser tomber la plume* » le 16 janvier 1916; il la reprendra néanmoins, en envoyant une lettre dans laquelle il exprime son mécontentement à la Commission royale des Monuments le 16 janvier 1918.

Fig. 74. Sur cette photo panoramique du centre du village prise du Tienne vers 1917, il ne reste plus que quelques maisons non reconstruites, outre l'église. *Coll. J. Germain.*

Mais « les faits de guerre » touchent à nouveau Spontin, comme les autres communes : le 8 et le 22 janvier 1916, l'administration allemande demande 3000 puis 5000 kg de pommes de terre ; un mois plus tard, elle demande 150 kg de beurre par semaine.

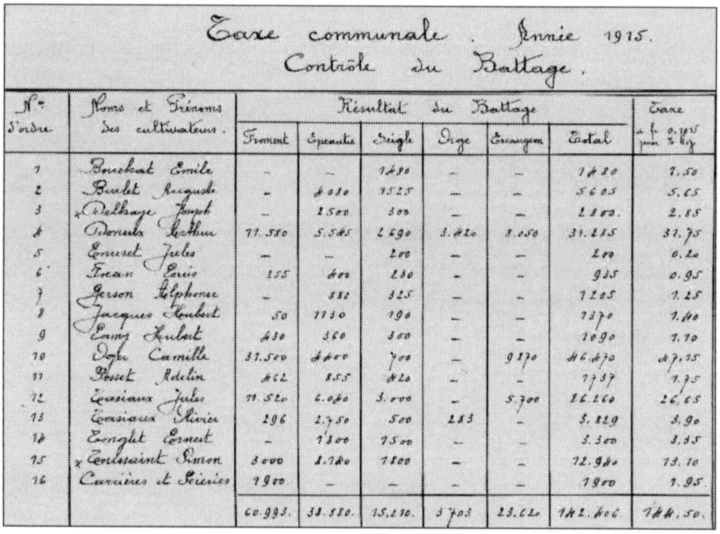

Taxe communale. Année 1915.
Contrôle du Battage.

N° d'ordre	Noms et Prénoms des cultivateurs.	Résultat du Battage						Taxe à fr. 0,1015 pour % kg
		Froment	Epeautre	Seigle	Orge	Escourgeon	Total	
1	Bouchat Émile	–	–	1480	–	–	1480	1.50
2	Boulet Auguste	–	4080	1525	–	–	5605	5.65
3	x Delhaye Joseph	–	2.500	300	–	–	2800.	2.85
4	Doneux Arthur	11.580	5.545	2690	3.420	8.050	31.285	31.75
5	Ernest Jules	–	–	200	–	–	200	0.20
6	Focan Louis	255	400	280	–	–	935	0.95
7	Gerson Alphonse	–	880	325	–	–	1205	1.25
8	Jacques Hubert	50	1130	190	–	–	1370	1.40
9	Lamy Hubert	430	360	300	–	–	1090	1.10
10	Doyen Camille	31.500	4400	700	–	9870	46.470	47.15
11	Posset Adelin	462	855	420	–	–	1737	1.75
12	Cassiaux Jules	11.520	6.040	3.000	–	5.700	26.260	26.65
13	Cassiaux Olivier	296	2.750	500	283	–	3.829	3.90
14	Tonglet Ernest	–	1800	1500	–	–	3.300	3.35
15	x Toussaint Simon	8000	3.140	1800	–	–	12.940	13.10
16	Carrières et Scieries	1900	–	–	–	–	1900	1.95.
		60.993.	38.880.	15.210.	3703	23.620	142.406.	144.50.

Fig. 75. L'activité agricole a repris en 1915, mais avec de grosses disparités. *Coll. La Mémoire de Spontin.*

Les Allemands annoncent le 21 septembre 1916 que les maisons sinistrées doivent être abattues.

Le 19 février 1917, Jules Tasiaux est fait prisonnier politique.

En mai 1918, les troupes demandent à être logées à Spontin; la commune doit faire un emprunt de 2200 fr. Le 23 juin 1918, 1300 marks, soit 1625 francs, sont réclamés pour punir la commune, un rail ayant été déboulonné entre Lustin et Godinne. Le 19 août, c'est un crédit de 12000 fr. qui doit être contracté auprès du Crédit communal pour subvenir aux besoins des troupes allemandes.

La période est donc très difficile. Il n'est guère étonnant que la population de Spontin passe de 631 à 627 habitants au début de la guerre à 470 à la fin de celle-ci[44].

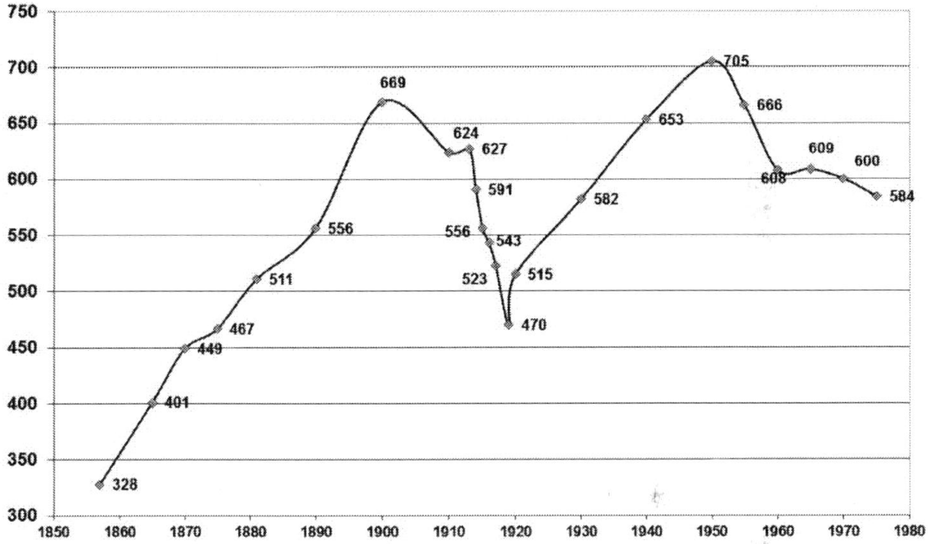

Le village fait néanmoins face. Les témoignages indirects que l'on peut avoir indiquent nettement une récession de l'activité, que celle-ci soit industrielle (société des eaux minérales ou exploitations des carrières) ou autre.

Il est intéressant de relever le fait que dans les archives communales rédigées durant la guerre, le massacre du 23 août est nommé « *incident* », « *fait de guerre* », « *évènements* » ou « *difficultés* ».

---

[44] Graphique de Michel POULAIN pour *Spontin d'eau et de pierre,* 2004, t. I, p. 388.

La dure réalité de l'occupation dans les autres villages

Les autres villages ont moins souffert, certes, mais des dégâts importants sont à signaler, tout particulièrement à Houx et Évrehailles.

Dans chaque village, les chambres disponibles sont réquisitionnées pour y loger les soldats allemands. Tout cela coûte cher, à titres divers, aux communes.

Ainsi, à Durnal[45], lorsque le nouveau réseau électrique est installé en 1916, les Allemands l'exigent, en priorité pour les 75 foyers qui ont « *l'honneur de les héberger* ». Les soldats occupent également le patronage et la double maison qui lui fait face, rebaptisée « *caserne* » par les habitants du village.

À Purnode, ce sont les habitants expulsés d'Awagne qui s'installent en 1917 ; cette section de Lisogne étant dans la zone de tir des jeunes artilleurs allemands, installés à Braibant, elle doit être complètement évacuée.

Le travail vient à manquer, ce qui s'avère pénible pour les chefs de famille. En l'absence d'allocation de chômage, la commune de Durnal prévoit un emprunt de 4000 fr. auprès des gens « *qui ont les moyens* ». L'argent, emprunté au taux de 4%, doit servir à réaliser des travaux de voirie auxquels seront employés les hommes sans travail. Pour occuper un maximum de personnes, le Conseil décrète que « *les cailloux seront transportés à la brouette ou à la chaîne, remplaçant ainsi la traction animale.* »

L'occupant fait également reconstruire les ponts détruits. À Godinne, un pont de bois est réservé aux Allemands, tandis que les civils font appel au passeur d'eau, en barque, comme autrefois.

À Yvoir, les Allemands ne reconstruisent que la partie détruite du pont. De ce fait, l'ouvrage se compose de deux parties dont les formes sont bien distinctes : la première plus large, avec planches en bois, la seconde pavée, ne laissant le passage qu'à un seul véhicule, avec côtés réservés aux piétons. Cet état de fait va persister jusqu'à sa nouvelle construction en 1935.

La situation sanitaire est tout aussi précaire. À Yvoir, plusieurs habitants n'ont d'autre recours que de fréquenter les toilettes de l'école communale. Celles-ci deviennent très sales et nécessitent l'intervention de la commune, qui leur en interdit l'accès en 1916.

---

45 Pour Durnal, on dispose de précieux renseignements sur divers aspects de l'occupation, année par année, grâce aux archives de la commune exploitées par Roger COCHART dans sa monographie *Durnal*, Archives et mémoire collective, 1992, p. 221-236. Nous n'en reprenons dans ce chapitre que quelques éléments significatifs. – De même pour Évrehailles, on trouvera des détails intéressants dans l'ouvrage de Guy BOODTS, *Évrehailles* ..., 1987, p. 129-138

La question du ravitaillement

Un comité de ravitaillement fonctionne dans chaque commune et les habitants doivent utiliser une carte de ravitaillement.

Le canton de Ciney est ravitaillé à concurrence de 35 % de ses besoins. Il existe peu de porcs disponibles et les œufs coûtent 2,60 fr. le quarteron. La classe ouvrière souffre surtout du prix élevé du beurre et du lard. Sa ration de pain est plafonnée à 335 gr/semaine.

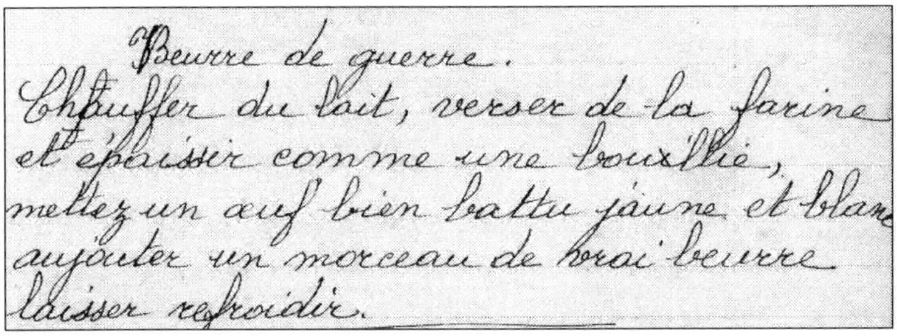

Beurre de guerre.
Chauffer du lait, verser de la farine
et épaissir comme une bouillie,
mettez un œuf bien battu jaune et blan
ajouter un morceau de vrai beurre
laisser refroidir.

Fig. 76. Recette du "Beurre de guerre" consignée dans le cahier d'école d'Éva Rufy-Laloux de Reuleau.

La situation est souvent précaire et la population souffre de la faim. Ainsi, en 1915, la commune de Mont-Godinne doit emprunter 2000 fr. auprès du Crédit communal pour pouvoir subvenir au ravitaillement de ses habitants, dont ceux qui sont logés au sanatorium. Chaque semaine, elle doit distribuer 3900 kg de maïs, 1000 kg de farine, 5000 kg de pommes de terre, 100 kg de pois, haricots, riz et son. Elle se voit même obligée d'instaurer, le 20 juin 1915, une taxe communale de 4 fr. sur les chiens, « *sauf les chiens d'aveugles et les chiots nourris par leur mère qui paient 1 fr.* ». À Durnal, le 8 septembre 1915, Anatole Lizen achète de la farine pour 76 fr. 50 et la distribue aux indigents, ainsi qu'aux réfugiés de Spontin et de Lisogne qui ont trouvé asile à Durnal. Toutes les réserves (café, thé, cacao, farine, etc.) doivent être rigoureusement déclarées. Les recettes de pain d'épices et autres spécialités sont remises en honneur afin d'agrémenter les sous-produits du froment.

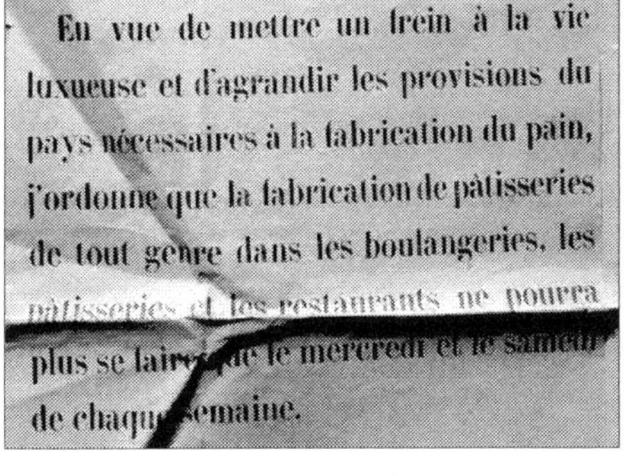

En vue de mettre un frein à la vie luxueuse et d'agrandir les provisions du pays nécessaires à la fabrication du pain, j'ordonne que la fabrication de pâtisseries de tout genre dans les boulangeries, les pâtisseries et les restaurants ne pourra plus se faire que le mercredi et le samedi de chaque semaine.

Fig. 77. L'administration allemande organise de façon stricte l'usage de la farine. Avis daté du 11 janvier 1915. *Coll. La Mémoire de Spontin.*

Dès 1915, les États-Unis d'Amérique envoient des vivres et secours à la population. Ils financent la distribution quotidienne d'un bol de soupe dans les écoles (jusqu'en 1919), ainsi que la fourniture de couques blanches, composées de farine pure de froment et de graisse. En remerciement, chaque école envoie la photographie des élèves aux généreux donateurs et les enfants prennent la plume pour exprimer leur gratitude.

Des réquisitions aux recensements

En 1915, le bourgmestre de Durnal est mis dans l'obligation de fournir mensuellement la liste des armées séjournant dans le village jour après jour. Celles-ci ne manquent pas de se ravitailler auprès de l'habitant : chevaux, cochons, lapins, poules, produits laitiers sont constamment réquisitionnés. À titre d'exemple, à Durnal, sept tonnes de pommes de terre sont remises à l'occupant le 23 janvier 1916.

Le secrétaire doit établir des relevés de toutes sortes : saisie des récoltes sur pied, bons de réquisition par l'occupant, procès-verbaux des enlèvements effectués, listes des habitants ayant hébergé la troupe, etc.

Non seulement les recensements foisonnent, mais ils se font de plus en plus précis : l'occupant veut connaître le nombre de lapines, les vélos, les pneus et tout ce qui peut servir à la confection de paniers : osiers, saules... Il faut conserver les noyaux, les écorces et les fournir à la Kommandantur de Ciney.

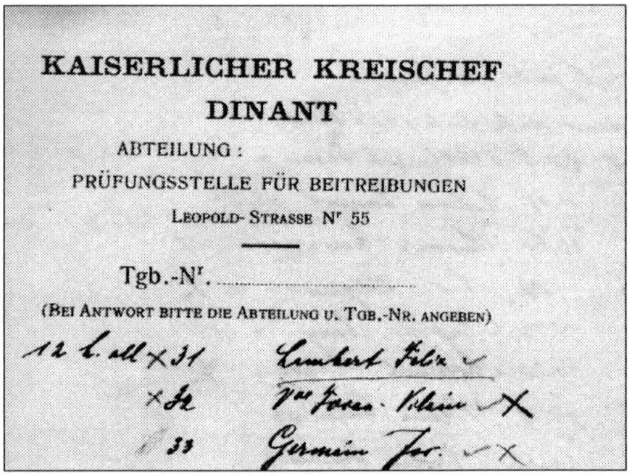

KAISERLICHER KREISCHEF
DINANT
ABTEILUNG :
PRÜFUNGSSTELLE FÜR BEITREIBUNGEN
LEOPOLD-STRASSE Nr 55

Tgb.-Nr. ....

(BEI ANTWORT BITTE DIE ABTEILUNG U. TGB.-NR. ANGEBEN)

31
33 Germain Jos.

Fig. 78. Les habitants de Durnal, dont Joseph Germain, convoqués le 21 avril 1917 à Ciney ou à Dinant pour les déclarations de dommages. *Coll. La Mémoire de Spontin.*

En 1917 et 1918, les conditions de vie ne s'améliorent guère et même si les habitants ont pu davantage s'organiser sur le plan de la culture et du petit élevage, les Allemands se sont faits plus exigeants, en raison de leur appauvrissement toujours croissant. Ils se font même de plus en plus pillards et, comme à Durnal, ils ne dédaignent pas le vin du château dont ils emportent 343 bouteilles.

Grandeurs et petitesses

Si certains fermiers paraissent profiter de la situation, ce n'est pas le cas de tous. Pour ne citer qu'eux, Alfred Reuliaux à Durnal et la famille Jacquet à Bauche aident au maximum la population. Non contents de ne jamais dépasser le prix maximum, ils donnent beaucoup. Leur maison est vraiment l'auberge des pauvres.

Ce n'est pas le cas d'un couple d'Yvoir peu scrupuleux qui vole les pommes de terre de l'orphelinat, soudoyant le jardinier. Pour ne pas dénoncer des Belges aux Allemands, la direction ne porte pas plainte.

À Yvoir, un conflit oppose le bourgmestre au secrétaire communal. Le premier reproche au second de lui laisser tout le travail de ravitaillement. Le secrétaire rétorque que le bourgmestre détient les 204 bons de ravitaillement chez lui ; le 29 novembre 1916, le secrétaire démissionne.

Les récoltes des villages sont souvent l'objet de la convoitise de visiteurs nocturnes. Des patrouilles de surveillance sont instaurées à partir de 1917. À Durnal, chaque patrouilleur perçoit 4 fr. pour 24 heures de service actif.

L'organisation allemande

Les Allemands sont reconnus pour leur sens de l'organisation.

Ils multiplient les recensements : l'occupant doit connaître le nombre de chevaux, de juments pleines, de porcs, d'hectares cultivés, de fourrage, de pommes de terre, de pneus de vélos, de logements, etc.

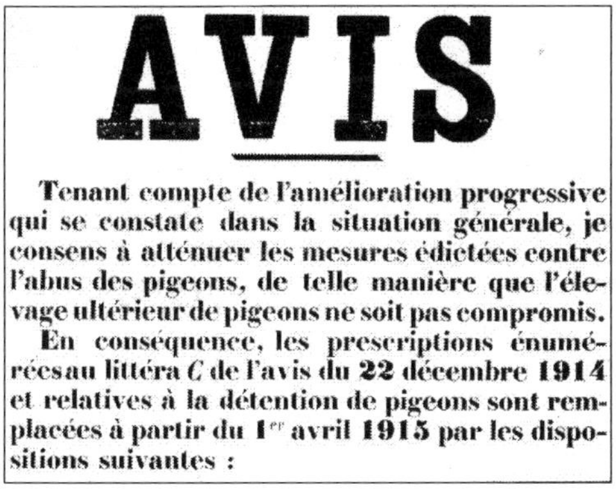

AVIS

Tenant compte de l'amélioration progressive qui se constate dans la situation générale, je consens à atténuer les mesures édictées contre l'abus des pigeons, de telle manière que l'élevage ultérieur de pigeons ne soit pas compromis.

En conséquence, les prescriptions énumérées au littéra *C* de l'avis du 22 décembre 1914 et relatives à la détention de pigeons sont remplacées à partir du 1er avril 1915 par les dispositions suivantes :

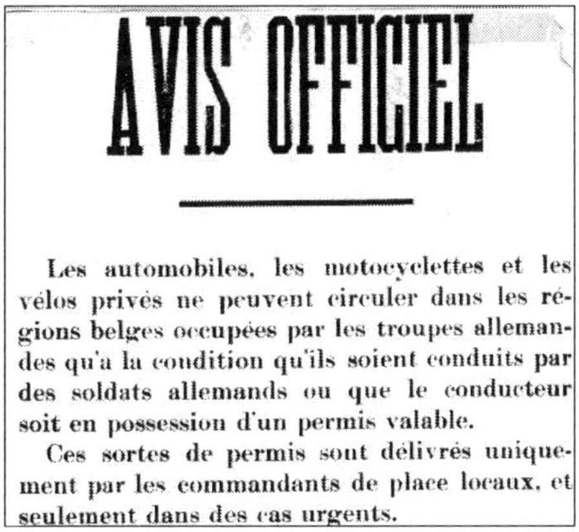

AVIS OFFICIEL

Les automobiles, les motocyclettes et les vélos privés ne peuvent circuler dans les régions belges occupées par les troupes allemandes qu'à la condition qu'ils soient conduits par des soldats allemands ou que le conducteur soit en possession d'un permis valable.

Ces sortes de permis sont délivrés uniquement par les commandants de place locaux, et seulement dans des cas urgents.

Fig. 79-80. Les avis ou arrêtés pleuvent, qu'il s'agisse de l'usage des autos ou autres véhicules (17 novembre 1914) ou de l'élevage des pigeons (26 mars 1915). *Coll. La Mémoire de Spontin.*

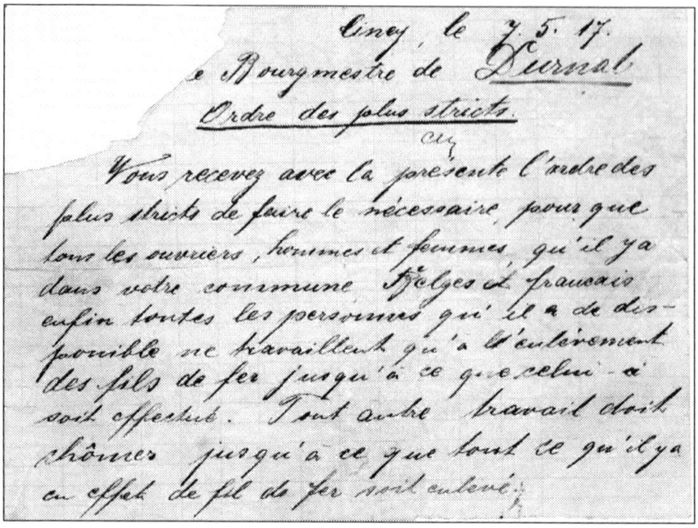
Ciney, le 7.5.17.
Le Bourgmestre de Durnal
Ordre des plus stricts.

Vous recevez avec la présente l'ordre des plus stricts de faire le nécessaire pour que tous les ouvriers, hommes et femmes, qu'il y a dans votre commune Belges et français enfin toutes les personnes qu'il a de disponible ne travaillent qu'à l'enlèvement des fils de fer jusqu'à ce que celui-ci soit effectué. Tout autre travail doit chômer jusqu'à ce que tout ce qu'il y a en effet de fil de fer soit enlevé.

Fig. 81. Les Allemands sont aux abois ; tous les habitants de Durnal sont sommés de récupérer des fils barbelés et de les amener à Ciney (7 mai 1917). *Coll. La Mémoire de Spontin.*

L'administration allemande règle la vie de tous les jours dans les moindres détails. Ainsi, en 1916, les timbres-poste belges n'ont plus cours et sont remplacés par ceux du Deutsches Reich. Les opérations financières se font en mark (le mark vaut environ 1 fr. 20). Le 28 septembre, le président de l'administration civile impose l'emploi de l'heure de l'Europe centrale.

Ce sont les Allemands aussi qui font placer des poteaux indicateurs à tous les carrefours à Durnal.

Tout ne sera donc pas négatif au niveau de l'administration locale.

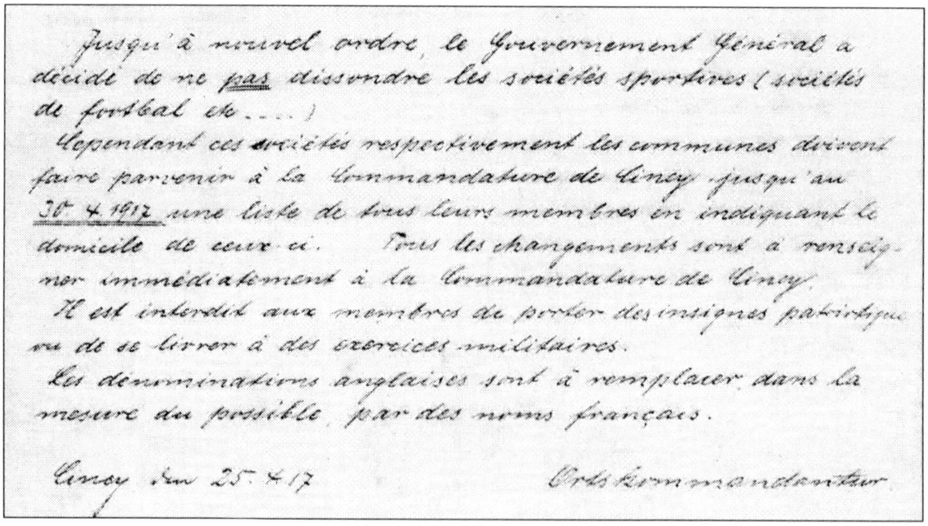
Jusqu'à nouvel ordre, le Gouvernement Général a décidé de ne pas dissoudre les sociétés sportives (sociétés de football etc....)

Cependant ces sociétés respectivement les communes doivent faire parvenir à la Commandature de Ciney jusqu'au 30.4.1917 une liste de tous leurs membres en indiquant le domicile de ceux-ci. Tous les changements sont à renseigner immédiatement à la Commandature de Ciney.

Il est interdit aux membres de porter des insignes patriotiques ou de se livrer à des exercices militaires.

Les dénominations anglaises sont à remplacer dans la mesure du possible par des noms français.

Ciney den 25.4.17 Ortskommandantur

Fig. 82. Des Allemands précurseurs, qui préconisent l'usage des dénominations en français au football. *Coll. La Mémoire de Spontin.*

La multiplication des comités et commissions

Les chevaux de guerre sont grands consommateurs d'avoine. À Durnal, Léopold Ista, tailleur d'habits de son état, est nommé contrôleur des avoines. Il doit vérifier le battage et la pesée de l'avoine, calculer le rendement pour déterminer la part de céréales destinée à nourrir les chevaux, allemands ou indigènes, et celle destinée à l'emblavage.

Un comité de ravitaillement est créé, présidé par Edmond Capelle, et se compose de quatre personnes. Les précieuses denrées alimentaires sont acheminées de Ciney à Durnal par Antoine Charlot, qui demande 80 centimes pour cent kilos transportés.

Les comités se multiplient : ainsi, à Durnal, après le comité du ravitaillement, est créé celui de secours. C'est lui qui paie les chômeurs, avec les fonds communaux, bien entendu.

La disette n'est pas le seul fléau qui fait cortège à la guerre; la mendicité, elle aussi, se répand de plus en plus, comme en témoigne un rapport que doit établir le mayeur Capelle à l'attention du commissaire civil allemand de Ciney.

Un comité de surveillance et de contrôle voit le jour à Durnal ; il organise des patrouilles civiles nuit et jour afin d'assurer la protection des récoltes que la police rurale (forte de deux hommes) ne peut plus surveiller efficacement. Les prestations ne sont pas gratuites : les patrouilleurs reçoivent 4 fr. par 24 heures de service actif.

Les réfugiés français

Des réfugiés français logent également dans la région[46]. En 1916, la commune d'Yvoir doit débourser 1.223 fr. pour leurs logements. En 1918, rien que pour les frais de logement des troupes allemandes, elle déclare une somme de 75.656,49 fr. dans ses comptes annuelq.

De même, Durnal accueille encore en 1917 jusqu'à 195 réfugiés français (dont certains se sont installés). Pour ces hébergés français et ceux qui sont soignés dans les hospices civils de Namur, la commune de Durnal doit s'acquitter de 427 fr. 20 le 31 juillet 1917 et de 139 fr. 45 le 28 novembre 1917.

---

[46] Sur le sort des réfugiés français, existe un mémoire de licence de Mélodie BRASSINNE, *Les évacués français dans les provinces de Namur et Liège pendant la Première Guerre mondiale (1917-1919)*, Mémoire de licence en histoire, UCL, 2011. Cette étude est éditée sous forme d'article dans *Les Cahiers de Sambre et Meuse*, n°2014-3.

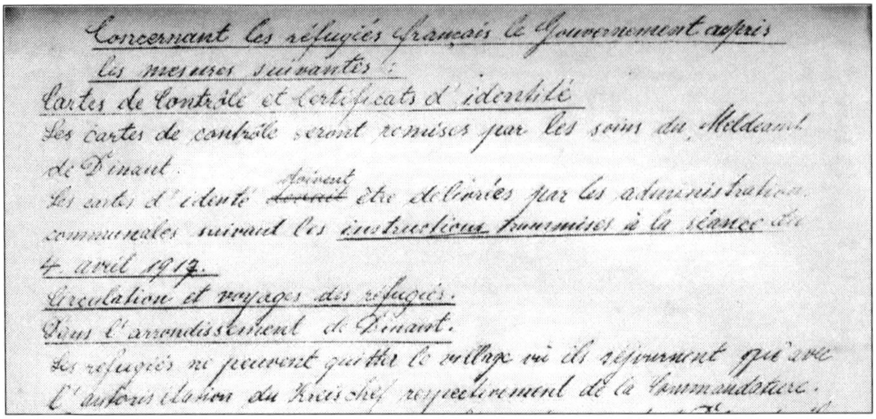

Concernant les réfugiés français le Gouvernement a pris
les mesures suivantes :
Cartes de Contrôle et Certificats d'identité
Les cartes de contrôle seront remises par les soins du Meldeamt
de Dinant.
Les cartes d'identité doivent être délivrées par les administrations
communales suivant les instructions fournies à la séance du
4 avril 1917.
Circulation et voyages des réfugiés.
Sous l'arrondissement de Dinant.
Les réfugiés ne peuvent quitter le village où ils séjournent qu'avec
l'autorisation du Kreischef respectivement de la Commandature.

Fig. 83. Le 8 avril 1917, un avis est affiché concernant les allées et venues des nombreux réfugiés français. *Coll. La Mémoire de Spontin.*

Ces réfugiés français se décident à regagner leur terre natale le 29 ocotbre 1918 ; des chariots sont prévus pour le transport des colis ; les vieillards rentreront dans des chariots bâchés tandis que les autres iront à pied.

Résistance active et passive

La résistance semble s'être moins organisée en 1914-18 que durant la Seconde Guerre mondiale. Mais il faut noter que des bourgmestres, secrétaires communaux et curés, tout comme d'autres citoyens, ont exercé un rôle non négligeable, bien que discret.

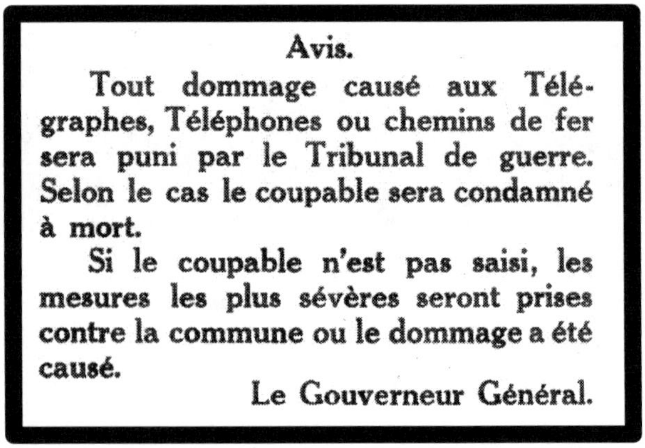

Avis.

Tout dommage causé aux Télégraphes, Téléphones ou chemins de fer sera puni par le Tribunal de guerre. Selon le cas le coupable sera condamné à mort.

Si le coupable n'est pas saisi, les mesures les plus sévères seront prises contre la commune ou le dommage a été causé.

Le Gouverneur Général.

Fig. 84. Les actes d'incivisme sont sévèrement punis. Autant le savoir… *Coll. La Mémoire de Spontin.*

Par exemple, le bourgmestre de Durnal, Edmond Capelle, avocat de profession, va contribuer à sauver son village du pillage, de l'assassinat et de la ruine en 1914, notamment en mettant à disposition son château pour servir d'hôpital de la Croix-Rouge. Laissant sa famille à Courtrai durant 52 mois, il reste à Durnal pour « *tromper l'ennemi, circonvenir les chefs, éviter les exactions graves, saisies et perquisitions* ».

Fig. 85. Souvenir mortuaire d'Edmond Capelle, bourgmestre de Durnal durant la guerre 14-18, auquel le village doit son salut. *Coll. privée.*

À Bauche, Maurice Pirlot, dont le père était chef de gare, qui "jouait" dans les convois allemands, a permis de fournir des renseignements aux alliés. Pour ces actions, il a reçu la décoration de l'Intelligence Service du roi Georges V et ses parents la médaille de guerre britannique.

Plus ludique paraît être la résistance du bourgmestre Pierre du Ry à Godinne. Dès le début de la guerre, les Allemands réquisitionnent les osiers qu'il cultive sur les îles, afin de s'en servir pour emballer les obus durant leur transport. Pierre du Ry a cependant deux satisfactions vengeresses. En 1915, la montée des eaux submerge les îles ; il laisse tous les osiers coupés et mis en tas s'en aller avec la crue, à la grande fureur des ennemis. De plus, ses quatre barquettes réquisitionnées chavirent et disparaissent dans le fleuve, noyant trois Allemands. Comme bourgmestre, il est alors convoqué à la Kommandantur du village. Là, il encaisse toutes les foudres de la Landsturm, pour avoir laissé se noyer les trois hommes et ne les pas avoir prévenus du danger. En outre, en 1916, l'occupant le condamne à 48 heures de prison à Dinant et 2000 fr. d'amende, pour « *avoir déshonoré l'armée allemande en soupçonnant ses soldats d'avoir volé ses pommes de terre* ».

On ne badine pas avec la discipline allemande

Durant l'hiver 1917, à Purnode, on raconte qu'un soldat qui loge chez l'habitant est pris à voler des poules. L'épouse s'en étant plainte au « commandant de la place », qui siège à la brasserie, celui-ci punit le coupable. Mis au garde-à-vous, il doit, au signal d'un sous-officier, se laisser tomber la face dans la boue glacée par la neige fondante. Au second signal, il se relève et on recommence plusieurs fois la prostration. La punition a lieu au début du Chemin vert, à droite de la ferme Beguin. Discipline germanique de l'époque ! [47]

Aujourd'hui : SIX pages.

LA GUERRE

1,136e jour de guerre

Aucune modification à signaler sur les divers fronts.

Fig. 86. Et cette fichue guerre qui n'en finit pas … Articulet de *La Belgique* du 12 septembre 1917. *Coll. La Mémoire de Spontin.*

[47] L'anecdote est rapportée par le chanoine Edmond BELOT, *Purnode au fil des années …*, 1974, p. 173.

Chapitre 6
Nos soldats et nos déportés dans la guerre

Les soldats appelés sous les drapeaux

Nombre de citoyens de la commune actuelle d'Yvoir ont été mobilisés en vue de la guerre. Souvent un seul membre par famille, comme c'était la règle à l'époque. Pourtant, dans certaines familles, il y a eu davantage de volontaires de guerre, comme dans la famille Scaillet.

À Spontin, c'est à une heure du matin, le samedi 1er août 1914, que les Autorités préviennent le bourgmestre Antoine Lambert. Ils lui remettent les « ordres de rejoindre » à porter aux miliciens des classes les plus anciennes dans l'ordre de rappel, ainsi que les affiches relatives à la réquisition des chevaux.

Voilà comment François Hayot, instituteur, raconte ces premiers frémissements de la guerre à Spontin[48] :

> Je me rappelle encore l'émotion que j'éprouvai la nuit du 1er août 1914 quand, vers 1 h du matin, Monsieur Antoine Lambert, bourgmestre de Spontin, vint à la maison communale. Il était accompagné de deux gendarmes de Ciney. Ceux-ci venaient lui annoncer la mobilisation générale et lui apporter les ordres de rejoindre à faire remettre aux miliciens des classes les plus anciennes dans l'ordre de rappel ainsi que les affiches relatives à la réquisition des chevaux. Le garde-champêtre, François Péture, Président du Conseil de Fabrique, se mit résolument à l'œuvre dès les premières heures du matin pour assurer une prompte exécution des ordres reçus pendant la nuit. Nos vieux troupiers partirent par le train de 8 heures. L'émotion se lisait sur leur visage et pourtant ils étaient loin de supposer que la Nation les mobilisait pour plus de 4 ans, car ils répondaient invariablement en faisant leurs adieux : « *Nous reviendrons au 15 août !* » Hélas ! c'était le commencement des illusions.

Deux chevaux appartenant à Jules Tasiaux et à son frère Olivier furent réquisitionnés à Ciney et furent adjugés par la Commission de remonte du Ministère de la Guerre pour les prix respectifs de 950 fr. et 1050 fr. Le payement de ces sommes fut ordonnancé le 2 mai 1921 …

---

[48] *Liber memorialis*, p. 176.

Le lendemain, dimanche, plusieurs parents entreprirent le voyage de Namur et marchèrent de cantonnement en cantonnement pour porter au grand frère ou au mari, partis la veille, « *un peu de subsistance jusqu'au licenciement* ». Les illusions se poursuivaient !

Fig. 87. En France, comme en Belgique, on part à la guerre la fleur au fusil, persuadé qu'on reviendra dans 15 jours. « *Mais mon pauv' vieux, quand on nous appellera, la guerre sera finie* ». Dessin de Poulbot. *Coll. La Mémoire de Spontin.*

À Spontin, ils seront 27 à faire la guerre, miliciens et réservistes. Parmi eux, figurent Maurice Fondaire, impliqué dans la défense héroïque du fort d'Andoy, qui deviendra bourgmestre en 1921, mais aussi d'autres qui passent quatre ans dans les tranchées. Par ordre alphabétique : Joseph Balthazart, Omer Boursoit, Maurice Dehuit, Antoine Dessy, x Dozot, Alexandre Fontinoy, Frédéric Halloy, Léon Jacques (2 du même nom), Jules Laloux, Raymond Lambert, Thomas Lamy, Auguste Lannoy, Ernest Lottin, x Marteau, Léon Ninane, Joseph Pierroux, Daniel Posset, Jules Remy, Antoine Résimont, Léon Rousseau, Antoine Rufy, Auguste, Joseph et René Scaillet.

Sur l'ensemble de l'entité d'Yvoir, on évalue à une bonne centaine de soldats ceux qui participent à la guerre, notamment dans la défense des forts ou sur le front de l'Yser mais aussi en France[49]. Une bonne trentaine vont être faits prisonniers en Allemagne; trente-quatre y perdront la vie.

[49] Des listes incomplètes des noms de ces soldats sont données par J. Brilot, p. 46-47.

▲ Fig. 88. Daniel Posset et deux camarades pendant une période de repos sur le front. *Coll. Benoît Germain.*

► Fig. 89. Portrait d'un poilu français par Daniel Posset, avec petit commentaire en wallon : « *Dji t'èvôye on-èchantiyon di nos poilus. Nos-èstans tortos arindjis come ça. I n' faut nin d'mandè qu'on s' plait bin* » (11 septembre 1916). *Coll. Benoît Germain.*

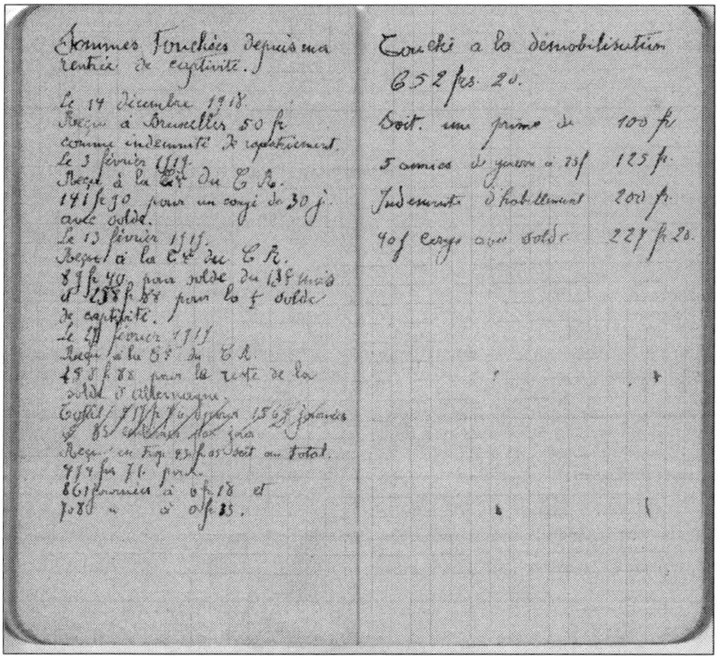

Sommes touchées depuis ma rentrée de captivité.

Le 14 décembre 1918.
Reçu à Bruxelles 50 fr
comme indemnité de rapatriement.
Le 3 février 1919.
Reçu à la Cie du C R.
141 fr 30 pour un congé de 30 j.
avec solde.
Le 13 février 1919.
Reçu à la Cie du C R.
[illegible]
de captivité.
Le [illegible] février 1919
Reçu à la Cie du C R.
[illegible] pour le reste de la
solde d'Allemagne.
[illegible]
Reçu [illegible] soit au total.
[illegible]

Touché à la démobilisation
652 frs 20.

Soit une prime de	100 fr
5 années de guerre à 25 /	125 fr
Indemnité d'habillement	200 fr
40 / congé avec solde	227 fr 20

Fig. 90. Combien cela vaut-il, une année de guerre ? Environ 25 €… *Dernières pages du petit carnet de guerre tenu par Maurice Fondaire, futur bourgmestre de Spontin.* Coll. A. Massart.

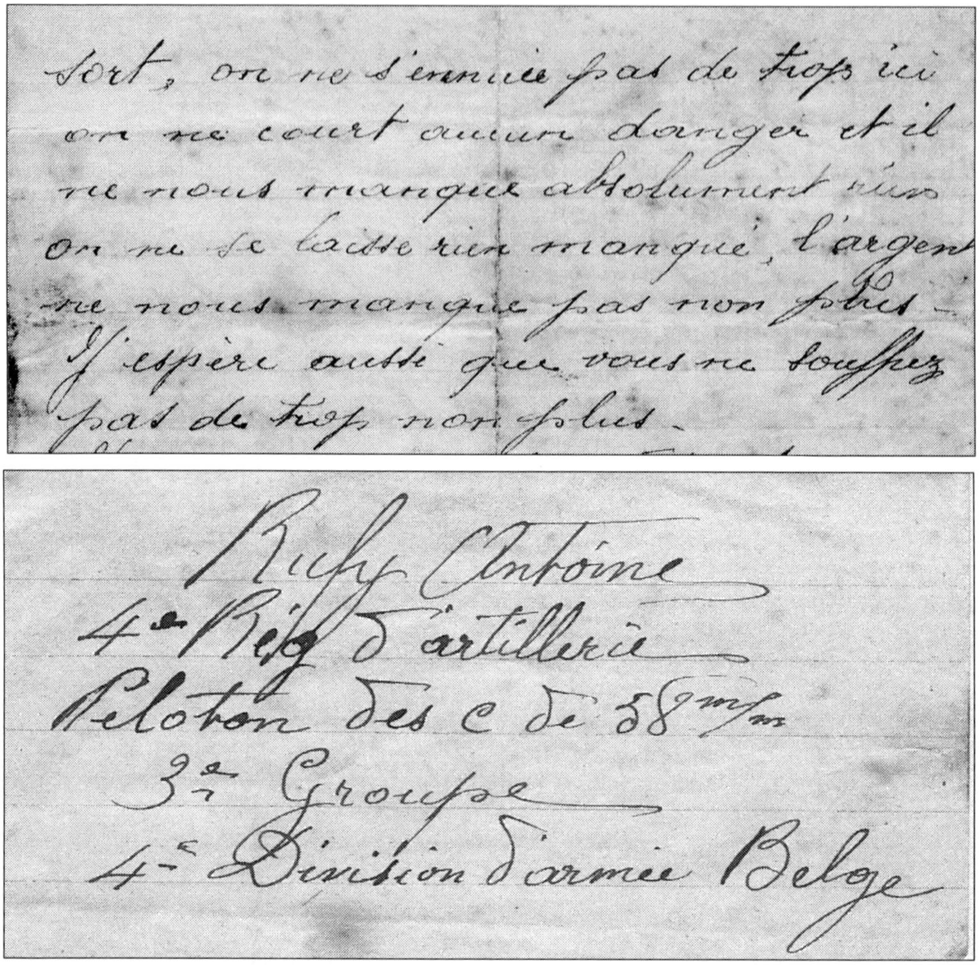
sort, on ne s'ennuie pas de trop ici
on ne court aucun danger et il
ne nous manque absolument rien
on ne se laisse rien manqué, l'argent
ne nous manque pas non plus
J'espère aussi que vous ne souffrez
pas de trop non plus.

Rufy Antoine
4e Reg d'artillerie
Peloton des C de 58 m/m
3e Groupe
4e Division d'armée Belge

Fig. 91. Lettre envoyée du front de l'Yser par Antoine Rufy à sa famille : « *Tout va bien, ne vous inquiétez pas…* » *Coll. S. Rufy.*

Parmi les prisonniers spontinois, citons Alexandre Fontinoy et Joseph Scaillet. Deux soldats de Durnal, Antoine Descy et Joseph Deloge, sont faits prisonniers à Liège et envoyés en Allemagne.

D'autres soldats vont prendre la guerre en marche, généralement en transitant par la Hollande (restée neutre). Ainsi le baron de Pierpont, parti vers l'Angleterre via la Hollande, qui revient se former dans un camp d'entraînement en France, pour y achever la guerre comme volontaire de guerre.

Fig. 92. Carte envoyée par Antoine Descy, prisonnier interné à Morgins en Suisse. *Coll. S. Rufy.*

Fig. 93. Le baron de Pierpont en uniforme militaire. *Coll. privée.*

Fig. 94. Carte du camp d'Hardenwijk envoyée par Armand Enuset, passé par la Hollande en 1915. *Coll. J. Enuset.*

À Houx et Yvoir, Étienne de Lhoneux ou Henri Dapsens paieront de leur vie cet engagement volontaire.

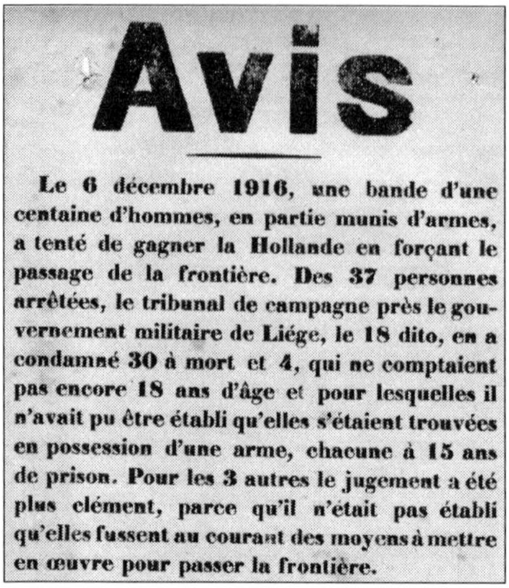

Avis

Le 6 décembre 1916, une bande d'une centaine d'hommes, en partie munis d'armes, a tenté de gagner la Hollande en forçant le passage de la frontière. Des 37 personnes arrêtées, le tribunal de campagne près le gouvernement militaire de Liége, le 18 dito, en a condamné 30 à mort et 4, qui ne comptaient pas encore 18 ans d'âge et pour lesquelles il n'avait pu être établi qu'elles s'étaient trouvées en possession d'une arme, chacune à 15 ans de prison. Pour les 3 autres le jugement a été plus clément, parce qu'il n'était pas établi qu'elles fussent au courant des moyens à mettre en œuvre pour passer la frontière.

Fig. 95. Avis mettant en garde contre les dangers du passage de soldats par la Hollande (31 décembre 1916). *Coll. La Mémoire de Spontin.*

Les soldats morts au champ d'honneur

Sur l'actuelle commune d'Yvoir, un petit tiers des soldats mobilisés ou des engagés volontaires vont perdre la vie, certains très tôt durant l'offensive allemande d'août et septembre, d'autres aux derniers mois de la guerre, soit sur le front de l'Yser, soit dans des hôpitaux à la côte ou en France. Quelques-uns seulement auront leur dépouille rapatriée dans leur village[50].

Comparativement aux 44 victimes civiles, à Spontin, on ne déplore finalement que trois morts à la guerre, deux soldats tombés sur le front de l'Yser : Ernest Lottin (1894-1914), sergent-fourrier au 9e régiment de ligne, décédé le 24 octobre 1914 à Saint-Georges (Yser)[51] et Antoine Résimont (1886-1915), soldat, mort le 14 février 1915 à Reninge (Flandre occidentale), ainsi qu'un soldat-grenadier, Joseph Pierroux, mort à Rennes, le 21 mai 1916.

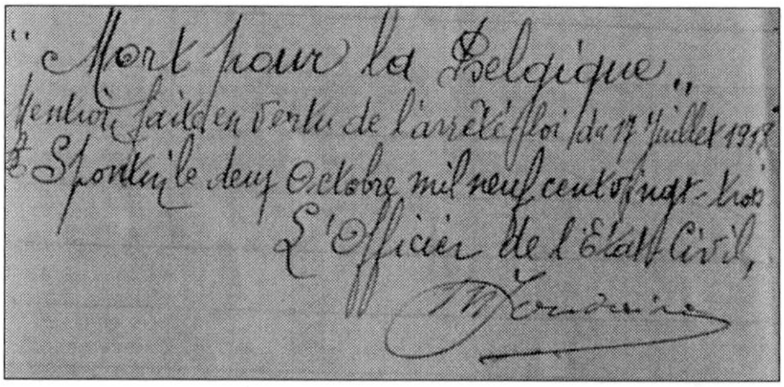

Fig. 96-97. Instruction du Procureur Tschoffen requérant l'ajout de la formule "Mort pour la Belgique" dans les actes de décès. *Coll. La Mémoire de Spontin / Registre de décès de Spontin (commuine d'Yvoir).*

[50] Pour ce chapitre, nous avons bénéficié de l'aide efficace de Martin Husquet qui nous a procuré des copies des actes de décès qu'il a retrouvés dans les archives des différentes administrations communales.

[51] Le mardi 12 octobre 1920, un service pour le repos de l'âme d'Ernest Lottin, sergent-fourrier au 9e de ligne, disparu en octobre 1914, est célébré en l'église de Spontin (*Journal du Canton de Ciney* n° 4 du 19 octobre 1920).

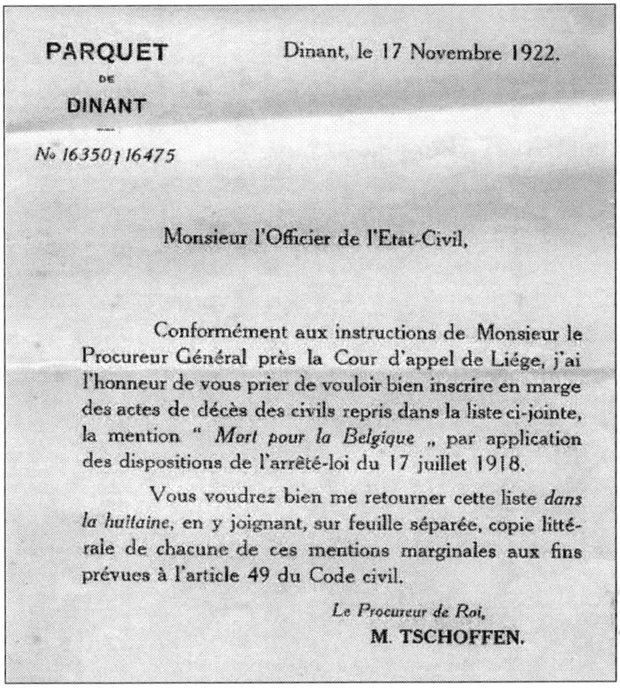

PARQUET
DE
DINANT

Nº 16350 ; 16475

Dinant, le 17 Novembre 1922.

Monsieur l'Officier de l'Etat-Civil,

Conformément aux instructions de Monsieur le Procureur Général près la Cour d'appel de Liége, j'ai l'honneur de vous prier de vouloir bien inscrire en marge des actes de décès des civils repris dans la liste ci-jointe, la mention " *Mort pour la Belgique* „ par application des dispositions de l'arrêté-loi du 17 juillet 1918.

Vous voudrez bien me retourner cette liste *dans la huitaine*, en y joignant, sur feuille séparée, copie littérale de chacune de ces mentions marginales aux fins prévues à l'article 49 du Code civil.

Le Procureur du Roi,
M. TSCHOFFEN.

Fig. 98. Les noms des trois soldats partagent le centre du monument aux morts de Spontin avec les autorités et les notables du village, sous l'étiquette "À nos Héros", accompagnés des précisions concernant la date et le lieu de leur décès. *Photo Fr. Bal.*

Fig. 99. Souvenir mortuaire du soldat Antoine Résimont. *Coll. La mémoire de Spontin.*

À Dorinne, deux décès également : Joseph Feron (1885-1914), soldat au 2e régiment de carabiniers tombé à l'Yser le 24 octobre 1914, à l'âge de 29 ans (enterré à Dorinne en octobre 1924) ; Auguste Cellier (1889-1918), soldat au 5e régiment de ligne tué à Brinsenthal (Alten-Grabow) le 29 octobre 1918, à l'âge de 29 ans.

À Durnal, ce sont quatre décès qui sont à déplorer : Emmanuel Laloux, mort le 25 août 1914 à la défense de Namur, âgé de 29 ans ; Henri Quevrin, décédé à Walhem (prov. d'Anvers) le 6 octobre 1914, âgé de 21 ans ; Hippolyte Martin, soldat au 3e régiment de chasseurs à pied, mort à Helder en Hollande le 8 décembre 1918, âgé de 37 ans ; Camille Fontinoy, caporal au régiment du génie de la 1re division d'armée, tué à Somergen-lez-Bruges le 2 novembre 1918, dont les restes glorieux sont rapatriés le 19 novembre 1921.

Fig. 100. Sur la pierre bleue du monument aux morts de Durnal, les quatre noms des soldats tués au front. *Photo Fr. Bal.*

Le bilan est un peu plus lourd à Évrehailles : Jules Arnold, tué en 1914 lors de la retraite sur l'Yser ; Nestor Wilmet, décédé à l'hôpital de Hoogstade le 11 avril 1915, à l'âge de 34 ans ; Gustave Lizen, soldat au 9e régiment de ligne décédé à l'hôpital Océan de La Panne le 24 décembre 1917, âgé de 18 ans ; Charles Binamé, sergent au 3e régiment de chasseurs à pied, tué à Moorslede, le 29 septembre 1918 à l'âge de 26 ans (enterré postérieurement à Évrehailles en 1923) ; Alexandre Pousseur, soldat de 2e classe, décédé le 15 avril 1919 à l'hôpital militaire belge de Cap-Ferrat (France) ; Pierre Charlier, mort 5 jours après sa rentrée au village d'une grave maladie[52].

Yvoir et Houx ont à déplorer davantage de victimes encore. Par ordre chronologique, L. Tonneau, décédé le 17 octobre 1914 ; A. Cornarino le 19 octobre 1914 ; F. Laloux le 22 mai 1915 ; Arthur Malbrecq, tué à Steenstraete en 1916 et enterré à Anhée ; Henri Dapsens, soldat chauffeur à l'aviation mort à l'âge de 25 ans le 25 février 1917, à l'ambulance Océane de La Panne ; Jules Ravet (1890-1918), soldat au 13e régiment de ligne, décédé au camp de

---

[52] Plus de détails dans l'ouvrage de G. BOODTS, *Évrehailles…*, 1987, p. 136.

prisonniers de Soltau le 2 janvier 1918 ; Émile Demanet, décédé le 23 juillet 1918 à l'âge de 34 ans ; Alexandre Baudot (1889-1918), sergent au 3e régiment de ligne mort le 18 septembre 1918 ; G. Seton, mort le 24 septembre 1918 ; Étienne de Lhoneux (1898-1918), volontaire de guerre, adjudant au 3e régiment de Lanciers, mort le 18 octobre 1918 à Oostcamp.

Fig. 101. Sur le panneau central du monument aux morts d'Yvoir, le nom des 8 soldats tués au front. *Photo Fr. Bal.*

Quant au village de Godinne, il compte quatre décès : Gaston Nicodème (1897-1915), engagé volontaire, mort à l'hôpital de Trouville le 28 février 1915 ; Auguste Sohy ; Louis Sohy (1896-1918), tombé à Moorsele près de Courtrai le 14 octobre 1918 ; Alphonse Servais. S'y ajoutent pour Mont-Godinne, trois autres défunts : Victor Pirson, Auguste Lambot et Ernest Baily.

Fig. 102. Souvenir mortuaire de Gaston Nicodème, engagé volontaire, imprimé à l'initiative de la Jeunesse de Godinne. *Coll. privée.*

Les déportations vers l'Allemagne

En 1916 et 1917, l'occupant se met à déporter des ouvriers belges en Allemagne afin de remplacer les soldats au front.

Plusieurs de nos villages sont mis à contribution, dès 1915 jusqu'en 1917 ou 1918 : Dorinne (7 habitants), Durnal (6), Évrehailles (nombre indéterminé, dont Ernest Goffaux au camp de Soltau en 1916), Godinne (12), Houx (4), Mont (1), Purnode (18), Yvoir (17). Spontin, déjà exsangue, semble épargné par ces réquisitions.

Pour Durnal, le départ vers l'Allemagne se passe le 9 décembre 1916: Jean Baily, Gustave Custinne (dit *li Cwèpî*), Joseph Materne, Alexis Scaillet, Ferdinand Charlot, Armand Frand. Leur déportation durera jusqu'en 1917 ; ils rentreront malades et affaiblis.

Plusieurs de ces déportés vont mourir en Allemagne, ou à leur retour en Belgique. Sans être exhaustif, citons : Gustave Focant, de Dorinne, décédé le 22 avril 1917, en déportation ; Zénobe Larivière, de Purnode, décédé le 29 avril 1917 à l'âge de 44 ans, et Ernest Martin, de Purnode, qui rentre malade de la déportation et meurt le 28 octobre 1918 ; Pierre Charlier, d'Évrehailles ; Émile Demanet d'Yvoir ; Edmond Capelle, Louis Nicodème et Camille Sohy, de Godinne.

Fig. 103. Sur une ardoise retrouvée dans la charpente de l'église de Schaltin, l'ardoisier Froment Malherbe de Conjoux a griffonné à la hâte : "Je suis prêt à partir pour l'Allemagne en captivité ce 27 novembre 1916 à l'âge de 28 ans. Je vois les pleurs de ma fiancée Marie Glineur tailleuse de Spontin. *Photo M. Husquet.*

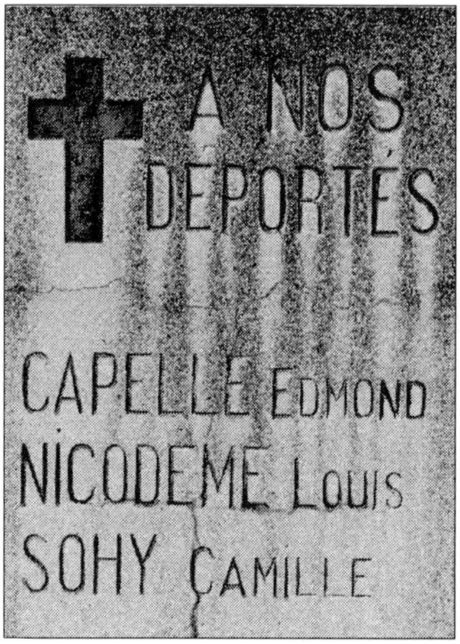

Fig. 104. Hommage aux trois déportés sur le monument aux morts de Godinne. *Photo Fr. Bal*

L'armée d'occupation

La guerre se termine en 1918, mais pas pour tous. Des soldats de Spontin, il s'en trouve encore en Allemagne, dans l'armée d'occupation sur la rive gauche du Rhin. C'est le cas du secrétaire communal de Spontin, Édouard Famerée, qui y effectue son service militaire.

Un sort que partage Daniel Posset, à peine rentré des tranchées de l'Yser. Celui-ci, dans une carte postale envoyée le 17 février 1919 à sa sœur Adèle, apporte un témoignage d'une étonnante lucidité sur l'état d'esprit des Allemands : « *avant 2 mois les boches seront complètement maîtres de nous, déjà leur arrogance commence à se faire voir* », écrit-il d'un ton rageur ; il termine son propos en protestant de sa bonne foi sentimentale : « *Ne croyez pas que je m'abaisse à tendre mon bras à quelques bochesses* ».

Fig. 105. Édouard Famerée, secrétaire communal de Spontin, engagé en Allemagne durant son service militaire. *Coll. Huberte Germain.*

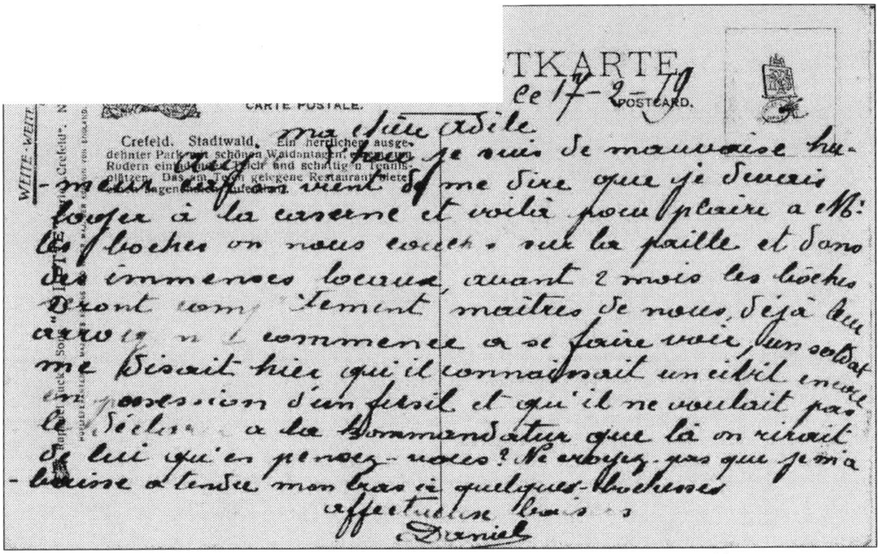

le 17-2-19
ma chère Adèle
[illegible] je suis de mauvaise humeur [illegible] vient de me dire que je devais loger à la caserne et voilà pour plaire à Mrs les boches on nous couche sur la paille et dans des immenses locaux, avant 2 mois les boches seront com[illegible]tement maîtres de nous, déjà leur arro[illegible] commence a se faire voir, un soldat me disait hier qu'il connaissait un civil encore en possession d'un fusil et qu'il ne voulait pas le déclarer a la Kommandatur que là on rirait de lui qu'en pensez-vous? Ne croyez pas que je m'abaisse a tendre mon bras à quelques-bochesses
affectueux [illegible]
Daniel

Fig. 106. Verso d'une carte postale envoyée d'Allemagne le 17 février 1919 par Daniel Posset. *Coll. Benoît Germain.*

Chapitre 7
De l'armistice à la reconstruction

L'armistice et la libération

L'année 1918 voit enfin la capitulation du IIe Reich de Guillaume II. Le 11 novembre, l'armistice est signé à Rethondes, près de Versailles, dans le train du général Foch.

Fig. 107. Célèbre photo prise à l'issue de la signature de l'armistice à Rethondes dans la forêt de Compiègne.

C'est le soulagement général, mais il faut rester prudent tant que toutes les armées allemandes ne sont pas parties. L'occupant ne prend le chemin du retour que le 18 novembre, en raison du manque de moyens de transport. Ainsi, le pillage du village ne prend vraiment fin que le 18.

Chez nous, tout est fait pour calmer le jeu et pour ne pas commettre d'imprudences coupables, tant à la province qu'à la commune.

Les soldats allemands quittent Spontin le 19 novembre. Peu avant, le 15 novembre, le bourgmestre Verhoost prend de sévères mesures contre tout acte irréfléchi, délibéré ou non, avec des lourdes peines prévues pour ceux qui transgresseraient les règles édictées par son avis. C'est ainsi que, par prudence, il interdit les rassemblements de plus de trois personnes, les manifestations de quelque nature qu'elles soient. Il fait également savoir que si les troupes allemandes passent par le village, le silence le plus absolu doit être respecté ; aucun acte provocateur ne peut être commis ni tout geste hostile ou dédaigneux[53].

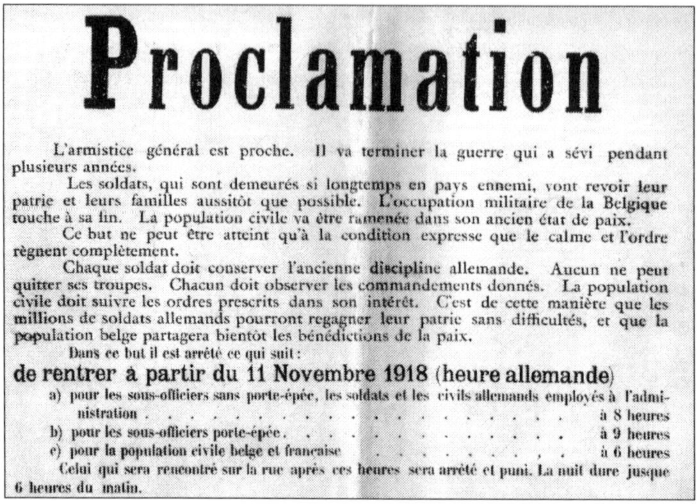

Proclamation

L'armistice général est proche. Il va terminer la guerre qui a sévi pendant plusieurs années.

Les soldats, qui sont demeurés si longtemps en pays ennemi, vont revoir leur patrie et leurs familles aussitôt que possible. L'occupation militaire de la Belgique touche à sa fin. La population civile va être ramenée dans son ancien état de paix.

Ce but ne peut être atteint qu'à la condition expresse que le calme et l'ordre règnent complètement.

Chaque soldat doit conserver l'ancienne discipline allemande. Aucun ne peut quitter ses troupes. Chacun doit observer les commandements donnés. La population civile doit suivre les ordres prescrits dans son intérêt. C'est de cette manière que les millions de soldats allemands pourront regagner leur patrie sans difficultés, et que la population belge partagera bientôt les bénédictions de la paix.

Dans ce but il est arrêté ce qui suit :

de rentrer à partir du 11 Novembre 1918 (heure allemande)

a) pour les sous-officiers sans porte-épée, les soldats et les civils allemands employés à l'administration . . . . à 8 heures
b) pour les sous-officiers porte-épée . . . . à 9 heures
c) pour la population civile belge et française . . . . à 6 heures

Celui qui sera rencontré sur la rue après ces heures sera arrêté et puni. La nuit dure jusque 6 heures du matin.

Fig. 108. Proclamation du Commandant de la Province de Namur le 11 novembre 1918. *Coll. La Mémoire de Spontin.*

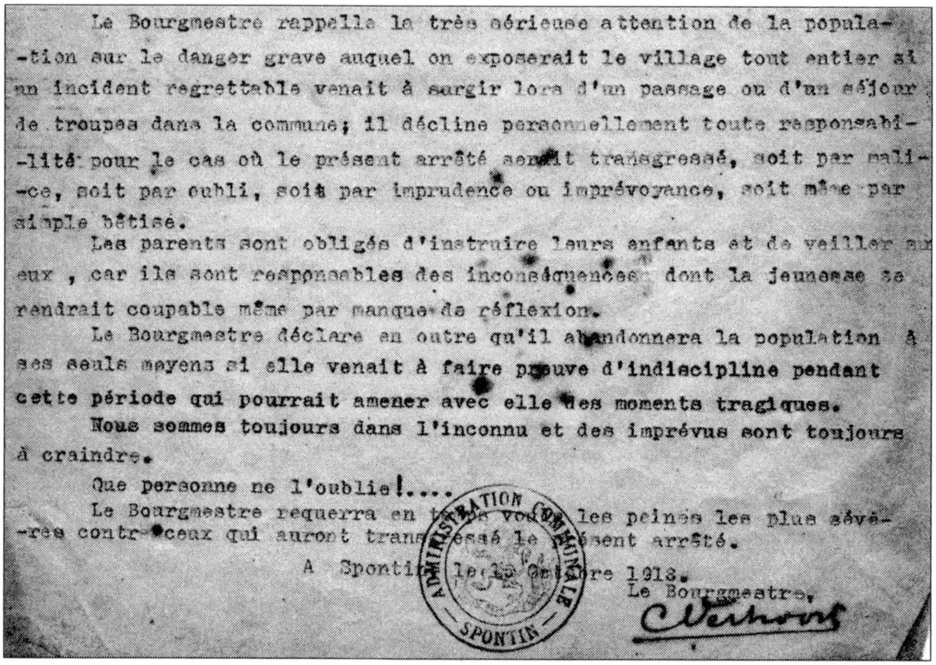

Le Bourgmestre rappelle la très sérieuse attention de la population sur le danger grave auquel on exposerait le village tout entier si un incident regrettable venait à surgir lors d'un passage ou d'un séjour de troupes dans la commune; il décline personnellement toute responsabilité pour le cas où le présent arrêté serait transgressé, soit par malice, soit par oubli, soit par imprudence ou imprévoyance, soit même par simple bêtise.

Les parents sont obligés d'instruire leurs enfants et de veiller sur eux, car ils sont responsables des inconséquences dont la jeunesse se rendrait coupable même par manque de réflexion.

Le Bourgmestre déclare en outre qu'il abandonnera la population à ses seuls moyens si elle venait à faire preuve d'indiscipline pendant cette période qui pourrait amener avec elle des moments tragiques.

Nous sommes toujours dans l'inconnu et des imprévus sont toujours à craindre.

Que personne ne l'oublie!....

Le Bourgmestre requerra en [illegible] les peines les plus sévères contre ceux qui auront transgressé le présent arrêté.

A Spontin, le [illegible] 1918.

Le Bourgmestre,

CVerhoost

ADMINISTRATION COMMUNALE SPONTIN

Fig. 109. Arrêté pris par le bourgmestre Ch. Verhoost le 15 novembre 1918 pour éviter un nouveau drame à Spontin. *AEN. Archives communales de Spontin.*

[53] L'essentiel de ce chapitre est tiré du *Registre des délibérations communales*, p. 53, conservé aux Archives de l'Etat à Namur, Fonds des communes contemporaines : *Spontin*, n° 62.

À l'arrivée des armées alliées, Charles Verhoost prend encore d'autres mesures, en interdisant la chasse (alors que les Allemands sont partis) ou le tir à l'arme à feu. Tout est donc fait pour éviter un « *23 août 1914 bis* ». Pour cela, il n'hésite pas à se faire aider par quelques personnes de confiance, en appui aux forces de police : Joseph Demasy, Jean Ducret, Léon Genette, Victor Germain, Alphonse Gerson et Eugène Rufy.

L'armée anglaise progresse et occupe le pays, repoussant définitivement l'oppresseur à l'Est. Le 22 novembre, des troupes anglaises et canadiennes arrivent dans la région au milieu des ovations qu'on peut aisément deviner. À Dorinne, pour les accueillir, les habitants se groupent autour du drapeau belge et de la bannière de Saint-Fiacre. Mais il faut attendre le 28 novembre 1918 pour que le dernier Allemand ait quitté notre sol. Les habitants de nos régions peuvent désormais apprécier la présence des Anglais, jusqu'en 1919 ; cela se résume, pour beaucoup d'entre eux, à goûter le chocolat venu d'Outre-Manche.

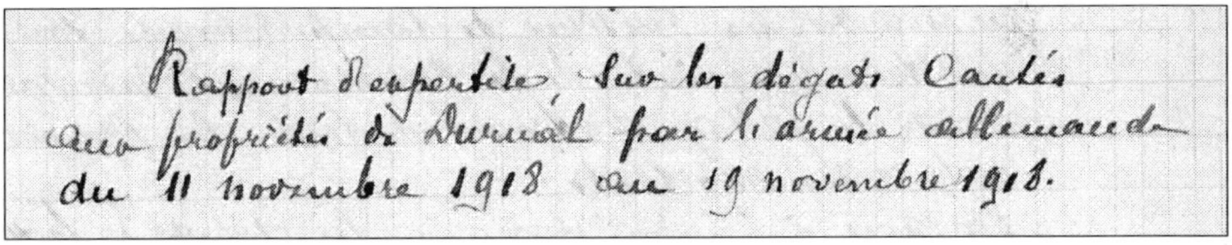
Rapport d'expertise sur les dégâts causés aux propriétés de Durnal par l'armée allemande du 11 novembre 1918 au 19 novembre 1918.

Fig. 110. À Durnal, le bourgmestre charge deux habitants de faire le relevé des dégâts commis par les Allemands sur le chemin du retour. *Coll. La Mémoire de Spontin.*

La tentation de la revanche et de la haine

Une fois que les troupes ont quitté les limites de la localité, le vocabulaire change dans les phrases employées pour la rédaction des délibérations du conseil communal de Spontin. Celui-ci adresse une lettre de remerciement au Roi et à la Reine[54], dans laquelle sont notés : un bref récit du massacre, le nombre de personnes assassinées, dans quelles localités et de quelle manière, ainsi que les destructions des habitations. Le Conseil inscrit les numéros des régiments ayant perpétré le massacre[55], et note que les habitants ont été « *lâchement et inhumainement massacrés (…) sous le fallacieux prétexte que la population civile avait tiré sur les hordes envahissantes* », par « *des barbares parjures à leur foi* ».

[54] Retranscrite dans le registre le 18 décembre 1918.

[55] Ceux-ci ne correspondent pas à la réalité de la nomenclature militaire allemande, ils sont référencés comme tels : 103e, 104e, 105e, 106e, 107e régiments saxons.

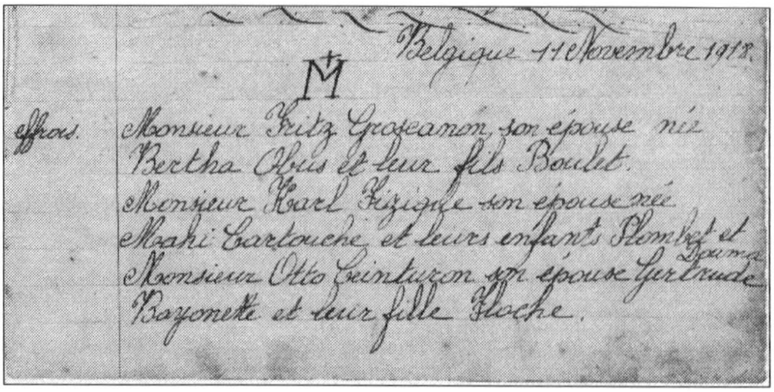

Belgique 11 Novembre 1918.

M

Effrois. Monsieur Fritz Grosjeanon son épouse née Bertha Obus et leur fils Boulet. Monsieur Karl Fizigue son épouse née Maki Cartouche et leurs enfants Plombet et Lance Monsieur Otto Ceinturon son épouse Gertrude Bayonette et leur fille Floche.

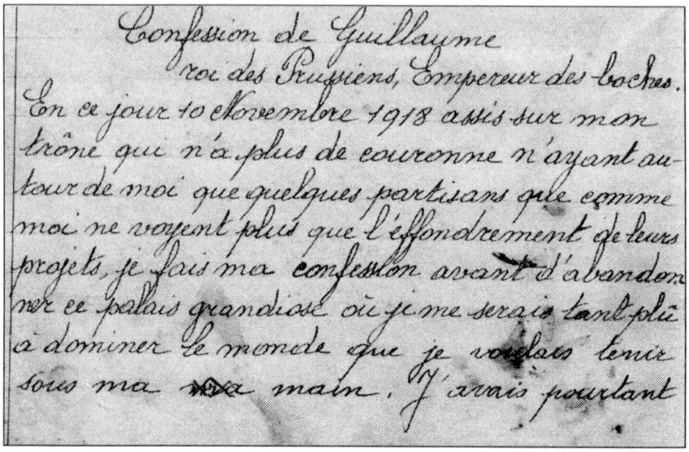

Confession de Guillaume roi des Prussiens, Empereur des boches.

En ce jour 10 Novembre 1918 assis sur mon trône qui n'a plus de couronne n'ayant autour de moi que quelques partisans que comme moi ne voyent plus que l'effondrement de leurs projets, je fais ma confession avant d'abandonner ce palais grandiose où je me serais tant plu à dominer le monde que je voulais tenir sous ma main. J'avais pourtant

Fig. 111 et 112. Dès le 10 novembre, l'instituteur de Natoye se déchaîne contre les Allemands de façon ironique et cynique. Cahier d'Éva Rufy-Laloux de Reuleau.

Lors des discussions relatives à l'érection du monument[56], un comité de la Commémoration est créé, pour « *glorifier et perpétuer le souvenir des martyrs de la barbarie teutonne à Spontin* ». Un fervent pamphlet anti-allemand et honorant la mémoire « *des glorieux fils du Condroz* » est également déclamé devant l'assemblée.

Le bourgmestre de Durnal, Edmond Capelle, qui avait écrit le 23 août 1914 un poème « *Aux Boches* », sur le massacre de Spontin, dans lequel il tenait de virulents propos à l'encontre des Allemands (et des Saxons)[57], le publie sous forme de feuillet, avec un quatrain vengeur daté du 23 août 1918.

Cependant les discours vengeurs ne persistent pas longtemps dans les archives, ceux-ci disparaissant du registre des délibérations dès 1919.

[56] A.É.N., Fonds des Communes contemporaines : *Spontin*, n° 249.

[57] Publié dans le *Journal du Canton de Ciney* du 8 décembre 1918.

LA CHUTE DE L'EMPIRE ALLEMAND

Air : Le Rêve passe.

I

L'allemand dit un jour à notre Roi Albert :
Il me faudrait passer par la Belgique
Absolument je dois traverser vos frontières.
J'ai déclaré la guerre à la grande République.
Je payerai tous les dégâts sur votre terre.
Notre bon Roi répondit au vieux Kaiser :
Non, non, je ne peux pas,
Mon peuple ne voudra pas,
Et puis j'ai des soldats.

REFRAIN

Les voyez-vous les lanciers, les pioupious en armes,
Ils sont debouts, contre la Prusse ils lèvent les armes,
Les artilleurs, grenadiers, pontonniers, gendarmes,
Ils sont vainqueurs, l'aigle noir peux verser des larmes.

II

Mais l'ambition de l'Allemagne, furieuse haine,
De force voulut violer notre terre pacifique.
De peur que la France ne reprit l'Alsace-Lorraine,
Elle sacrifia tous ses uhlans, quelle panique.
Carabiniers, Guides, Chasseurs et les Trompettes,
Il y a du sang sur vos lances et vos bayonnettes.
Comme les Franchimontois
Ils ont défendu leurs droits,
On ne les vaincra pas.

III

Mais nous avons eu l'appui de la France et de l'Angleterre,
Et l'Amérique qui s'est montrée très énergique.
Après les horreurs de cette terrible guerre,
Il voit venir une union très magnifique.
Wallons, Flamands ont eu du cœur et du courage,
N'ont pas tremblé devant la douleur et le carnage.
Ils ont risqué leur peau
Pour défendre le drapeau.
Et ils sont des héros.

IV

Félicitons de tous nos cœurs les volontaires,
Boy-scouts, cyclistes, au secours de notre patrie,
Ambulanciers, ambulancières, nos sœurs, nos frères,
Morts ou blessés de nos quatre nations unies.
Ils ont travaillé pour assurer la paix du monde.
L'Allemagne, pour toujours, au front porte la honte.
Sa plus grande cruauté,
C'est de nous avoir volé
Notre neutralité.

V

Le monde entier se lève contre l'aigle noir,
L'empereur brutal, soldats allemands, il faut les supprimer.
Les soldats belges partout on les couvre de gloire.
Malheur à eux car ils sauront les exterminer.
Comme leurs aïeux, ils ont défendu leur territoire.
Ils sont morts plutôt que d'avoir capitulé.
Belges, Français et Anglais,
Yankees unis pour la paix,
On ne les vaincra jamais.

VI

Le plan des allemands était de passer par la France
Au nord, en passant par Visé, Liège, Namur et Longwy.
Mais à présent, il ne peuvent plus compter leurs morts.
Les soldats belges ont voulu mourir pour leur pays.
Monsieur Poincaré, le bon président, l'homme de valeur,
Leur a remis avec fierté la croix d'honneur.
Car tous les vaillants cœurs
On montré leur ardeur
Pour être les vainqueurs.

Crée et chantée par Lambertine COSAQUE

Reproduction interdite.

Fig. 113. À l'époque, la haine de l'occupant s'exprime aussi dans la chanson. *Coll. La Mémoire de Spontin.*

Les Dix Commandements d'un Belge.

La BELGIQUE, toujours, tu aimeras
De plus en plus dorénavant.

Son grand ROI tu honoreras,
Il le mérite bien certainement.

Le peuple Allemand tu haïras
Pendant la vie entièrement.

Ses produits, tu les boycoteras
Et les refuseras énergiquement.

Cette haine jamais ne s'éteindra,
Tu l'apprendras à tes enfants.

Ainsi, BELGE, tu vengeras
Le sang versé de tes vaillants.

Fig. 114. Pamphlet anti-allemand de l'époque. *Coll. La Mémoire de Spontin.*

Les funérailles solennelles

À Spontin, un cénotaphe — aujourd'hui disparu — en l'honneur des victimes de la guerre est dressé au cimetière en attendant la construction du monument ; on s'y rend notamment lors de la fête patriotique de 1919, puisque « *chaque famille aura à cœur d'y déposer un bouquet* ».

Un peu partout, on veille à donner une sépulture correcte à tous les morts, notamment aux civils de Spontin qui bien souvent n'ont eu droit qu'à une fosse commune ; c'est le cas à Dorinne pour les fusillés des 23 et 24 août.

Certains militaires, morts sur l'Yser ou à l'étranger, sont rapatriés. Ainsi à Durnal, le 20 août 1919, on célèbre les funérailles du caporal Fontinoy, tombé pour la patrie à Sommergem-lez-Bruges, le 2 septembre 1918.

Les fêtes de la libération

Dans toutes les communes de l'entité, des fêtes sont organisées pour célébrer la victoire, généralement durant le mois d'août.

Ainsi, à Dorinne, le 2 août 1919, on sonne les cloches à 19 h, sur demande du ministre de l'Intérieur ; le symbole est clair, puisque c'est le 2 août 1914 qu'a été remis l'ultimatum demandant le libre passage des troupes allemandes sur la Belgique.

Une fête de la victoire est célébrée le 24 août 1919 à Yvoir. Les habitants remercient leurs soldats prisonniers et déportés à l'occasion de la reprise de la kermesse. Aux abords de l'église, s'élève une banderole avec l'inscription : « *Gloire à nos soldats !* ». Après l'office religieux, un cortège parcourt les rues de la commune. En tête, les garçons de l'école, costumés en cuirassiers français, tandis que des fillettes, tout de blanc vêtues, représentent les neuf provinces. Suivent tous les anciens combattants, entourés de leur famille et des autorités. Auparavant, le 9 mai 1919, une fête a été organisée en l'honneur de l'armée anglaise, à l'initiative de François Bodart.

À Évrehailles, cela se passe les 27 et 28 juillet 1919[58]. Les soldats et les déportés sont réunis dans la salle et partent en cortège vers l'église, précédés des enfants des écoles et du drapeau national. Après la messe, le bourgmestre prononce un discours élogieux, les enfants leur chantent « *Vers l'Avenir* » et récitent des déclamations. Le lendemain, les tombes des habitants d'Évrehailles morts au champ d'honneur sont fleuries par la population.

Quant à Godinne, elle reçoit, le 27 janvier 1919, la visite du prince de Galles, venant passer en revue une compagnie de 300 soldats anglais du 15e

[58] Le récit détaillé de ces festivités est donné dans l'ouvrage de G. BOODTS, *Évrehailles...*, 1987, p. 136.

HLJ. Le 21 septembre de la même année, la commune célèbre officiellement le retour au foyer de ses soldats. Une pierre tombale rappelant le nom des trois Godinnois tombés au champ d'honneur est inaugurée au cimetière.

Le devoir de mémoire à Spontin

En ce qui concerne la mémoire au niveau local[59], un drapeau est offert aux soldats de Spontin. On redresse la tête, on est de nouveau fiers d'être là, fiers de la victoire alliée, fiers de la patrie.

Fig. 115. Carte postale retrouvée dans les papiers de Marie Rufy. *Coll. La Mémoire de Spontin.*

« *L'odieuse guerre étant enfin du domaine du passé, il nous reste un devoir à remplir, c'est la glorification de nos soldats* », précise l'invitation à la grande fête patriotique organisée par la Jeunesse sous les auspices de l'Administration communale le 28 septembre 1919, « répondant au vœu unanime de la population ». Y sont associés bien sûr « *nos héros disparus et nos malheureuses victimes d'août 1914* ». Au programme de la journée, banquets, fanfares et discours[60]. La population est invitée à fleurir la tombe de tous les disparus.

Même si le monument ne sera érigé qu'en 1922, la volonté de commémorer les victimes du massacre est présente dès décembre 1918, soit un mois après l'Armistice.

---

[59] A.É.N., Fonds des Communes contemporaines : *Spontin*, n° 62 et n° 249. *Registre des délibérations communales.*

[60] Archives particulières Hubert Posset.

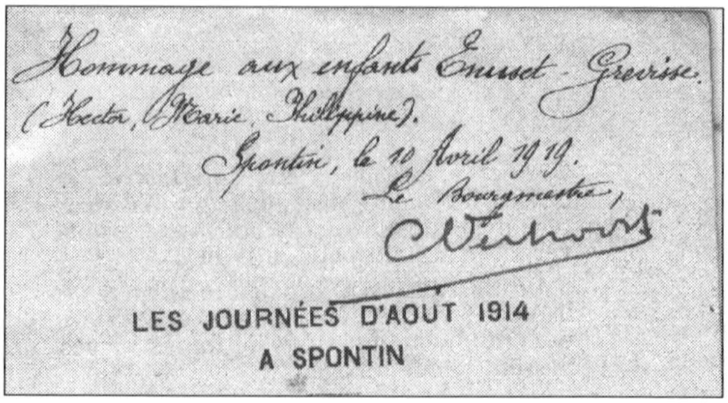

Fig. 116. Charles Verhoost, en première ligne durant la journée du 23 août et nommé bourgmestre par les Allemands, publie dès décembre 1918 un livret-souvenir à l'intention de ses concitoyens et le dédicace à toutes les familles martyres. *Coll. La Mémoire de Spontin.*

Les bourgmestres des villages de la région cinacienne reçoivent une lettre le 13 janvier 1919, provenant du Comité provisoire du Canton de Ciney, dans laquelle celui-ci demande d'intervenir pour élever un monument [notamment à Spontin]. Un Comité (local) de la Commémoration des victimes des journées d'août 1914 est créé, constitué en grande partie de membres de l'administration communale. Des subsides sont demandés au gouvernement provincial, la petite localité ayant des difficultés à faire face aux dépenses. Le cas passe au Comité provincial des Monuments et des Sites le 15 avril 1920, qui rend un avis favorable le 12 août. Les plans sont validés le 17 juillet 1920.

La difficile reconstruction de Spontin

La reconstruction, quant à elle, prend du temps, du moins pour l'église et les bâtiments officiels comme la maison communale.

La reconstruction ne s'achève qu'au cours des années 1920 : juillet 1922 pour la maison de Raymond Lambert, septembre 1923 pour le moulin d'Émile Rimbaut (garage Matagne), et même juin 1927 pour la maison du directeur des carrières de Spontin[61]. L'école des garçons est terminée en octobre 1923, au même titre que la maison communale, moyennant l'aide du Haut-Commissariat général adjoint pour les régions dévastées de la province de

[61] A.G.R., Fonds des régions dévastées, n° 11879, 11880, 11881.

Namur, le soutien du Ministère des Affaires Économiques, du Tribunal des Dommages de Guerre et diverses récoltes de fonds, etc.

Spontin, le 13 décembre 1919.

Le Secrétaire, A. JACQUES. — Le Bourgmestre, A. DONEUX.

Très prochainement, mise en adjudication du travail très important : Reconstruction de l'église historique de Spontin.

Imprimerie de " Vers l'Avenir! „ rue de la Croix, 29, Namur

Fig. 117. Affiche annonçant l'adjudication de la reconstruction de l'église de Spontin. AEN. Archives communales de Spontin.

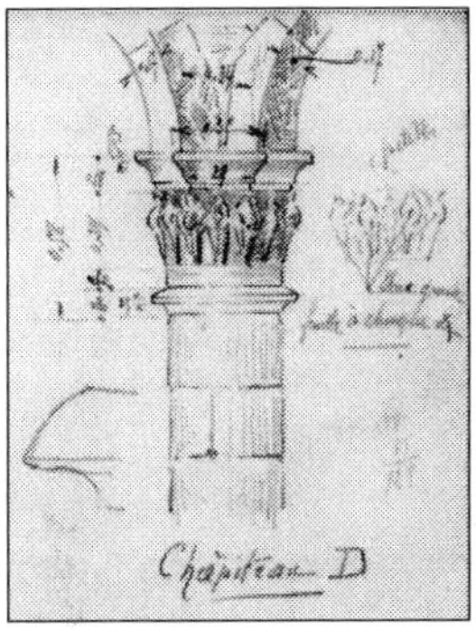

Fig. 118. Croquis de chapiteaux de piliers de la nef centrale par l'architecte Geubelle en vue de la reconstruction. *Coll. Monique Oger.*

Fig. 119. Photo de l'église au début de sa reconstruction; certaines maisons ne sont pas encore reconstruites non plus. *Coll. J. Germain.*

Fig. 120. Pose officielle de la première pierre de l'église reconstruite de Spontin, sans doute en 1920, avec au centre l'abbé Mahoux et le bourgmestre Ch. Verhoost. *Coll. La Mémoire de Spontin.*

Les derniers paiements concernant l'église (achevée durant la première moitié de l'année 1922) datent de mars 1925. Le processus de reconstruction – plus particulièrement pour les infrastructures publiques – s'avère donc long et coûteux. Les comptes de la commune ne permettront souvent pas de payer les entrepreneurs à temps. Néanmoins, dans la seconde moitié des années 20, les traces de la guerre ont disparu, ou se sont passablement estompées.

La vie reprend progressivement, l'activité industrielle également.

Des lendemains difficiles pour le bourgmestre de Durnal[62]

Pour en terminer avec cette affreuse tourmente, le village, si uni devant l'oppresseur, souffre à présent de querelles intestines. Les vieilles disputes refont surface et on colporte des rumeurs malveillantes à l'égard du vieux bourgmestre Capelle. Pourtant, ses qualités de diplomate ont permis aux Durnaliens de passer la guerre sans avoir à subir des dommages comparables à ceux qui ont été infligés à Spontin.

Le 13 avril 1919, Edmond Capelle, bourgmestre depuis 32 ans, remet sa démission de conseiller au président du Conseil (l'échevin Lambert) et celle de bourgmestre, au roi. Il explique : « *on voudrait me faire passer pour un monstre emboché coupable de tous les crimes* ».

[62] Cf. R. COCHART, *Durnal* ..., p. 236.

Chapitre 8
Le *Livre blanc*
Jugements, condamnations et impunités*

La guerre de papier : « Livre Blanc » contre « Livre Gris »

Les hostilités militaires ne sont pas encore terminées que s'enclenche un autre combat, tout aussi âpre, plus médiatique et juridique. Un débat acharné autour de la question des atrocités allemandes contre les civils mobilise en effet très tôt les deux adversaires qui s'opposent culturellement[63], par le biais de publications, destinées à plaider la cause de l'un ou l'autre camp. Il est nécessaire de traiter de ce sujet pour expliquer le débat autour du cas de Spontin, qui ne figure pas dans le livre officiel d'explication allemand, mais qui est mentionné par les ouvrages répondant à cette publication[64].

Fig. 121. "Les atrocités allemandes", titre d'un journal créé à Charleroi par Édouard François en 1918. *Coll. La Mémoire de Spontin.*

Une guerre de propagande se livre donc en parallèle à la guerre sur les champs de bataille. Dans la presse de chaque camp coule un flot d'accusations. Le climax est atteint avec la publication le 10 mai 1915 par les Allemands d'un « Livre Blanc »[65], répondant aux accusations portées par les

---

* Chapitre rédigé par B. Schraverus.

[63] Une des raisons principales pour l'engagement chez les Britanniques.

[64] AÉN, Fonds Schmitz, n° 21 ; J. SCHMITZ et N. NIEUWLAND, t. IV, vol. I, *op cit.*, p. 100 sv.

[65] R. PORTE, *Livres blanc, bleu, jaune, gris*, dans F. COCHET et C. PORTE, *op cit.*, p. 645-646. — D'autres publications voient le jour du côté allemand : R. GRASHOFF, *Belgiens Schuld*, Berlin 1914, qui écrit

Alliés (des rapports anglais, belges et français) vis-à-vis du comportement des troupes allemandes, d'automne 1914 à l'année suivante.

Le gouverneur militaire de la Belgique, les commandants des Ire, IIe et IIIe armées sont prévenus par le ministre von Wandel qu'une enquête est mise sur pied pour répondre aux accusations concernant les atrocités commises par l'armée allemande en Belgique et dans le nord de la France. Cette enquête prend un caractère judiciaire, répondant à quatre questions principales, traitant d'actions de francs-tireurs ou de cruauté de la population belge envers les militaires allemands. La dernière question concerne quant à elle le sac de Louvain. Le rapport paraît en mai 1915 sous le titre de *Die völkerrechtswidrige Fürhung des belgischen Volkskriegs*, soit « *Atteinte aux droits de l'homme dans la conduite de la guerre populaire belge* ». Le « Livre Blanc » regroupe des témoignages allemands (notamment ceux du XIIe corps) et tente de démontrer comment les Belges ont mené une guerre populaire, sous l'égide d'instructions gouvernementales, le gouvernement étant le principal coupable de la guerre menée par le peuple. Les Allemands accusent les Belges d'avoir commis des atrocités sur les soldats (des mutilations). Les deux tiers du livre sont consacrés à Dinant et à Louvain, la suite étant constituée de maigres rapports sur Aarschot et Andenne. De nombreux cas sont laissés de côté, le « Livre Blanc » étant très sélectif sur les faits et témoignages. Certains témoins civils belges ont été par exemple entendus, mais non cités dans l'ouvrage. L'omission de Tamines, Tintigny, Rossignol, Èthe, mais aussi Spontin (pourtant un cas médiatisé dans la presse d'outre-Rhin), ainsi que l'instrumentalisation de témoignages traitant d'atrocités belges, démontre que la défense allemande est limitée dans ses choix, qu'elle veut passer sous silence des évènements notoires et légitimer l'action répressive ou punitive de ses troupes. Les autorités mettent sur pied une politique de dénégation, qui sera également la ligne directrice de la conduite de l'Allemagne durant les procès pour crimes de guerre post-armistice, comme celui de Leipzig en 1921. Bien que nombreux soient les Allemands convaincus de la réalité d'une guerre de francs-tireurs en Belgique[66], la communauté internationale (pays neutres ou alliés) accueille avec suspicion le « Livre Blanc » et ses témoignages.

---

que des soldats se déguisent en civils pour tirer dans le dos des soldats allemands. Il réinterprète les demandes du gouvernement belge concernant la non-participation des civils à la guerre comme étant un code pour que le peuple prenne les armes. E. PRÜM, *Der Witwenstand der Wahrheit* [le veuvage de la vérité], Clervaux, 1915, prétend quant à lui que le traité de neutralité belge est un « chiffon de papier », reprenant la formule de l'ambassadeur allemand en fonction à Londres en 1914. Il critique également le clergé belge, poussant les civils à la guerre populaire.

[66] Excepté certains intellectuels, ou catholiques allemands, suspicieux vis-à-vis du caractère anti-catholique de l'ouvrage.

Die Franktireurs in Belgien.

Fig. 122. "Franktireurs", un titre récurrent dans la presse allemande de l'époque.

La réponse belge au livre allemand, publiée onze mois après la parution de ce dernier, réfute fermement les accusations allemandes. La commission officielle du gouvernement belge publie le « Livre Gris », dans lequel elle critique les arguments allemands sur la question de savoir si les autorités belges ont poussé les civils à la guerre populaire, ainsi que sur divers points figurant dans les annexes du « Livre Blanc ». L'ouvrage fournit également une liste de victimes belges, et des témoignages contraires.

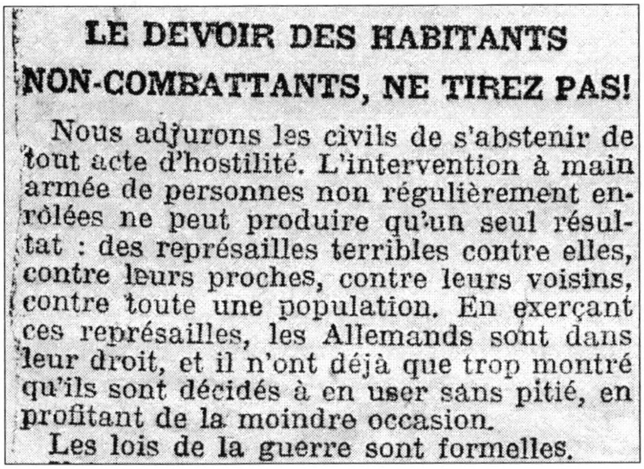
LE DEVOIR DES HABITANTS

NON-COMBATTANTS, NE TIREZ PAS!

Nous adjurons les civils de s'abstenir de tout acte d'hostilité. L'intervention à main armée de personnes non régulièrement enrôlées ne peut produire qu'un seul résultat : des représailles terribles contre elles, contre leurs proches, contre leurs voisins, contre toute une population. En exerçant ces représailles, les Allemands sont dans leur droit, et il n'ont déjà que trop montré qu'ils sont décidés à en user sans pitié, en profitant de la moindre occasion.

Les lois de la guerre sont formelles.

Fig. 123. La presse a clairement relayé les recommandations faites aux habitants de ne pas tirer sur l'ennemi. Ici à la première page de *L'Etoile belge* du 16 août 1914. *Coll. La Mémoire de Spontin.*

Le « Livre Gris » est résumé par un juriste bruxellois, Fernand Passelecq, qui dirige le Bureau de Propagande Belge au Havre. Il conclut en notant que les Allemands ont été victimes d'une illusion collective, due au pangermanisme et aux doctrines militaires[67]. Un sociologue belge, Fernand Van Langenhove, écrit également un ouvrage sur le sujet[68], dans lequel il affirme l'existence d'un « *cycle de mythes* », les Allemands croyant de manière irrationnelle aux atrocités belges.

Les autorités allemandes ne répondent pas à ces deux auteurs, qui réussissent le mieux à expliquer les actes de l'armée du Kaiser durant l'invasion de 1914[69].

[67] Ministère des Affaires Étrangères, Fonds Première Guerre mondiale, CLB 324/1.

[68] « *Comment nait un cycle de légendes* », publié en 1916.

[69] D'autres témoignages paraissent comme ceux de Joseph CHOT, *Atrocités de l'hiver 1914-1915* en 1919 et de Godefroid KURTH qui rédige une « Histoire inachevée de l'invasion ».

Le cardinal Mercier, prélat de Belgique, et Mgr Heylen, alors évêque de Namur, se mêlent également à cette guerre de publications. Mgr Heylen passe un accord avec les Allemands, dans lequel il accepte de se taire à propos des atrocités si les Allemands en font autant. Le silence est rompu par la publication du « Livre Blanc ». Il est prêt à renouveler l'accord, mais l'administration allemande ne donne pas de suite. Il entame alors un périple le menant dans les localités victimes des atrocités allemandes. Épaulé par son secrétaire, le chanoine Jean Schmitz, il rédige de nombreux articles à destination de la presse libre et même allemande, même si, dans ce cas, les articles sont censurés. Plus généralement, avec l'appui du cardinal Mercier, il rédige une réponse au Livre Blanc allemand. Le chanoine Schmitz s'acquitte de cette tâche avec Dom Norbert Nieuwland de l'abbaye de Maredsous en publiant les sept volumes des *Documents pour servir à l'histoire des crimes de guerre allemands pendant l'invasion de la province de Namur et du Luxembourg belge*. Ils y rassemblent des témoignages clandestins recueillis durant la guerre pour les deux semaines allant du 18 au 31 août.

La guerre au tribunal

Avant de traiter du cas particulier du village de Spontin, il est nécessaire de donner une vue nationale et supranationale du mouvement mémoriel d'après-guerre[70].

Lorsque la guerre se termine, fin 1918, l'Allemagne doit rendre des comptes à la justice des pays alliés[71], ce qui est une première dans l'histoire des relations internationales. Dès le début des procès, le gouvernement allemand tente d'éviter ces jugements en faisant obstruction dans le processus judiciaire, déjà à Versailles.

Initialement, les atrocités allemandes sont considérées par les Alliés comme une violation des lois internationales. Les crimes de guerres peuvent également être poursuivis par une cour criminelle nationale. L'absence d'accords d'extradition est cependant un inconvénient. L'idée de créer un tribunal supranational est contestée, ainsi que celle qui concerne la responsabilité du commandement allemand, dont le Kaiser fait partie.

Les Français et les Britanniques désirent punir ceux qui ont commis des atrocités, et en particulier le Kaiser. Après maintes discussions, Guillaume II est accusé, sur base éthique et non judiciaire comme l'auraient souhaité la France et l'Angleterre. Celles-ci demandent également son extradition et son

---

[70] J. HORNE et A. KRAMER, *op cit.*, p. 475-512, 517-528.

[71] Dès 1917, le ministère français de la Justice émet l'idée d'un jugement pour les criminels allemands, devant une cour interalliée. La loi belge permet de traduire un soldat ennemi en cour martiale, même si ce dernier n'est pas présent.

jugement devant un tribunal allié. Une obligation d'extradition est aussi émise à l'encontre de l'Allemagne pour ses ressortissants qui auraient participé aux atrocités.

Les Alliés tentent de mettre en œuvre les clauses d'extradition mais la Hollande refuse d'extrader le Kaiser et les militaires allemands conseillent aux officiers « qui auraient quelque chose à se reprocher » de disparaître. Le gouvernement émet des publications pour discréditer les Alliés, ce qui retarde d'autant les jugements. De plus, les *Freikorps* (ou Corps-francs allemands) se tiennent prêts à empêcher l'arrestation de suspects.

Français et Anglais vont alors restreindre le nombre de demandes d'extraditions. Les trois quarts de la Liste belge sont cependant conservés. Les militaires poursuivis sont accusés en majorité d'exécutions de civils entre août et octobre 1914 (Belgique et France), déportations, pillages, etc. Le total est trop élevé pour les Britanniques, pour qui un « *petit nombre de fusillés servirait d'exemple* ». Les Alliés n'arrivent pas à s'entendre sur le nombre (853 noms sont publiés) et la campagne allemande contre l'extradition devient de plus en plus violente pour atteindre son sommet dans les rues. Les Britanniques veulent apaiser les relations avec l'Allemagne, ce qui n'est pas le cas de la France ; un fossé se creuse entre les deux alliés.

À la suite à ces discussions, un procès de grande ampleur se tient à Leipzig en 1921. Une liste plus réduite, dont la « Liste Fondamentale » belge fait partie[72], est présentée au tribunal chargé du jugement, de composition allemande ! Celle-ci reste centrée sur les atrocités de 1914. Sur un total de 45 causes, la Belgique en présente 15, c'est-à-dire le plus grand nombre.

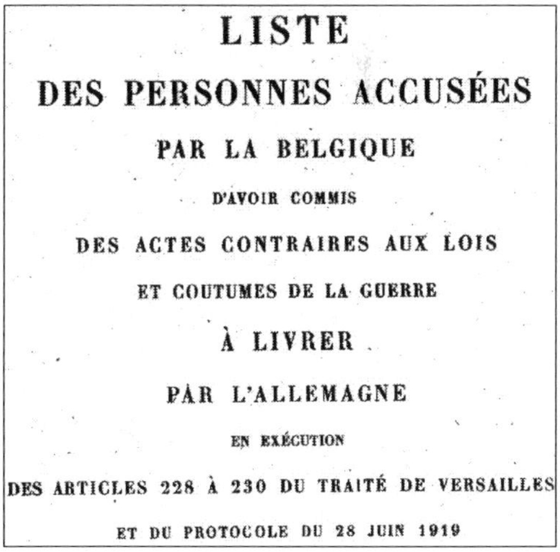

LISTE

DES PERSONNES ACCUSÉES

PAR LA BELGIQUE

D'AVOIR COMMIS

DES ACTES CONTRAIRES AUX LOIS

ET COUTUMES DE LA GUERRE

À LIVRER

PAR L'ALLEMAGNE

EN EXÉCUTION

DES ARTICLES 228 À 230 DU TRAITÉ DE VERSAILLES

ET DU PROTOCOLE DU 28 JUIN 1919

Fig. 124. Page de titre de la « Liste des personnes accusées par la Belgique » de 1920, première version de la « Liste fondamentale ». *Coll. La Mémoire de Spontin.*

[72] Cette liste comprend un nombre plus restreint de noms par rapport à la liste antérieure.

Trois incidents sont présentés par les Belges : un durant l'occupation, un pour des sévices commis envers des prisonniers, et un pour le massacre d'Andenne-Seilles. La première cause concerne un garçon de douze ans, brutalisé par un officier pour obtenir des aveux, en 1917. Le tribunal discrédite le témoin à cause de son jeune âge. La délégation belge scandalisée quitte la salle. Les autres causes belges sont abandonnées par défaut (dont le massacre d'Andenne). Le jugement est considéré comme une parodie de justice. L'atmosphère du procès est partisane : le public est hostile, haineux envers les témoins. Des experts juristes (commissionnés par les Alliés [les Français]) condamnent le procès de Leipzig, très peu satisfaisant. Les autorités allemandes s'opposent à cette condamnation. Le tribunal allemand répète que des civils ont tiré sur les troupes. La plupart des accusés sont acquittés et seules quatre condamnations sont retenues. Pourtant, aucune preuve démontrant l'existence de francs-tireurs ne peut être apportée. Elle est seulement qualifiée de probable. La cour fonctionne jusqu'à l'arrivée au pouvoir des nazis. La Belgique abandonne ses demandes d'extradition.

En 1954, une Commission formée d'un groupe d'historiens belges et allemands produit des recommandations pour réconcilier les deux points de vue, d'importantes avancées sont réalisées, mais leur portée demeure limitée. Quatre ans plus tard, dans son ouvrage *Der Fall Löwen*[73], Peter Schöller étudie le cas de Louvain, et déconstruit les accusations du « Livre Blanc ». Il réalise aussi une forme d'autocritique allemande. Le livre est accepté par les intellectuels et donne lieu à un consensus parmi les historiens professionnels concernant le sac de Louvain. Le livre reçoit un accueil favorable dans le monde universitaire. Ceci donne l'occasion de concilier les positions belge et allemande. Néanmoins, du côté allemand, jusqu'à la fin du XXe, le consensus de la campagne « innocentiste » des années 1920 n'est pas effacé des ouvrages de référence (encyclopédies des années 1990, ouvrages scolaires allemands des années 1970, etc.). En Belgique, la mémoire des atrocités est restée intacte. Les sentiments de victimisation et d'indignation face au déni allemand subsistent jusqu'à nos jours sous une forme atténuée. Les commémorations annuelles se poursuivent dans les localités qui connurent d'importantes exactions. La mémoire est devenue essentiellement locale. Les auteurs des crimes sont pardonnés mais le statut des victimes, dont l'innocence n'a pas été reconnue, reste défendu[74].

---

[73] P. SCHÖLLER, *Der Fall Löwen und das Weissbuch. Eine kritische Untersuchung der deutschen Dokumentation über die Vorgänge in Löwen vom 25. bis 28. August 1914*, Cologne-Graz, 1958.

[74] J. HORNE et A. KRAMER, *op cit.*, p. 229-603.

Spontin oublié dans les procès

Le village de Spontin est cité dans les listes de demande d'extradition, destinées à appuyer les procès, dont celui de Leipzig[75]. Le curé Mahoux établit une première liste, dans laquelle il mentionne les noms des deux officiers responsables et des régiments.

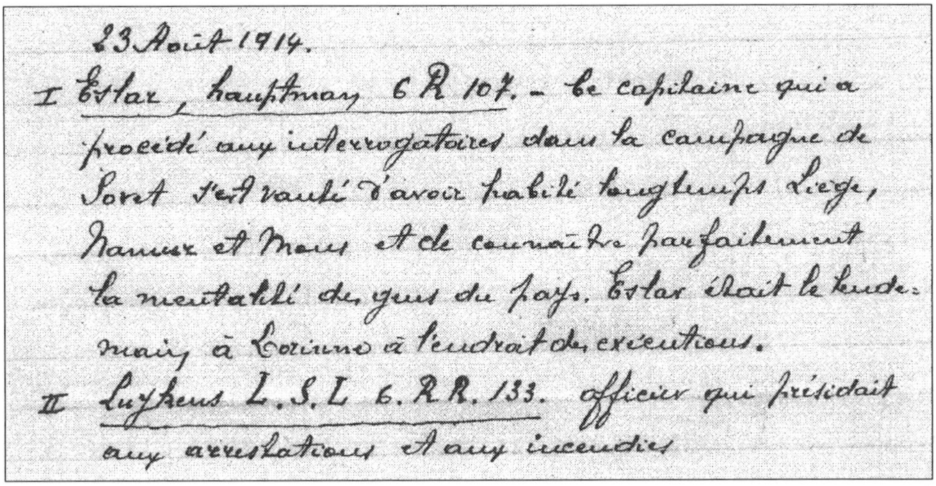
23 Août 1914.
I Eslar, hauptmann 6 R 107. – le capitaine qui a procédé aux interrogatoires dans la campagne de Sovet s'est vanté d'avoir habité longtemps Liège, Namur et Mons et de connaître parfaitement la mentalité des gens du pays. Eslar était le lendemain à Dorinne à l'endroit des exécutions.
II Luykens L.S.L 6. R.R. 133. officier qui présidait aux arrestations et aux incendies

Fig. 125. Document rédigé par le curé Mahoux pour dénoncer les crimes commis à Spontin et à Dorinne par les officiers allemands Eslar et Luykens. *A.Év.N. Fonds Schmitz S-103.*

La demande porte sur le capitaine d'Eslar pour avoir procédé aux interrogatoires et fait fusiller 8 personnes à Dorinne, ainsi que sur le sous-lieutenant Luykens, pour avoir fait prisonniers les habitants et avoir donné l'ordre de mettre le feu aux bâtisses. Les 103e et 108e R.I., pour avoir participé au massacre, ainsi que le général divisionnaire pour avoir commandité l'exécution à Dorinne, sont aussi inscrits sur la liste du curé[76].

Ernest de Saxe (Prince)....	....	**Atroc. d'Andenne et Namur (août 1914).**
Esch (von der)............	**Général-major, commandant la 41e Brigade d'infanterie hessoise.**	**Assassinat du commissaire de police d'Arlon. Atrocités d'Arlon et Freylange (août 1914).**
Eslar	**Hauptmann, Inf. Reg. 107, 6e Cie....**	**Atrocités commises à Spontin et à Dorinne (août 1914).**

Fig. 126. Le capitaine Eslar cité nommément dans la Liste des personnes accusées par la Belgique. *A.Év.N. Fonds Schmitz S-103.*

[75] *Liste des personnes accusées par la Belgique d'avoir commis des actes contraires aux lois et coutumes de la guerre, à livrer par l'Allemagne en exécution des articles 228 à 230 du traité de Versailles et du protocole du 28 juin 1919*, qui est dénommée après la réduction du nombre d'accusés, la *Liste Fondamentale* ; Ministère des Affaires Étrangères, Fonds Première Guerre mondiale, CLB 324/1.
[76] A.év.N., Fonds Schmitz, n° 103 ; *Spontin/ Sovet.*

Un autre nom ressort également des sources, celui du major Funcke commandant du 134e R.I., pour avoir donné l'ordre d'exécuter le curé Justin Laisse[77].

Les listes belges (alphabétiques, antérieures à la Liste fondamentale) émanant du ministère de la Justice, mentionnent le major Funcke, le capitaine d'Eslar (pour huit assassinats), mais pas le sous-lieutenant Luykens. Quant au général Max von Hausen, il est repris pour le cas de Dourbes, en août 1914.

À titre collectif, les régiments ayant perpétré le massacre de Spontin sont également mentionnés : le 106e R.I. de la 48e brigade d'infanterie, intégrée à la 24e D.I. du XIXe corps (pour 43 meurtres), le 107e R.I. de la 48e brigade, intégrée à la 24e D.I. (pour 43 meurtres et 131 incendies)[78], ainsi que le 133e R.I. de la 89e brigade, composant la 40e D.I. (pour 43 meurtres et 131 incendies). Le 103e R.I. du XIIe corps d'armée (pour 43 meurtres et 131 incendies)[79]. Si l'on tient compte des autres localités condruziennes, c'est presque la totalité des régiments de la troisième armée qui sont accusés.

La Liste fondamentale belge[80], destinée au procès de Leipzig, ne comprend déjà plus les noms des militaires accusés d'avoir participé au massacre de Spontin. Seules les infractions collectives sont retenues ; par conséquent, pour Spontin, les accusations ne portent plus que sur les régiments (103e, 106e, 107e et 133e).

Au procès, les Allemands reprennent les accusations notées dans le Livre Blanc, la liste belge se voit donc fortement diminuée, et seuls les noms des soldats ayant participé aux cas d'atrocités les plus médiatisés, comme Andenne, Louvain ou Dinant, sont maintenus. Les deux officiers, d'Eslar et Funcke, sont néanmoins encore poursuivis, la loi belge permettant de traduire un soldat ennemi en cour martiale, même si ce dernier n'est pas présent. Leurs noms sont alors repris par le Conseil de Guerre de la Province de Namur, qui rédige une liste des jugements rendus à charge de soldats allemands, coupables de crimes de guerre[81]. La peine de mort est requise, et les deux officiers sont condamnés par contumace. Des jugements sont donc bien rendus ; cependant, du fait que les condamnés n'ont jamais été retrouvés, ils ont donc une valeur symbolique plus que judiciaire.

---

[77] A.É.N., Fonds Schmitz, n° 46 et 52.

[78] Il s'agit en réalité du 107e R.I.R. de la 48e brigade de réserve, intégrée à la 24e D.I.R. du XIIe corps de réserve.

[79] *Liste des personnes accusées par la Belgique ...*

[80] Chapitre 3 « *La bataille de Namur, 15-25 août* », p. 17 ; Ministère des Affaires Étrangères, Fonds Première Guerre mondiale, CLB 324/18

[81] Conseil de guerre de la Province de Namur, *liste des jugements rendus à charge de soldats allemands coupables de crimes de guerre*, p. 7 et Réponse à la circulaire n° 680 de l'Auditorat Général, dans Ministère des Affaires Étrangères, Fonds Première Guerre mondiale, CLB 324/13.

Que peut-on conclure aujourd'hui ?

Les réflexions qui suivent tentent de répondre, cent ans après, à la problématique et aux thématiques abordées, à savoir essentiellement l'implication des régiments, l'utilisation d'armes civiles, les motivations et la prévision du massacre, ainsi que la position du Haut-commandement vis-à-vis des évènements.

Les régiments impliqués dans les massacres

Les régiments qui ont procédé à la destruction du village et au massacre sont difficiles à déterminer si l'on ne se base que sur les sources belges. En effet, celles-ci proviennent d'acteurs civils, lesquels sont généralement moins compétents pour reconnaître telle ou telle unité que des militaires. Cependant, certaines formations peuvent être identifiées avec certitude, dès lors que l'on recoupe les sources avec des publications d'histoire militaire. Les autres sont soumises à caution, elles peuvent néanmoins être mentionnées .

Le bombardement du village est l'œuvre du 23e régiment d'artillerie de réserve, de la 23e D.I.R du XIIe corps de réserve[82]. En effet, dans la brochure *Spontin l'assassinée,* figurent les noms des soldats tués à Spontin[83]. L'un d'eux est le soldat P. Pflugbel, du 23e régiment d'artillerie de campagne. De plus, Schmitz se base sur des publications allemandes pour réaliser son ouvrage, notamment sur un extrait d'un livre rédigé par Felix Marschner[84]. Dans cet extrait, le soldat relate la fusillade (il se trouve alors à Sovet) et indique qu'une batterie entre en action. Les travaux de Maurice Tasnier et Raoul van Overstraeten, ainsi que ceux de l'Unité Meuse-Moselle, corroborent ces dires indiquant que la 23e D.I.R. passe par Spontin[85].

Il est également possible d'affirmer qu'un des régiments d'infanterie présent lors du massacre était le 133e R.I.R. de la 48e brigade d'infanterie de réserve, intégré à la 24e D.I. En effet, un billet de protection signé par un soldat allemand en porte la mention.

Schmitz et Nieuwland utilisent également le témoignage d'un soldat (Max Thomas) du 107e, 8e saxon, XIXe corps d'armée, qui écrit qu'une compagnie du 107e et une du 133e reçoivent l'ordre de fouiller Spontin. Or, la brigade au sein de laquelle sont associés ces deux régiments est la 48e de réserve (24e D.I.R., XIIe corps d'armée de réserve). Par ailleurs, le sous-lieutenant Luykens, responsable d'avoir fait prisonniers des villageois, appartient à cette unité selon le curé Mahoux (qui succéda à Justin Laisse le 23 octobre 1914) et le

---

[82] H. Cron, *Imperial German Army 1914-18,* 2002, p. 309-311.

[83] Cf. aussi le témoignage de Charles Verhoost, dans A.év.N., Fonds Schmitz, S-103.

[84] F. Marschner, *Mit der 23tenReserve-Division durch Belgien und Frankreich,* Leipzig, 1915.

[85] M. Tasnier et R. Van Overstraeten, *La Belgique et la guerre,* III, p. 121.

bourgmestre Charles Verhoost. Dans les sources, ce régiment est souvent confondu avec le 133e R.I. (d'active) de la 89e brigade d'infanterie, faisant partie de la 80e D.I. du XIXe corps d'armée, et dont la zone d'opérations est plus au sud. Si le témoignage de Max Thomas est probant, le 107e R.I. mentionné dans les sources belges[86] est alors le 107e R.I.R., qui faisait partie de la même brigade que le 133e R.I.R.

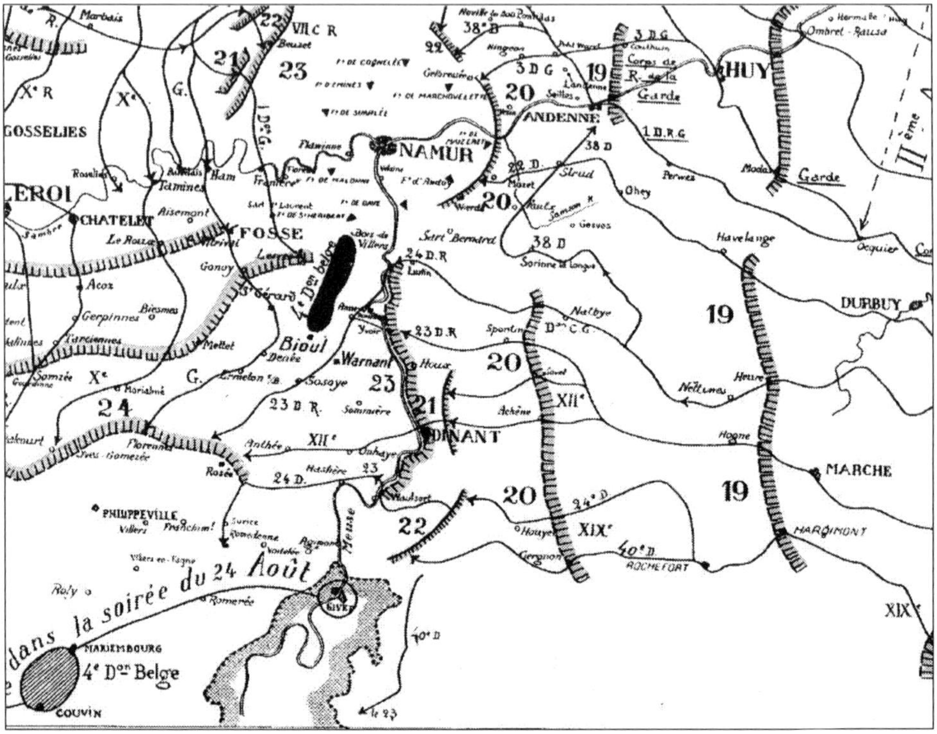

Fig. 127. Les corps d'armée impliqués dans les combats et les massacres dans la région de Spontin. Détail de la carte publiée dans *La Belgique et la guerre,* III, p. 120-121.

En ce qui concerne les autres régiments d'infanterie listés, la certitude est moindre. D'après Horne et Kramer[87], les unités impliquées sont le 101e R.I.R. et le 103e R.I. La Commission d'enquête ajoute le 106e R.I.[88]. Le curé Mahoux, accuse également le 108e (Schützen) régiment dans une lettre qu'il adresse au diocèse de Namur. Une confirmation peut être avancée à propos du 103e, mais sans certitude absolue.

---

[86] Il pourrait également s'agir d'un régiment de la Landwehr (d'après Georges-Alfred Heinz, annexe 2.5) mais cette alternative est moins probable.

[87] J. HORNE et A. KRAMER, *op cit.*, p. 97.

[88] *Commission d'enquête sur les violations des règles du droit des gens, des lois et des coutumes de la guerre,* t. I, vol. 1, *op cit.*, p. 119.

Dans ses mémoires, von Hausen expose des mouvements de troupes qui confirmeraient la présence du 103e R.I. (63e brigade, 32e D.I., XIIe corps) :

> Le 20 août, le XIe corps d'armée prit position contre Namur, tandis que les XIIe et XIXe corps d'armée portaient leurs éléments de sûreté jusqu'à Spontin, Celles, Ciergnon, leurs gros immédiatement en arrière (…) commencés le 20 août et seulement terminées le 21, les mouvements suivants s'accomplirent : Le XIIe corps d'armée. – 32e D. I. à droite, 23e à gauche - avança jusqu'à Spontin-Thynes-Sorinnes-Foy-Notre-Dame- Q. G. à Achêne.

Les travaux de l'Unité Meuse-Moselle et de Raoul Van Overstraeten indiquent que la 23e D.I. est bien à droite du flanc, vers Sorinne, et la 32e D.I. à gauche, au niveau de Ciney, mais la 23e D.I.R. est représentée passant par Spontin. Le front étant fort étendu et les déplacements quelque peu confus, il est possible que le 103e R.I. ait été présent. Néanmoins, il est également probable que le 103e régiment indiqué soit le 103e R.I.R. de la 46e brigade d'infanterie de réserve, de la 23e D.I.R. En effet, von Hausen signale :

> Le XIIe corps d'armée de réserve se rapprochait de la Meuse au nord de la 32e D. I. après que le régiment d'infanterie de réserve n° 103, marchant à la tête de la 23e D.I.R., eut livré à Dorinne un sérieux combat contre des paysans armés.

En ce qui concerne les autres unités citées, elles ont pu passer par Spontin, mais sans pour autant avoir participé au massacre, à l'exemple des dragons de la Garde. De plus, les régiments référencés comme faisant partie du XIXe corps, c'est-à-dire les 106e, 107e, 133e et 134e R.I., semblent se trouver au nord de leur zone d'opération (entre Dinant et Givet), chevauchant celle des XIIe corps et XIIe corps de réserve.

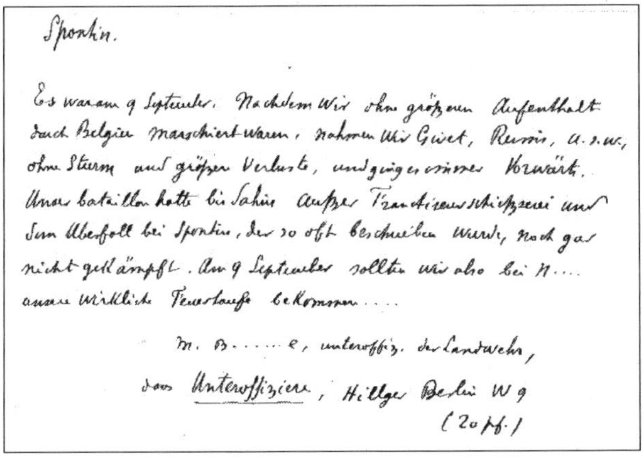

Spontin.

Es war am 9 September. Nachdem wir ohne größeren Aufenthalt durch Belgien marschiert waren, nahmen wir Givet, Reims, u.s.w., ohne Sturm und größere Verluste, und ging es immer Vorwärts. Unser bataillon hatte bis dahin außer Tirailleurschießerei und dem Überfall bei Spontin, der so oft beschrieben wurde, noch gar nicht gekämpft. Am 9 September sollten wir also bei N…. unsere wirkliche Feuertaufe bekommen….

M. B……e, unteroffiz. der Landwehr,

davon Unteroffiziere, Hillger Berlin W 9

(20 Pf.)

Fig. 128. Document en allemand qui évoque la soi-disant embuscade de Spontin. *A.Év.N. Fonds Schmitz S-103.*

On peut dès lors conclure que le massacre est plus que probablement dû aux unités de ces deux corps. Il est néanmoins certain que le 133e et le 107e R.I.R., le 23e régiment d'artillerie de réserve, et le 103e R.I/R.I.R. étaient présents à Spontin et ont pris part à la tuerie.

Les soldats ont-ils tiré au fusil de chasse ?

Le docteur Fischer, médecin allemand responsable du lazaret installé dans le château de Spontin, affirme au docteur Gathy de Ciney que les trois militaires tués à Spontin ont été touchés par des plombs de chasse. Les soldats affirment dans de nombreux cas que les civils leur ont tiré dessus avec ce type d'arme. Cependant, les trois tués ne sont pas les seuls à avoir été atteints de plombs ; le fils de François Hayot, ainsi qu'Eugène Rufy ont également été blessés par ces projectiles[89]. Le médecin se rappelle qu'il a vu des soldats allemands quitter Ciney avec des fusils de chasse. L'hypothèse d'un coup de feu accidentel d'un de ces fusils de chasse (récupérés par précaution ou en guise de trophées), ayant engendré la panique parmi les troupes est plausible mais n'est pas démontrable. La thèse du tir fratricide reste néanmoins la plus probable. L'alcool et l'excitation n'y seraient pas étrangers.

Il est également possible que les Allemands aient tiré avec des balles dum-dum[90]. Ces balles d'exercice ont été utilisées au combat car l'armée allemande, au même titre que les autres, s'est trouvée à court de munitions de guerre en 1914. Des accusations dans des rapports belges et français traitent de ces balles explosives. Les médecins militaires ajoutent également que les armes modernes sont plus meurtrières que prévu et que les soldats ne s'imaginaient pas les blessures qu'elles pouvaient causer.

Les francs-tireurs : légende ou intox ?

Le massacre a été provoqué par la psychose des francs-tireurs, répandue dans l'armée allemande. En effet, les travaux les plus récents ont démontré que cette psychose était caractéristique des troupes du Kaiser. Le souvenir de la Révolution française (le « peuple en arme » qui se révolte contre le pouvoir), des guerres napoléoniennes (premières expériences de guérilla organisée), mais surtout de la guerre franco-prussienne, a marqué les soldats. Ceux-ci sont convaincus qu'en entrant en Belgique, comme en France, ils seront victimes des francs-tireurs. Ces derniers sont selon eux guidés par le gouvernement, dont les affiches sommant les civils de rendre leurs armes seraient en réalité des codes pour donner l'ordre de tirer sur les troupes. Les ecclésiastiques sont également victimes de ce genre de croyances. Au mois de septembre 1913 déjà, la *Gazette de Westphalie* publie un article signé de la main

---

[89] La plupart des témoignages qui suivent ont été surtout collectés par le chanoine Schmitz, cf. A.év.N., Fonds Schmitz, S-103 ; J. SCHMITZ et N. NIEUWLAND, t. IV, vol. I/1, *op cit.*, p. 125.

[90] J. HORNE et A. KRAMER, *op cit.*, p. 297 ; Ministère des Affaires Étrangères, Fonds Première Guerre mondiale, CLB 298/1.

d'un officier supérieur allemand en poste à Paris (non cité), écrivant qu'en cas de guerre, des légions de francs-tireurs s'organiseraient[91].

Fig. 129. Le mythe des francs-tireurs (patriotes ou civils belges) est largement exploité par la presse populaire allemande. *Illustration du Granat-Splitter, 1914.*

Comme le rappellent Horne et Kramer (p. 117) : « En octobre 1914, "franc-tireur" est devenu un terme familier en Allemagne appliqué aux civils ennemis et, par extension, à tout comportement déloyal ». Les marques d'un être « déloyal » (*heimtückisch*) sont le déguisement, le secret et la ruse.

Le « Livre Blanc » tait les évènements de Spontin, mais la version officielle allemande semble être donnée dans une "note confidentielle" qu'a adressée, peu de temps après les évènements, la Wilhelmstrasse à tous les agents diplomatiques accrédités dans les pays neutres ou alliés à l'Allemagne.

D'après cette version, dès la libération du bourgmestre Antoine Lambert et du curé Justin Laisse, à 6 ou 7 heures du matin[92], les soldats se sont retrouvés sous le feu des civils, tirant des quatre coins du village. Un officier s'est rendu

---

[91] Ainsi le président de la Société Psychologique de Berlin, le Dr Moll, écrit dans le *Vossische Zeitung* du 22 septembre 1914, p. 8, que l'Allemagne souffre d'une forme de « *psychose de masse* ».
[92] Il s'agirait plutôt de 4 h 30 d'après les sources belges.

en hâte chez le curé et a trouvé la porte de la cave clouée, ainsi que des douilles de chasse sur le bureau de sa chambre. Toujours d'après cette note, les premiers coups de feu sont partis du presbytère. La porte de la cave est défoncée, le curé emmené, condamné à mort et exécuté, tandis que l'on tire encore du clocher de l'église.

Cette version est contredite par les témoins belges, dont la servante du curé, Amandine Kinard, et le garde-champêtre Pierre Martin. Ceux-ci affirment que le prêtre n'a jamais prêché de discours hostiles à l'encontre des Allemands, et qu'il a même demandé à ses paroissiens de les respecter. En outre, selon Charles Verhoost, le clocher avait été investi par des sentinelles allemandes dès le 17 août, soit six jours avant les faits[93]. À Dorinne, le 24, les soldats ont aussi brutalisé le secrétaire communal Édouard Famerée qui portait un brassard noir en signe de deuil, celui-ci ayant été interprété comme un signe distinctif de franc-tireur. Le docteur Louis Bardiau, emmené à Dorinne avec les 88 autres villageois, est fusillé car d'après les soldats, il a tiré sur eux alors qu'il portait un brassard de la Croix-Rouge. Le baron de Wolff, au château de Spontin, manque de peu de périr de la même manière, sauvé par l'intervention d'un officier. Le capitaine d'Eslar, qui a fait fusiller 8 personnes le 24 août à Dorinne, justifie cet acte en disant que les francs-tireurs doivent être fusillés.

L'autorité allemande à Namur a interrogé les protagonistes à propos du 23 août, ainsi que dans le cadre d'une commission pour laquelle des officiers et un soldat alsacien sont passés à Spontin le 18 janvier 1915. Cependant aucun des griefs allemands n'a été retenu à l'encontre des habitants ; aucune mesure n'a également été prise vis-à-vis des soldats.

Quant au village, il est brûlé car d'après les soldats allemands, « *c'est la règle quand on a tiré sur nous* ». Von Hausen croit lui aussi aux francs-tireurs, sa croyance pouvant être exacerbée par ses souvenirs de la guerre franco-prussienne de 1870. Les représailles sont d'après lui légitimes car la responsabilité incombe en premier lieu au gouvernement belge.

Ce dernier point soulève la question de la position du commandement et du haut-commandement allemand vis-à-vis de la réponse à donner aux actions de francs-tireurs. Les commandants de régiments n'ont pas tenté de freiner la dynamique de destruction ni les massacres. Ils ont même marqué leur accord, et ont parfois participé aux tueries. Tels sont les exemples du major Funcke et du sous-lieutenant Luykens pour les massacres perpétrés à

---

[93] Les soldats ont également mis le feu aux maisons pour « effacer » les traces de pillage. L'église quant à elle, a été saccagée avant d'avoir été brûlée. Cet acte de destruction ne peut pas être expliqué par la seule panique des soldats ; témoignages de P. Martin et de l'architecte A. Ledoux, dans A.év.N., Fonds Schmitz S-103 *Spontin/Sovet.*

Spontin, ainsi que du capitaine d'Eslar pour l'exécution de Dorinne. Ce dernier aurait par ailleurs reçu l'ordre de tuer les civils de la part du général divisionnaire, sans doute le général von Hausen lui-même.

Fig. 130. Parmi les crimes de guerre commis par les Allemands, figure la pratique du bouclier humain formé par les otages (notamment à Purnode et Évrehailles) tel qu'illustré ici, pour les enfants, par un dessin de Poulbot. *Coll. La Mémoire de Spontin.*

On peut donc affirmer que de hauts gradés ont donné leur aval à la répression, et qu'ils n'ont pas tenté de réfréner la vague meurtrière, bien que certains aient déploré devoir abattre les civils. À plusieurs reprises, il est vrai, des sous-officiers doivent intervenir pour réprimer l'ardeur vindicative des soldats, prêts à fusiller tous les habitants. Il y a là, à n'en pas douter, un décalage entre les officiers appartenant à l'aristocratie et la troupe d'origine sociale moins élevée.

Ce discours est également valable pour l'échelon le plus élevé de la troisième armée ; les déclarations de von Hausen sont révélatrices à ce sujet :

> Les troupes du XIIe corps d'armée dont la mission était de passer promptement la Meuse étaient particulièrement exposées à ces dangers. Pour y obvier, elles se trouvèrent en présence de la nécessité de guerre de casser les reins à la résistance organisée en vue de contrarier leurs desseins. C'est à ce point de vue que me paraît justifié, sans plus, le bombardement par l'artillerie d'une ville qui prenait une part active à la bataille, l'incendie des maisons occupées par une garnison civile, la mise à mort des habitants rencontrés les armes à la main ; la condamnation des otages était aussi conforme au droit des gens : on ne s'était emparé d'eux que pour s'assurer d'une attitude exempte d'hostilité de la part

de la population et celle-ci prit néanmoins part à la lutte. Tout cela ne pouvait être évité, eu égard au but de guerre que l'on se proposait à atteindre et à la situation critique où se trouvait la troupe, surprise dans les rues de la ville et dans les villages voisins par des attaques perfides sur ses arrières. Certes, on déplore profondément du côté allemand que les évènements du 23 au 24 août 1914 aient ruiné la ville de Dinant et qu'ils aient coûté un grand nombre de vies humaines. La troupe saxonne qui se vit obligée, dans sa lutte contre la population qui l'attaquait avec perfidie, de recourir à des représailles nécessitées par l'objet de la guerre n'en porte pas la responsabilité, mais bien - En premier lieu le gouvernement belge qui approuvait une guerre de rues, contraire au droit des gens. - En second lieu les populations des localités qui prirent part d'une manière fanatique au combat engagé. En tout cas, les habitants de ces villages belges doivent s'en prendre à eux-mêmes s'ils ont été victimes de dangers auxquels ils se sont exposés en connaissance de cause. S'ils s'étaient abstenus d'une résistance armée et d'une participation aux combats, ils auraient à peine souffert dans leur vie et dans leurs biens malgré la situation périlleuse dans laquelle ils se trouvaient nécessairement placés du fait des opérations de guerre.

Dans cette partie de ses *Mémoires*, le général von Hausen exprime également le point de vue de l'armée allemande face au droit de La Haye, dont elle a transgressé tous les articles. Exécution d'une peine collective à l'encontre d'une population civile, bombardement d'un village non défendu sans en avoir averti au préalable les autorités, pillages, etc., ont été le lot de nombreuses localités. Cependant, du point de vue allemand, les exécutions, bombardements, etc. sont conformes aux lois internationales car d'après eux, le gouvernement belge est responsable d'avoir fait participer les civils, qui peuvent dès lors être considérés comme belligérants. Pour les Allemands, les atrocités constituent donc les attaques des belges sur les soldats, tandis que du côté des Alliés, les atrocités sont caractérisées par l'attitude des troupes ennemies vis-à-vis de la population civile.

Le rapport de la Commission belge sur la violation du droit des gens, des lois et coutumes de guerre conclut que les Allemands ont « prétexté » une attaque de francs-tireurs pour raser le village de Spontin. D'après le baron de Wolff, deux officiers auraient dit que Spontin allait être réduit en cendres. Il ajoute qu'à Senenne et Reuleau, les Allemands ont affirmé que le village allait être sinistré et qu'ils auraient étudié les cartes militaires belges. Édouard Famerée remarque quant à lui que les troupes avaient pris position sur les collines pour empêcher les gens de sortir de la cuvette dans laquelle se trouvait le village[94]. Si le massacre de Spontin a été préparé, il était alors

[94] Témoignage de Édouard Famerée, dans A.év.N., Fonds Schmitz, S-103, cf. annexe 1.10 ; témoignage anonyme allemand découvert à Dinant, dans J. SCHMITZ et N. NIEUWLAND, *op cit.*, p. 104.

destiné à servir d'exemple pour les francs-tireurs potentiels des autres localités.

Schmitz et Nieuwland se contentent de conclure : « *Il suffira de noter ici qu'aucun de ces détails n'a été relevé à Spontin au cours des divers interrogatoires que subirent les habitants, et il est donc permis d'affirmer qu'ils ont été inventés après coup et de toutes pièces.* »

Néanmoins, à la lecture des publications postérieures, ainsi qu'en étudiant les sources, il peut être affirmé que le gros de la troupe a véritablement cru à une attaque de francs-tireurs[95]. Les Allemands n'ont pas tenu compte des édits des autorités belges demandant aux civils de ne pas participer aux combats ou les ont pris pour des codes secrets. Alors que, par exemple, le gouverneur de Namur, le baron de Montpellier, fait afficher une proclamation le 4 août, dans laquelle il somme les bourgmestres d'interdire les « spectacles » pouvant exciter la population et provoquer des émotions dangereuses pour l'ordre public. Une autre proclamation est affichée deux jours plus tard, laquelle interdit à la population de se substituer à la force publique. Un avis similaire est pris par la Garde civique de Ciney le 13 août. Ces avis n'ont cependant pas calmé la méfiance des soldats et officiers allemands, qui ont vu des supposés « francs-tireurs » dans maintes localités belges et du Nord de la France, ce qui a donné lieu à cette vague d'exactions, qui s'est arrêtée à la fin de la bataille de la Marne, en octobre 1914.

Juste répression ou caractère sans foi ni loi des Allemands ?

Rien ne peut ni ne pourra jamais justifier l'attitude allemande de mépris complet des lois de la guerre. C'est en effet presque la seule fois, dans l'histoire contemporaine du monde occidental, que des militaires s'en sont pris aussi ouvertement à des civils pour se venger ; ni les guerres d'Ancien Régime, ni les guerres napoléoniennes, ni même la guerre de 1940 n'ont donné lieu à de telles exactions, à de tels massacres « gratuits » de civils, y compris de femmes et d'enfants.

Alors pourquoi cette sauvagerie soudaine ? Pas si soudaine en fait, puisqu'en gestation de longue date d'après les deux historiens Horne et Kramer, qui ont analysé les témoignages des civils de Tamines et Dinant (ceux de Spontin n'en diffèrent pas fondamentalement)[96]. Pour eux, il semble bien qu'il faille « *dépasser le domaine du prétexte pour renvoyer à une certitude*

---

[95] Dans le cas de Spontin, les soldats allemands et la propagande n'ont pas rapporté d'évènements concernant des mutilations qu'auraient pu subir les militaires de la part des civils.

[96] Sur ce sujet toujours délicat, voir Aurore FRANÇOIS et Frédéric VESENTINI, « La thèse allemande des francs-tireurs : quand le mythe devient acteur de guerre », dans *Imaginaires de guerre : l'histoire entre mythe et réalité*, Louvain-la-Neuve, 2003, p. 243-251.

profondément ancrée dans les esprits allemands. Des esprits qui, depuis la guerre franco-allemande de 1870, étaient largement mis en garde quant aux agissements de francs-tireurs, que ce soit par la littérature populaire ou par les manuels en usage dans l'armée allemande, préconisant à leur égard une extrême sévérité. À Tamines et à Dinant, probablement plus qu'ailleurs, certains facteurs circonstanciels (la stratégie de défense mise en œuvre par les armées belge et française, la confusion dans laquelle se sont déroulés les affrontements, la liesse populaire qu'a entraînée l'éphémère victoire française du 15 août à Dinant, ...) ont amené ce qui n'était qu'une idée préconçue à se transposer dans le réel. Les premières rumeurs de francs-tireurs, amplement relayées par la presse et les autorités allemandes avaient déclenché, parmi les troupes se dirigeant sur la Belgique, haine et fureur. »

L'horrible Tragédie de SPONTIN-lez-Dinant

Fig. 131. Titre principal du journal *La Belgique martyre,* n° 7 accompagnant les deux gravures relatives à Spontin. *Coll. La Mémoire de Spontin.*

Non, rien ne peut justifier une telle sauvagerie, pour ne pas dire une telle barbarie, gratuite, dégradante. Rien, ni ici ni ailleurs.

Chapitre 9
Des souvenirs de pierre.
Les monuments aux morts de la Grande Guerre dans la commune d'Yvoir*

La Grande Guerre a duré quatre années, quatre longues années. Des années de haine, de sang, de souffrance et d'horreurs qui laissèrent des traces dans les mémoires et dans la pierre. Aujourd'hui, des blocs de marbre sont consacrés à cette « *religion du souvenir* » pour laquelle s'est éprise la génération des années 20. Des monuments aux morts élevés un peu partout, voix d'un peuple en deuil, témoin des idées de cette époque. À travers eux, il nous est possible de saisir la représentation que la génération de l'entre-deux guerres s'est faite du conflit, de percevoir le message douloureux qu'une époque en larmes a désiré pérenniser. Puisque commémorer c'est se souvenir d'un évènement important, cherchons à savoir quel souvenir cette génération désirait qu'on garde en mémoire.

À quel point les villages d'Yvoir s'inscrivent-ils dans le culte du souvenir belge, que désiraient crier leurs habitants, à qui et pourquoi, sont les questions des lignes qui suivent[97].

La Guerre de 14-18 et son souvenir dans les monuments d'Yvoir

La Première Guerre Mondiale fut appelée, avant la seconde, la « Grande Guerre », la « Guerre des Guerres » ou la « Der des Der ». Durant l'entre-deux-guerres, la population s'est forgé sa propre conception du conflit, une interprétation qui est, sans aucun doute, différente de celle d'aujourd'hui. Grâce aux différentes œuvres commémoratives, témoins proches et privilégiés d'une époque en deuil, on peut saisir certains sens de la représentation

---

* Chapitre rédigé essentiellement par Céline Rase, mais adapté et abrégé dans le cadre global de l'ouvrage. Des ajouts ou des rectifications sont dus à J. Germain, principalement pour Spontin.

[97] Cette problématique est largement développée dans deux ouvrages récents : Stéphanie CLAISSE, *Du soldat inconnu aux monuments commémoratifs belges de la guerre 14-18*, Bruxelles, Académie royale de Belgique, 2013 ; D. CONRAADS et D. NAHOÉ, *Sur les traces de 14-18 en Wallonie. La mémoire du patrimoine*, Namur, Institut du Patrimoine Wallon (IPW), 2013.

collective[98], en particulier celle de l'entité d'Yvoir, teintée d'une souffrance sans rancœur.

La commune d'Yvoir recense à elle seule onze plaques ou monuments commémoratifs, tous n'étant pas cependant dédiés aux morts de la Première Guerre, dont il est uniquement question ici. Elle se trouve en effet dans une région ayant connu directement les sanglantes exactions de l'été 1914, et compte donc une population avide de parler et de relater, avec quelques détails, « *les douloureux évènements* » de leur village. Dans un contexte de reconstruction nationale, ces différentes localités ont su trouver temps et argent pour élever leurs monuments aux morts.

Seuls sept cas sont analysés ici en détail. D'une part, Évrehailles et Mont-Godinne n'ont inauguré leur monument qu'après la Seconde Guerre, d'autre part, les deux plaques commémoratives de Houx ne sont considérées que comme un seul cas. Quant au cénotaphe de Spontin, non retrouvé, il n'est bien sûr pas pris en compte.

La décision de graver une plaque ou d'élever un obélisque a été, dans la plupart des cas, prise entre 1918 et 1921. Seules deux localités font exception, Godinne et Purnode. La date de décision de ces deux communes ne remonte qu'à 1930, repère chronologique symbolisant le centenaire de la Belgique. Quant à l'inauguration de l'œuvre même, elle a été en général très proche de la date de décision. Yvoir a connu une marge de temps plus importante entre la décision prise en 1921 et l'inauguration de 1924, à la suite de la longue collecte de fonds qu'elle a faite auprès de sa population. Il n'y a donc pas ici d'inauguration tardive (excepté 1930 à deux reprises). Les années vingt semblent avoir été considérées comme le moment idéal pour élever un mémorial aux morts de la Grande Guerre. Les communes disposaient de surcroît des moyens financiers nécessaires pour soutenir l'entreprise du souvenir, et les habitants y ont toujours participé ardemment.

L'emplacement des différents monuments est extrêmement symbolique et par conséquent, largement discuté. Il a été en effet l'objet de débats plus ou moins houleux, selon les localités, entre les différentes parties de la population, notamment à Godinne. Pourtant, le choix de cet emplacement s'est souvent révélé le même, à savoir, la place de l'église pour le monument et le mur de l'église pour les plaques commémoratives. Ainsi sur sept œuvres, quatre sont situées dans ce lieu à large connotation religieuse, témoignant par

---

[98] Cf. A. TIXHON et L. VANYPERSELE, « Du sang et des pierres. Les monuments de la guerre 1914-1918 en Wallonie », dans *Cahiers d'histoire du temps présent*, n°7, Bruxelles, 2000, p. 83-125 ; L. VAN YPERSELE, « La symbolique religieuse sur les monuments de 14-18 en Luxembourg », dans *1914-1918. Le Dieu de la guerre*, Bastogne, 2013, p. 153-160.

là même que la culture chrétienne imprégnait encore profondément les mentalités. Ce lieu a indéniablement l'avantage d'être fréquenté par de nombreux fidèles, à qui la vue du monument devient alors familière.

Par contre, deux monuments, ceux d'Yvoir et de Durnal, sont situés près des écoles, « *symboles vivants de la perpétuation de l'espèce et des valeurs du groupe* »[99]. Il s'agit sans aucun doute de tracer un lien entre le passé et l'avenir et de transmettre comme message à une jeunesse encore innocente que « *qui ne connaît pas l'Histoire est condamné à la revivre* », selon le mot de Karl Marx.

Enfin, le cas de Spontin est tout particulier. Son monument a été érigé devant le château, lieu qui ne manque pas de symbolique étant donné qu'il fut le siège provisoire de l'État-Major allemand de la 3e armée durant la guerre; en outre, une partie des massacres s'est passée à proximité. Un lieu public, dégagé et de grand passage, qui souligne que la reconnaissance est due par l'ensemble de la population, qui veut à son tour donner une leçon aux générations futures et exhiber sans tabou sa haine pour la guerre. Une place publique où le monument, intégré à la vie locale, s'adresse à tous les habitants, voire aux étrangers de passage, sans restriction de culte.

Pour ce qui est du financement ou de la supervision des projets, l'administration ou le Conseil communal sont intervenus dans la grande majorité des cas. Cependant, une souscription était aussi généralement organisée auprès des habitants pour récolter les fonds nécessaires. L'existence d'écoles dans chacun des villages, de groupes d'anciens combattants, de comités ou d'autres mouvements collectifs ou institutions a permis un soutien aux différents investissements. De même, la présence des carrières de pierres à Spontin a été d'une aide considérable.

Les plans et travaux ont été confiés à des artistes de la région comme M. Puissant de Namur, M. Warolus de Spontin ou M. Coppe.

Les monuments imposants, sans statuaire, sont majoritaires. Ils reprennent un texte et quelques symboles iconographiques. Ce type d'obélisques se retrouve à Dorinne, Yvoir, Durnal et Godinne. De dimensions importantes, ils attirent le regard du passant. Simples et élégants, ils rappellent les noms des martyrs, héros, déportés, fusillés, victimes civiles, soldats (...) et invitent au recueillement.

Sur les églises, se trouvent des plaques à caractère plus intimiste. C'est le cas à Houx, Purnode et Godinne. De même, elles interpellent le passant, mais cette fois un passant régulier qui aura su la trouver, et non un quelconque étranger.

---

[99] J. GIROUD et R. et M. MICHEL, *Les monuments aux morts de la guerre 14-18 dans le Vaucluse,* L'Isle sur la Sorgue, 1991, p. 116.

Spontin fait exception dans la commune avec son monument à statuaire. Le village s'est en effet mobilisé de manière plus intense pour l'érection de son monument, compte tenu de son histoire tragique et sanglante. Un monument qui se veut plus important, plus insistant, qui réclame attention, admiration et compassion.

En ce qui concerne les inscriptions, le schéma traditionnel de la dédicace de la commune à ses « *enfants* » est récurrent[100]. Il communique à chaque fois la même intensité de tendresse et d'affection. Ce terme révèle le rapport filial entre la communauté et ses membres.

Fig. 132. Une inscription récurrente, tendre et affective, non belliqueuse. *Photo Fr. Bal.*

Le mot « Patrie » (repris à trois reprises pour seulement un seul « Belgique »), tient à mettre en avant la cause défendue, à souligner que ces morts ne sont par morts pour rien, que le sacrifice en valait la peine, que la valeur qui a conduit leur destin était la plus digne. Mourir pour la Patrie ou pour la Belgique, c'est donner un sens à la tragédie, au sacrifice. De même « *Honneur* » ou « *Champ d'Honneur* » sont des qualifications qui apparaissent sur plusieurs monuments, glorifiant le soldat et lui rendant ce qui lui est dû.

Les plaques, quant à elles, reprennent une phraséologie plus explicite et descriptive. Ainsi, sur le mur de l'église de Houx, on retrouve comme inscription « *En août 1914, 43 maisons ont été incendiées par les hordes allemandes. N'oubliez jamais* ». Un message qui appuie le statut de victime de la localité face à l'envahisseur allemand.

[100] Ainsi à Spontin, on lira « *Spontin à ses enfants* », à Yvoir « *La commune à ses enfants* », à Durnal « *Durnal à ses enfants* » et à Purnode « *Purnode à ses enfants morts pour la patrie* ».

Fig. 133. À Houx, seule une pierre fixée sur la façade de l'église rappelle l'incendie du village. *Photo Fr. Bal.*

Mais notons qu'en dehors de cette unique citation, le nom de l'ennemi n'apparaît jamais. Même à Spontin, qui a eu particulièrement à souffrir du passage des troupes allemandes, le message est à caractère extrêmement pacifique. Aucune injure vis-à-vis de l'ennemi, pas un mot pour la sauvagerie allemande. On se focalise plutôt sur la douleur et la souffrance du peuple, sans passer par la représentation de l'agressivité, voire de la barbarie guerrière. On érige pour témoigner du deuil d'une nation, en l'occurrence d'une commune ou d'un village, non pour s'abandonner à des messages de haine.

À trois reprises, un « *Souviens-toi* » ou un « *N'oubliez jamais* » sont gravés dans la pierre, interpellant le passant jusque dans sa conscience et lui laissant comme unique mission d'ancrer dans sa mémoire le passé pour un meilleur avenir.

Sur les monuments de la commune d'Yvoir, les éléments figuratifs ne sont pas nombreux. Souvent, la population s'est contentée d'un texte, d'une inscription pour immortaliser ses morts.

L'élément qui revient le plus souvent est la branche ou la couronne de laurier, « *symbole d'immortalité acquise par la victoire* »[101]. Elle incarne la reconnaissance du courage, de la vertu ou de la gloire pour les hommes commémorés et, à elle seule, leur confère un statut honorifique de surhomme, puisque cette image est souvent liée aux héros de la culture gréco-latine.

Viennent ensuite les emblèmes religieux. Bien que la loi de séparation Église-État interdise la représentation de tels emblèmes sur un monument public, on en retrouve à diverses reprises. De manière discrète et ambiguë, par une inscription latine comme à Durnal (« *Spes mea Deus* ») ou à Dorinne (« *In cruce virtus* »), ces connotations religieuses peuvent également être claires et

---

[101] J. GIROUD et R. et M. MICHEL, *op. cit.*, p. 114-115.

explicites, avec, par exemple, la présence d'une croix (à Spontin, Dorinne et Purnode), dont l'analogie avec la croix de guerre est parfois possible (à Godinne). Il s'agit ici immanquablement d'intégrer le culte à la mémoire, d'associer prières et commémoration. Présents sur les monuments ou plaques aux abords des églises, ces emblèmes le sont également ailleurs, comme à Spontin, sur la place publique, ou à Durnal, devant les écoles. Il y a ici une assimilation entre la communauté civile et la communauté religieuse. La récurrence de tels emblèmes indique l'importance de la religion dans la commémoration de la Première Guerre.

Sur la majorité des monuments également, la décoration se compose d'éléments nationaux : les plus courants sont les drapeaux, l'un de la Belgique l'autre de la Wallonie, qui se présentent de chaque côté de l'œuvre.

Seul Yvoir va plus loin, représentant le blason belge avec le lion et la couronne royale ainsi que les armoiries de la province de Namur. Il s'agit ici d'élargir le deuil à la province et même au pays entier, de replacer le village dans sa Nation et le soldat dans sa Patrie.

Enfin, de manière moins systématique, on retrouve quelques emblèmes militaires, très simples. Une épée à Yvoir, plantée à l'envers à l'instar d'une croix mortuaire, incarne bien une arme de soldat, rappelant un « *certain esprit chevaleresque et héroïque* » au service de la juste cause. À Durnal, deux fusils croisés dans une couronne mortuaire signifient sans doute que c'est la mort que provoque cette arme à feu. Un thème guerrier qui souligne le contexte de 14-18 et rappelle combien ces armes ont fait couler de sang.

Fig. 134. Sur le monument de Durnal, deux fusils sont entrelacés dans une couronne mortuaire. *Photo Fr. Bal.*

Des canons se trouvaient également à Spontin de chaque côté du monument ; ils ont été enlevés par les Allemands lors de la Seconde Guerre. Un symbole extrêmement rare, qui appuie le caractère dur de la guerre, les massacres de masse et les morts aveugles liés à ce recours au métal.

Fig. 135. Le monument aux morts de Spontin, encadré par deux canons, qui seront enlevés par les Allemands à la Seconde Guerre. *Photo A. Puffet.*

On peut donc dire qu'à l'instar des inscriptions, l'iconographie de ces monuments aux morts se veut en général pacifique, dépourvue de toute agressivité ; le but est moins d'illustrer la guerre elle-même que d'en faire ressentir et d'en transmettre les douleurs.

Plus riche en signification, le monument à statuaire de Spontin illustre très bien cette idée. Alors qu'au lendemain de la guerre, les témoignages des Spontinois sont chargés de haine et de désir de vengeance envers les « *boches* », la statuaire n'incarne qu'une simple pleureuse, un village en deuil qui déplore ses morts, martyrs et héros. La communauté ne fustige pas l'ennemi. Elle a connu trop de haine. Elle souffre et elle le clame. Ne s'adressant pas du tout à l'ennemi, elle parle à ses morts et à ses vivants, héroïsant les uns et valorisant les autres.

Qui ces monuments commémorent-ils ? Les synonymes se multiplient pour énumérer les victimes de la guerre, avec plus ou moins de nuances.

Les termes croisés le plus souvent sont « *héros* », « *martyrs* », « *déportés* » et « *soldats* ». Les thèmes s'affrontent ici entre l'héroïsme, la souffrance et le combat. Le village aime porter au statut de héros ceux qui se sont battus pour lui ou pour la Patrie, l'honorant de tout hommage et de toute gloire. Une dénomination qui veut faire de l'homme simple un homme de cœur et de courage qui n'est pas mort en vain. Quant au terme « *martyr* », il insiste sur le statut de victime du défunt, de celui ou de celle qui ne prend pas les armes et qui pourtant essuie l'affront de l'ennemi. Par contre, jamais le terme maudit « *franc-tireur* », véhiculé par les Allemands, n'est utilisé ; cela se comprend.

Enfin, on peut s'arrêter sur l'ordre choisi pour l'énumération des noms de victimes de guerre. Dans la plupart des cas, les villages d'Yvoir semblent avoir recouru à un ordre purement aléatoire. Deux fois cependant, l'inscription suit l'ordre alphabétique des noms (comme à Spontin) et une fois l'ordre chronologique des décès (à Yvoir).

Mais dans un cas comme dans l'autre, aucune autre information n'est portée sur la personne, hormis parfois l'âge, en petits caractères. Les noms se suivent selon le même modèle typographique, les uns au-dessous des autres, dans un ordre qui ne doit rien à ce que les hommes ont été dans leur vie. On leur a retiré toute singularité, les réduisant à la même expression, celle de leur nom, dans un souci d'homogénéité. Toutefois, à Spontin, on a eu soin de mettre en exergue les noms du bourgmestre et du curé, mais aussi ceux du docteur et d'un ingénieur.

Cette standardisation des noms peut aussi être perçue comme un pas vers l'égalité des hommes dans la mémoire, l'égalité dans la mort au service de la Patrie. Les caractéristiques individuelles sont effacées devant l'impossibilité de retranscrire l'histoire personnelle de chacune des personnes décédées, mais surtout pour souligner le sort commun et fatal de chacun des citoyens. Les stèles sont consacrées avant tout à l'ensemble des soldats.

La commune d'Yvoir en phase avec sa Patrie

La commune d'Yvoir, à travers ses divers monuments, ne se marginalise guère par rapport au culte du souvenir belge.

Ayant souffert face à l'ennemi, elle cherche bien à retrouver « *une identité et un avenir* »[102], à interpréter et reconstruire la réalité pour essayer de mieux comprendre et le monde qui l'entoure et elle-même. C'est en poursuivant cette quête du souvenir qu'elle écrivit dans la pierre ses douleurs et c'est pour mieux se « *relever* » qu'elle « *éleva* » des monuments. Comme ailleurs, ces obélisques ou stèles sont inaugurés dans le début des années 20 par cette génération témoin qui s'empresse de commémorer. Comme ailleurs, la commune affectionne ses morts et les baptise « *enfants* », ou dans d'autres cas « *morts* », « *soldats* », « *héros* » ou « *martyrs* ». Comme ailleurs, ses monuments sont souvent ornés de laurier pour saluer l'héroïsme ou d'une croix, élément religieux.

Par contre, si en Belgique, un des lieux de prédilection pour l'érection du mémorial se trouve être le cimetière, Yvoir n'y élèvera rien. Églises et écoles

---

[102] A. TIXHON et L. VANYPERSELE, *op. cit.*, p.1.

seront privilégiées. De même, ce ne sont pas des plaques ou des monuments à statuaires, largement majoritaires dans le pays, mais plutôt des obélisques que les villages de la commune élèvent.

Des monuments aux morts ou des monuments de vie ?

Si aujourd'hui la guerre de 14 est synonyme de massacre, violence, barbarie, c'est justement l'image que la population d'après-guerre ne veut pas garder. Bien sûr, soucieuse d'en préserver la leçon, cette génération n'en dissimule pas le souvenir, qu'elle transmet notamment par ses monuments aux morts. Mais tous les messages sont pacifiques. La haine, on a déjà donné. La population des années 20 a compris que, selon les mots d'Alphonse Daudet, « *la haine, c'est la colère des faibles* ». On enterre l'agressivité et le sang, d'une guerre qui mérite sans aucun doute son appellation de Grande Guerre, ayant laissé dans la mémoire des hommes les traces indélébiles de son horreur. Une horreur qu'on a préféré pérenniser de manière sobre et élégante par des noms gravés dans la pierre ou des figures coulées dans le bronze. On glorifie les civils massacrés, les déportés décédés, les otages fusillés ou les soldats tués au front. On relève la Belgique, on honore la Patrie.

Pour la génération des années 20, la guerre, c'est la souffrance. Et c'est cette souffrance qu'on exprime. Même si la représentation qu'elle fait du conflit n'est pas la plus proche de la réalité, elle est la plus fidèle à sa réalité. Plus qu'une volonté d'illustrer la réelle horreur de la guerre, la population cherche à exorciser ses souffrances, à éterniser le mal pour mieux le vaincre, à reconstruire son identité et son rapport au monde, à reprendre confiance en elle, et surtout en l'autre. De toute manière, « *aucune description, quelque imagée qu'elle puisse être, ne saurait donner une idée des souffrances intimes que l'on endure… jamais on ne saurait comprendre les tortures morales éprouvées* »[103]. Des tortures que l'on ne veut pas décrire, mais dont la pérennité du souvenir aide à se reconstruire. Les villages d'Yvoir, qui ont subi l'occupant, ne le figurent que très peu. Ils recourent plutôt aux mots ou aux emblèmes traditionnels pour délivrer leur message, teinté de deuil et de douleur, libéré de haine et de rancœur.

Le tout est de savoir maintenant si tous ces monuments aux morts, cris à la gloire et à l'espérance, ne seraient pas plutôt des monuments de vie…

Les témoignages écrits

Cependant - et c'est tout à fait légitime - les hommes, au lendemain de la guerre, ont quand même le cœur gonflé par la haine et le mépris. Si l'honneur leur a dicté de ne pas les graver dans la pierre, ils s'épanchent de leurs maux

---

[103] *Journées d'Août 1914 à Spontin*, Ciney, 1918, p. 13.

par la plume. Ainsi, les quelques rares témoignages écrits, respirant colère et incompréhension, contrastent avec ceux des monuments,.

Dès 1918, un Spontinois s'écrie, dans *Journée d'Août 1914 à Spontin* :

> *Pauvres chers martyrs, combien nous vous regrettons !*
> *et quel culte nous aurons toujours pour votre mémoire.*

Certains exemples permettent d'éviter de se faire une opinion excessive de la pensée d'après-guerre à partir des monuments seuls, ainsi ce "poème" de Charles Verhoost écrit en 1918 :

> *Honte à jamais et opprobre éternel à l'Allemagne !*
> *Éternelle reconnaissance aux Justiciers de nos martyrs, aux glorieux vengeurs de nos veuves et de nos orphelins, de nos foyers et de nos autels !*
> *Salut, honneur et triomphe aux armées héroïques et à leurs chefs de génie !! pour la resplendissante liberté enfin reconquise.*

Le plus violent est le réquisitoire en vers "Aux boches" écrit par le bourgmestre de Durnal, Edmond Capelle (fig. 65), mais cela s'explique sans doute par le fait qu'il a été écrit aux lendemains des massacres du 23 août 1914. Il n'est publié qu'en 1918.

Analyse des divers monuments

Spontin

Le monument de Spontin est situé entre le Bocq et le château, le long de la route principale et près de la gare, c'est-à-dire, à un endroit bien dégagé et de grand passage. Ce choix ne semble pas avoir fait l'objet de discussions enflammées, le cimetière étant trop à l'écart et la place du village trop exiguë.

La plupart des victimes ont été enterrées dans le cimetière de Spontin le lendemain du 23 août, de façon provisoire. Le transfert dans les caveaux de famille ne s'est fait que plus tard. De même pour les fusillés de Dorinne, enterrés dans une fosse commune au cimetière de l'endroit. Sur les stèles, une allusion explicite est souvent faite aux faits de guerre : « *victime du 23 août 1914* », « *tragiquement décédée le 23 août 1914* », « *à la pieuse mémoire de V. D., tombée innocente victime le 23 août 1914* »... Rapidement (avant 1919), un cénotaphe en l'honneur de ces victimes y est également placé, en attendant la construction du monument aux morts.

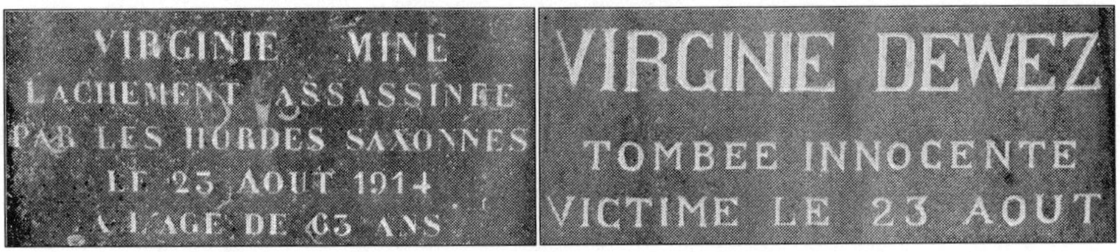

Fig. 136-137. Au cimetière de Spontin, la rhétorique peut s'avérer plus agressive ou plus apaisée. *Photos J. Germain.*

C'est aussi probablement entre 1918 et 1920 qu'est décidée la construction d'un monument commémoratif, pour remplacer ce cénotaphe provisoire, qui a d'ailleurs disparu aujourd'hui. C'est le Conseil communal qui prend la décision d'élever un monument aux morts, d'où l'inscription « *Spontin à ses enfants* »; c'est également la commune qui en finance l'érection.

Fig. 138. Le monument aux morts de Spontin, avec le bourgmestre et le curé (au centre), le "monumentiste" Henri Warolus à gauche, tous les ouvriers et jardiniers. *Photo A. Puffet.*

En ce qui concerne les artistes, ils sont plusieurs à s'être concentrés sur l'œuvre commémorative de Spontin. La grande architecture sur laquelle figurent les différentes inscriptions est due au talent du « monumentiste » Henri Warolus, tailleur de pierre, dont le nom est gravé à l'arrière de l'édifice (Warolus de Spontin). L'œuvre centrale, appelée dans différentes sources « la pleureuse », a été confiée au statuaire bruxellois Eugène Canneel et au sculpteur Joseph François[104].

On ignore le nombre de mois qu'a requis ce travail de longue haleine à ces ouvriers expérimentés dans la taille de la pierre ; il est en tout cas terminé pour l'été 1922.

Eugène Canneel. Sculpteur et statuaire né à Saint-Gilles en 1882. Il est le frère de Jean (sculpteur réaliste évoluant vers l'expressionnisme), de Jules (peintre post-impressionniste et caricaturiste) et Marcel (peintre paysagiste post-impressionniste) Canneel. Il fut élève à l'Académie de Bruxelles, notamment de Cluysenaar, de Tombay et de Dillens.

Son art est élégant et souple cherchant un équilibre entre la représentation classique et la représentation romantique de la joie de vivre. En 1928, Conrardy dit de lui « *Canneel surtout comprit l'enfant. C'est avec bonheur qu'il a rendu les moindres rythmes de la joie enfantine, qu'il a fixé dans la matière l'âme même du jeune âge* ».

Auteur de bustes féminins, de statues et statuettes d'église ou encore de monuments commémoratifs de la guerre 14-18 dont celui de Woluwe-Saint-Lambert ou, dans notre cas, de Spontin[105].

Le monument à statuaire est haut de plus ou moins 5,50 m sur 3,60 m de large, il est au départ entouré d'un grillage et de deux canons (que les Allemands vont retirer lors de la Deuxième Guerre). Réalisé en pierre, il est composé de six plaques imbriquées portant le nom des victimes de guerre et il comprend une statuaire comme œuvre centrale.

L'unique élément figuratif que l'on y trouve est situé au sommet du monument. Il s'agit d'une simple croix, un emblème religieux.

Du point de vue de la symbolique, on doit souligner le peu d'agressivité dans la statuaire et dans le message. Pas un mot sur la sauvagerie allemande. Aucune représentation des victimes civiles, ni des quelques soldats tués sur le front.

---

[104] La maquette de la statue, d'abord réalisée en plâtre, a été conservée durant de nombreuses années à l'école communale.

[105] Cf. *Dictionnaire biographique des artistes belges, de 1830 à 1970*, Bruxelles, Arto, 1978 ; W. PAS, *Arto Dictionnaire biographique, arts plastiques en Belgique*, Anvers, Gulden Roos, 20002.

Fig. 139. Le monument aux morts de Spontin, plein de retenue et de dignité, dominé par la statue de la femme réalisée par E. Canneel. *Photo G. Focant.*

La statue centrale incarne une femme en grandeur nature ou presque. Elle est debout, simple, drapée, la tête couverte et penchée légèrement sur le côté. Sa main gauche, abandonnée le long de son corps, renferme une couronne de laurier, seul aspect glorieux de cette pleureuse aux yeux clos, perdue dans la peine et la compassion. Ce n'est pas la patrie tout entière que l'effigie incarne, mais seulement le village martyrisé qui ne veut et ne peut oublier.

Quant aux inscriptions enfin, elles se veulent ordinaires, quoique la simple énumération de tant de noms en rapport avec le massacre du 23 août soit déjà émouvante.

Le nombre de victimes civiles à Spontin fait toujours débat : 43, 44 ou 46 ? Sur le monument aux morts, sont finalement repris 46 noms ; se sont ajoutés ceux de Jules Poncin, décédé à la rue de la Grêle Dinant le 23 août, et de Clémence Mine, décédée à Spontin le 30 août des suites du massacre. On ignore si ces ajouts tardifs ont fait débat.

De chaque côté de la jeune femme, un simple « *Spontin à ses enfants* », plein de retenue et de dignité. Au-dessus à gauche et à droite, le nom et l'âge des martyrs du 23 août 1914 par ordre alphabétique. La plaque centrale supérieure rappelle le nom des héros de la guerre, d'abord les trois soldats morts au front, ensuite les notables fusillés, auxquels viendront s'ajouter ceux de 40-45.

L'inauguration a lieu le 6 août 1922 devant tout le village rassemblé et une foule estimée à au moins 5000 personnes, en présence de nombreuses autorités civiles et militaires dont le général Hanoteau, représentant S.M. le Roi, le lieutenant colonel Lallemand, délégué du ministre de la Défense nationale, M. Le Boulengé, haut commissaire aux Régions dévastées dont dépend alors Spontin, Maurice Fondaire, bourgmestre, etc.

PROGRAMME

A 10 heures.
Grand'Messe Solennelle et Sermon
par l'Aumônier Militaire BONJEAN.

A 14 heures.
Formation du Cortège, (route de Dorinnes.

A 15 h. 1/2.
INAUGURATION DU MONUMENT

A 17 heures.
Réception des Autorités et des Délégations à la maison communale.

A 18 heures.
GRAND CONCERT
sur la place communale
par les Sociétés Etrangères.

DES TRAINS SPÉCIAUX
seront mis en marche entre Spontin-Ciney, Spontin-Yvoir et Ciney-Havelange.

Ordre du Cortège

1. Cavaliers.
2. Le Drapeau Belge.
3. Les enfants des écoles avec drapeaux.
4. Les Veuves et Orphelins.
5. Les Autorités.
6. Musique militaire.
7. Groupe d'Anciens Combattants.
8. Fanfares de Chevetogne.
9. Gymnastes de Ciney.
10. Fanfares de Aye.
11. Déportés.
12. Fanfares de Hamois.
13. Jeanne d'Arc (représentant la France).
14. Miss Cavell.
14. Gabrielle Petit.
16. Fanfares de Schaltin.
17. Chorale de Schaltin.
18. Chorale Saint-Remacle, Purnode.
19. Anciens militaires d'Yvoir.
20. Fanfares de Spontin.
21. « Les Troubadours du Bocq », Spontin.

Le Comité Organisateur.

Fig. 140. Programme de l'inauguration du monument. *Coll. privée.*

Voici quelques extraits du récit réalisé avec la solennité qui sied à l'époque à un tel évènement, par le journaliste cinacien dépêché sur les lieux[106] :

> Dimanche dernier, se déroulait à Spontin, joli village perdu dans la verdure, véritable joyau de la vallée du Bocq, une imposante manifestation patriotique, à l'occasion de l'inauguration du Monument élevé en souvenir des 46 victimes de la guerre et des 3 soldats tombés au champ d'honneur. (...)
>
> La nouvelle et magnifique église avait revêtu ses atours de fête et paraissait vraiment fière de contenir cette foule recueillie et pieuse. (...)
>
> Le cortège fut splendide : plus de trente groupes importants s'alignaient en ordre parfait, drapeaux claquant au vent, entre les deux haies que formaient les spectateurs accourus de tous les coins de la région. (...) Le groupe des veuves et des orphelins, dans leur simplicité de deuil et leur grandeur de sacrifice, était le

[106] *Journal du Canton de Ciney* n° 33 du 13 août 1922.

plus impressionnant. (...) La musique militaire du 19e de ligne, scandait le pas, aidée des sociétés de musique (...) N'oublions pas le clou du cortège : Jeanne d'Arc, dans son armure guerrière, représentant la France ; Miss Cavell, dans sa simplicité d'héroïne obscure, représentant l'Angleterre ; et Gabrielle Petit, dans sa noble tenue de deuil, notre martyre nationale, représentant la Patrie. (...)

Le cortège arriva non sans peine au pied du monument où la foule s'était tassée. Et c'est dans ce décor magnifique, au milieu de ces milliers de personnes, qu'eut lieu la cérémonie émouvante de la bénédiction du Monument, donnée par M. le Curé de Spontin. Les autorités montèrent sur la tribune leur réservée et plusieurs d'entre elles prononcèrent de magnifiques discours. (...)

Les discours terminés, les autorités furent reçues à la maison communale pendant que, lentement, la foule se dispersait ... regrettant de quitter ce beau et symbolique Monument.

Fig. 141 et 142. Deux vues de la foule assistant à l'inauguration du monument aux morts de Spontin le 6 août 1922. *Coll. privée.*

Pour le village, pour les familles des victimes, le travail de deuil s'achève ainsi avec l'inauguration du monument aux morts et cette journée forte en émotions.

Reste le travail de mémoire, perpétué par les manifestations patriotiques qui se déroulent chaque année – le 23 août généralement – depuis 100 ans. Spontin n'oublie pas, Spontin ne peut oublier.

Dorinne

Le monument de Dorinne s'élève sur la place de l'église, lieu à connotation fortement religieuse qui a comme avantage de regrouper régulièrement les fidèles.

L'érection du monument aux morts est décidée le 30 novembre 1921. Moins d'un an plus tard, le 8 octobre 1922, le monument est inauguré.

Le conseil communal ayant décidé de la construction d'un monument dédié aux morts de la Grande Guerre en 21, se constitue un comité, présidé par l'abbé Servais, qui organise une souscription auprès des habitants. L'administration communale accorde elle-même deux subsides de 500 francs belges.

Les exécuteurs de l'œuvre sont Émile Demoulin, entrepreneur à Dorinne, Léon Laloux, et Auguste Neuvens, lesquels sont bénévolement aidés par les membres de l'union sportive.

Il s'agit d'un monument haut de plus ou moins 3 m sur 5 m de largeur, qui monte en strates successives pour pointer vers le ciel, dans le genre de l'obélisque. Il est réalisé en pierres, lesquelles sont fournies par les carrières des Nutons à Spontin. À ses côtés, deux gros canons symbolisaient l'antique veille des soldats à Dorinne, mais ces emblèmes militaires ont aujourd'hui disparu, enlevés par l'envahisseur allemand durant la Seconde Guerre et laissant alors au monument une symbolique essentiellement religieuse : une croix, comme unique emblème, surplombe l'immense bloc de pierre et est soulignée par une indiction latine, « *In cruce virtus* ». Le monument est rude, lourd, la croix est massive : le bloc solide renvoie au poids de la peine. Le drapeau de la Wallonie accompagne aussi l'obélisque, donnant au monument opaque une note officielle.

Ce sont aux inscriptions que la plus grande attention doit être accordée. Le schéma de la phraséologie reste somme toute traditionnel, « *Dorinne à ses héros et à ses martyrs : 1914-1918* ». S'ensuit la liste des déportés, emmenés en captivité, combattants et prisonniers politiques, chaque fois classés par ordre alphabétique. Il y a donc ici une volonté de distinguer les différents statuts des défunts, de souligner les différentes situation de ces hommes dans la guerre. Une indication sort de la masse, précisant « *À la glorieuse mémoire de…* » et accolant aux noms des victimes leur âge, le date précise et le lieu de leur chute. Il s'agit sans doute de personnages aux fonctions plus importantes dans le village.

Après la Seconde Guerre mondiale, les noms des combattants coloniaux, des réfractaires et des déportés seront ajoutés au monument.

Fig. 143. Le monument aux morts de Dorinne, particulièrement massif. *Photo Fr. Bal.*

Yvoir

Le monument dédié aux victimes de la guerre 14-18 à Yvoir est adossé au mur de l'école des garçons. Cet emplacement ne semble pas très judicieux, faisant face à la rue, avec un étroit trottoir comme seul espace pour s'y recueillir. Mais il a dû être considéré comme idéal par la génération d'après-guerre, en symbolisant le lien entre le passé et l'avenir.

Son érection est décidée dès 1919 par l'administration communale. La récolte des fonds s'étend jusqu'en 1923, année où des plans sont dressés. C'est finalement en 1924 qu'a lieu l'inauguration du monument, en présence de nombreuses autorités[107].

L'auteur intellectuel de ce monument est la commune. Une commission confie à M. Henry la charge de recueillir des souscriptions, ce qu'il fait en organisant une fête patriotique dans le quartier de la gare en 1921. La commune subventionne le solde (les travaux sont estimés à 13.000 fr.)

Les plans vont être dressés par l'architecte Dony, tandis que l'exécution est confiée à M. Goblet, entrepreneur d'Yvoir et à Henri Warolus, sculpteur « monumentiste » de Spontin.

Le monument se présente sous la forme d'un triptyque de 6 mètres de long. Sur le panneau central, on retrouve des emblèmes nationaux : le blason de la Belgique avec le lion, intercalé entre la couronne royale et une couronne de laurier. En dessous, la plaque reprend, dans un ordre chronologique, le nom et la date de décès des « *soldats morts pour la Belgique* ». Ces noms et dates s'articulent autour d'une épée dont l'extrémité concerne deux morts de la Seconde Guerre.

Fig. 144. L'énigmatique éléphant sur le monument aux morts d'Yvoir. *Photo Fr. Bal.*

[107] J. BRILOT, *op. cit.*, p. 47.

Le panneau de gauche est quant à lui consacré à l' « *Honneur* ». Les noms des fusillés y sont gravés, dans un ordre alphabétique avec préséance de la seule femme ainsi séparée de son fils. Un éléphant est représenté, curieusement sur le même plan que les deux armoiries. En réalité, l'éléphant est l'emblème du Syndicat d'Initiative et du Tourisme d'Yvoir à cette époque, qui choisit sans doute d'illustrer de la sorte les « *défenses d'Yvoir* ». À gauche du panneau, un flambeau, flamme de la victoire ou de l'espoir. En bas, on retrouve les noms des prisonniers politiques.

Enfin, la troisième partie de ce monument, à droite, est plus ordinaire. « *Patrie* » en est le mot d'ordre. Un seul nom est ici indiqué, celui d'un « *mort des suites de sa déportation* », sous les armoiries de la province de Namur. Le bas du panneau est consacré à la mémoire de quatre victimes civiles. En grand, l'inscription « *Commune à ses enfants* » souligne le rapport de filiation entre Yvoir et ses habitants.

Ce monument revêt une connotation plus nationale qu'ailleurs, d'autant que les drapeaux belge et wallon l'accompagnent. Le thème n'est ni guerrier ni religieux. On insiste ici sur la juste cause défendue par les soldats (Patrie, honneur) et sur la souffrance du village dans et au lendemain de la guerre (fusillés, prisonniers, déportés).

Fig. 145. Le monument aux morts d'Yvoir, avec ses trois registres. *Photo Fr. Bal.*

Évrehailles

Ce n'est qu'après la Seconde Guerre mondiale que la commune d'Évrehailles fait ériger un monument à la mémoire des anciens combattants et prisonniers des guerres de 1914-1918 et 1940-45. Il est construit à l'emplacement du cimetière désaffecté, à gauche de l'église.

Il est en lui-même particulièrement prenant, réalisé dans un esprit autre que ceux des villages avoisinants. Le monument, inauguré seulement en 1953, représente la silhouette taillée dans le petit granit, de manière extrêmement expressive, d'un soldat belge tombé pour la patrie, et dont le bras repose sur la croix et le clocher d'Évrehailles; il est toutefois difficile de savoir s'il s'agit d'un soldat de la Première ou de la Deuxième Guerre mondiale. « *Il rappelle le raidissement du héros gisant sur le champ de bataille* »[108].

Les noms des défunts des deux guerres sont séparés ; pour ceux de 14-18, une distinction est faite entre les victimes militaires et civiles, mais de façon non explicite.

Fig. 146. Le soldat couché protégeant de sa main le village et l'église d'Évrehailles. *Photo Fr. Bal.*

[108] J. BRILOT, *op. cit.*, p. 44.

Mont-Godinne

Le petit village de Mont-Godinne n'érige son monument consacré aux victimes des deux guerres qu'en 1974. Il est situé au centre de la localité, à proximité du cimetière. Le côté gauche est réservé aux morts de 1914-18, sans distinction des civils et des soldats.

Purnode

Le monument aux morts de Purnode, dont l'emplacement a été choisi près des écoles, a été inauguré en 1969. Ce n'est en effet qu'en 1959 que les mouvements patriotiques introduisent une demande au Conseil communal pour solliciter l'érection d'une stèle commémorative, très sobre au demeurant et sans aucun nom.

Auparavant cependant, une plaque, complètement abandonnée aujourd'hui, avait été fixée sur le mur extérieur de l'église, conçue à l'occasion du centenaire de la Belgique en 1930. Elle mesure environ 1,50 m sur 70 cm de largeur. Elle ne comprend que peu de texte, un simple « *Purnode à ses enfants morts pour la Patrie* » suivi de deux colonnes reprenant les noms d'un combattant et des déportés, dans un ordre aléatoire. Un motif végétal fait office d'un cadre latéral et une croix précède l'inscription.

Houx

Deux plaques de pierre ont été scellées dans la façade extérieure de l'église en 1921. C'est l'administration communale qui finance l'entreprise ; les lettres sont gravées par M. Puissant.

La première plaque, à gauche de l'entrée, a pour texte « *Chapelle de Houx. Mort pour la patrie, Étienne de Lhonneux, tombé au champ d'honneur le 18 octobre 1918. Souvenez-vous* ».

La seconde, à droite de l'entrée, ne commémore pas des hommes, mais ce qu'ils ont vécu : « *Commune de Houx. En août 1914, 43 maisons du village furent incendiées sans motif par les hordes allemandes. N'oubliez jamais* ». Cette citation est l'unique dans la commune à reprendre le nom de l'ennemi.

Il peut sembler étrange que seules ces deux stèles commémorent la guerre de 14, étant donné le sort tragique réservé à Houx. Cette singularité s'explique sans doute par le fait que la localité est modeste dans sa population et son espace.

Durnal

L'emplacement aux morts de Durnal a posé problème. La décision de la construction du monument remonte à 1919. Malgré les débats relatifs au lieu de son érection, entre la Commission des monuments et sites et les habitants du village, le projet et les travaux sont rapidement menés, puisque le 18 août de la même année, le monument est inauguré sur l'emplacement controversé, devant les écoles.

C'est la Commission des monuments et sites qui supervise et finance les projets. Les plans sont dressés par l'architecte Puissant de Namur[109].

Le monument s'élève sur une hauteur d'au moins 3 m pour une largeur de plus ou moins 1,50 m. Il est bâti sur un amas de pierres qui le surélève encore d'un mètre au moins. Le haut du monument comprend quelques inscriptions « *Août 1919* » - *Spes mea Deus* » - « *Souviens toi des braves tombés au champ d'honneur, 1914-1918* » suivies du nom des quatre victimes. Un message qui souligne la cause défendue mêlée à la douleur.

Fig. 147. Le monument aux morts de Durnal dans son état primitif. *Coll. privée.*

Sous le texte, deux armes à feu se croisent dans une couronne mortuaire. Emblèmes militaires qu'on ne trouve qu'à Durnal. Ils rappellent que le métal froid fit couler du sang chaud. Après la Seconde Guerre, une plaque centrale est ajoutée.

Enfin, comme un signe d'affection, on trouve une sobre inscription « *Durnal à ses enfants* ».

Godinne

Outre la plaque commémorative des soldats de la paroisse « *Morts pour la patrie* » située dans l'église, un monument aux morts est érigé sur la place de l'église.

[109] J. BRILOT, *op. cit.*, p. 44.

C'est un comité composé d'anciens combattants qui en prend l'initiative en 1930. Tout de suite, l'emplacement du monument donne lieu à des débats passionnés. L'administration communale s'oppose en effet au choix du comité, prétextant qu'en étant placé près de l'église, le monument acquiert une indéniable signification religieuse et que de plus l'endroit trop retiré ne permet pas la vue habituelle du monument, excepté aux personnes d'obédience catholique. Le comité fait fi de ces considérations, allant jusqu'à se priver des subsides de la commune. Il organise une souscription auprès des habitants et récolte 7000 fr., soit presque la moitié du budget. Il fait appel, pour réaliser l'œuvre, à l'architecte Coppe, dont le nom est gravé dans la pierre. L'inauguration a finalement lieu le 30 novembre 1930.

Contrairement aux autres monuments de la commune, celui de Godinne s'organise dans la longueur et non pas dans la hauteur. Réalisé dans la pierre, le motif est très simple mais élégant. Pour tout symbole, le monument comprend une croix, dont l'analogie avec la croix de guerre est possible[110]. Un texte est gravé dans la pierre « 1914-1918 ». À gauche, une première plaque reprend « À nos soldats », indication suivie des noms dans un ordre alphabétique. À droite c'est aux déportés que la plaque rend hommage.

Fig. 148. Le sobre monument aux morts de Godinne, proche de l'église. *Photo Fr. Bal.*

[110] J. Brilot fait allusion à un casque et une palme en bronze, mais ces éléments ne figurent plus sur le monument et semblent avoir également disparu de la mémoire collective.

Épilogue

On ne sort pas indemne de l'écriture d'un ouvrage sur la guerre.

Pas d'une guerre comme celle-là, d'une guerre faite à des civils, presque gratuitement, de façon irréfléchie en tout cas, quasi compulsive. Une guerre à des civils innocents, qui sont des parents, des grands-parents, des oncles, des voisins, d'autres visages encore que nous avons croisés dans notre enfance à Spontin et qui nous restent familiers malgré la distance. Et ils ne nous ont presque jamais rien dit ! Maman qui avait cinq ans et demi à l'époque, qui s'est retrouvée dans la cave avec son père et ses sœurs, puis arrêtée par les soldats à la Rochette, ne nous en a jamais parlé.

En m'attelant à la tâche il y a quelques mois, je croyais connaître le sujet. Au fur et à mesure de l'avancement du travail, au fur et à mesure de la découverte de ces nombreux récits, tous plus horribles les uns que les autres, je me suis rendu compte que je n'en connaissais finalement que très peu, la pointe de l'iceberg tout au plus.

La machine à remonter le temps est un fantasme. Je l'ai testée pourtant. Ce n'est pas venu tout de suite, mais inconsciemment j'ai actionné le mécanisme. L'immersion dans les témoignages, dans les récits, dans les photos ou les gravures. Progressivement, je me suis retrouvé dans les rues du village il y a cent ans, j'ai croisé des gens, des noms, des visages. J'ai imaginé leur désarroi. J'ai vu des cadavres étendus dans le fossé, en sang ou carbonisés.

Et ce qui devait arriver arriva. Une nuit, dans mon rêve, je me suis retrouvé moi-même emmené vers Dorinne, bousculé, frappé, aligné contre un mur, retrouvé le dixième dans le décompte infernal… Une mort qui n'est jamais venue, du moins avant l'aube.

Spountine kaputt ! Pourquoi Spontin ? Pourquoi notre village, alors que les Allemands multipliaient des menaces semblables contre les villages des environs ? Le nom du village se trouvait-il sur leur carte ? Respirait-il à leurs yeux le bonheur et la joie de vivre ? Les habitants avaient-ils des « liards » et pouvait-on donc les rançonner, les piller ? Les soldats de réserve en retrait du combat s'ennuyaient-ils ? Leurs officiers devaient-ils les occuper et les motiver au combat sans trop de risques ? Étaient-ils embarrassés parce qu'on les avait bien accueillis ? Étaient-ils vexés d'avoir été arrêtés à Dinant le 15 août ? Faisait-il chaud et le vin était-il facile à boire mais difficile à digérer ?

Qui le saura jamais ? Le savent-ils eux-mêmes ?

C'est du passé bien sûr. Un passé lointain, mais finalement encore si proche. Un passé qui se répète encore aujourd'hui, quelque part ailleurs mais quelque part quand même.

Non, décidément, on ne sort pas indemne d'une telle descente aux enfers.

JG

Sources et bibliographie*

1. Sources

Les sources utilisées ne proviennent que de l'espace belge. Les sources militaires allemandes n'ont pas été consultées faute du temps nécessaire ; elles l'ont été toutefois dans des publications plus générales reprises dans la bibliographie ci-dessous. La destruction des sources communales de Spontin antérieures au 23 août 1914 par les troupes allemandes a créé une lacune dans le corpus de sources utilisables quant à l'étude de la localité ; même après cette date, les archives restent peu développées en raison de l'incendie de la maison communale et du village, au contraire de celles de Durnal qui ont été parfois utilisées.

Le travail repose majoritairement sur les recherches menées par le chanoine Jean Schmitz et dom Norbert Nieuwland concernant l'étude du village, tout en apportant d'autres éléments issus d'institutions ou témoignages, comme ceux provenant du Ministère des Affaires étrangères, des Commissions d'enquête, ou du Conseil communal de Spontin.

1.1. Sources inédites

Archives Générales du Royaume, Fonds des archives de la Commission d'enquête sur la violation du droit des gens, des lois et des coutumes de guerre, 1914-1926, n° 487, 491.

Archives Générales du Royaume, Fonds des régions dévastées, n° 11879, 11880, 11881.

Archives de l'État à Namur, Fonds Schmitz, n° 1, 6, 21, 26, 27, 46, 47, 52.

Archives de l'État à Namur, Fonds des Communes contemporaines : Spontin, n° 61, 62, 65, 118, 121, 249.

Archives de l'Évêché de Namur, Fonds Schmitz, n° 96, 103, 105.

Ministère des Affaires Étrangères du Royaume de Belgique, Fonds Première Guerre mondiale, dossiers CLB 298/1 et 324/1, 13, 18.

1.2. Sources éditées

La Belgique martyre. Les atrocités allemandes. Journal publié à Charleroi par Édouard François. 1918 sv., 23 numéros (les n° 7 et 8 concernent Spontin).

BOODTS, G., *Évrehailles … un jour … toujours … 868-1987*, Dinant, 1987, p. 129-138

* Bibliographie des sources établie par B. Schraverus et complétée par J. Germain.

BRILOT, J., *L'entité d'Yvoir au XXe siècle*, t. III, Dinant, 2004, p. 186-206.

COCHART, R., *Durnal*, Archives et mémoire collective, 1992, p. 221-236.

Commission d'enquête sur les violations des règles du droit des gens, des lois et des coutumes de la guerre, *Rapports sur les attentats commis par les troupes allemandes pendant l'invasion et l'occupation de la Belgique*, t. I : *Rapports et documents d'enquête*, vol. 1, Bruxelles-Liège, 1922.

D'ARS, L.C.M. et D'ARS, A.G., *Les atrocités allemandes dans la province de Namur. Andenne*, Anvers, Impr. Opdebeek, 1919 (Coll. «La Belgique héroïque et martyre», n° 27), p. 50-54 [Spontin]. – Accessible sur le site http://www.eglise-romane-Tohogne.

D'ARS, L .C.M. et D'ARS, A.G., *Les atrocités allemandes dans la province de Namur*, Anvers, Impr. Opdebeek, 1919 (coll. «La Belgique héroïque et martyre», n° 29), p. 1-6 [Évrehailles, Dorinne, Yvoir]. - Coll. Patrick Hilgers.

[GÉRARD, Ed.], *Spontin l'assassinée*, Dinant, *Les Publications « Dionantensis »*, 1919 (Coll. Le cri des martyrs : enquêtes officieuses sur les brigandages allemands en Belgique lors de l'invasion d'août 1914, 16-17).

GERMAIN, J. et GENETTE, L. (éd.), *Spontin d'eau et de pierre. Un village millénaire au centre de la Wallonie*, 2 vol., Spontin, 2004.

HAYOT, F., *Spontin. Journées d'août 1914*, dans le *Liber memorialis* de la paroisse de Spontin, p. 176-185. – Dinant, 1919.

Journal du canton de Ciney, n° 33, 13 août 1922.

MAHOUX, J. et al., *Liber Memorialis*, Spontin, 1915 sv.

SCHMITZ, J. et NIEUWLAND, N., *Documents pour servir à l'invasion allemande dans les provinces de Namur et du Luxembourg*, t. IV : *Le combat de Dinant*, vol. 1 : *La conquête de la Meuse*, Bruxelles-Paris, 1921, p. 96-125 (Spontin), 126-156 (autres villages de l'entité d'Yvoir).

VERHOOST, C., *Journées d'août 1914 à Spontin*, Ciney, Impr. Latour-Beugnies, 1918.

2. Monographies et ouvrages de référence

AMARA, M., D'HOOGHE, V. et VANDEN BOSCH, H., *Guide des sources de la Première Guerre mondiale en Belgique*, vol. 1, Bruxelles, 2010.

AMARA, M., JAUMAIN, S., MAJERUS, B. et VRINTS, A. (dir.), *Une guerre totale ? La Belgique dans la Première Guerre mondiale. Nouvelles tendances de la recherche historique*, Bruxelles, 2005.

AUDOIN-ROUZEAU, S. et BECKER, A., *14-18. Retrouver la guerre*, Paris, 2000.

AUDOIN-ROUZEAU, S. et BECKER, J.-J., *Encyclopédie de la Grande Guerre*, Paris, 2004.

BECKER, J.-J., « Le conflit était-il inévitable », dans *1914-1918, la Grande Guerre*, Paris, 2003 (Les Collections de l'Histoire, n° 21).

BODART, E., CLAES, M.-C. et TIXHON, A. (dir.), *Namur à l'heure allemande 1914-1918 : la vie quotidienne des Namurois sous l'Occupation*, Namur, PUN, 2010.

BUCHOLZ, A., *Moltke, Schlieffen, and Prussian War Planning, Providence, R.I.,* Berg, 1991.

CLAISSE, St., *Du soldat inconnu aux monuments commémoratifs belges de la guerre 14-18,* Bruxelles, Académie royale de Belgique, 301 p., ill.

COCHET, F. et PORTE, C., *Dictionnaire de la Grande Guerre 1914-1918,* Paris, 2008.

COLEAU, M., KELLNER, M., SCARNIET V. et TIXHON, A., *Dinant. Août 1914. Les rives sanglantes,* Dinant, 2014.

COLLIGNON, J.-M., *Répertoire Meuse-Moselle,* XVII : *1914-1918. Contexte et commentaire,* Namur, 1994.

CONRAADS, D. et NAHOÉ, D., *Sur les traces de 14-18 en Wallonie. La mémoire du patrimoine,* Namur, Institut du Patrimoine Wallon (IPW), 2013. « Le sang des civils (août 1914), p. 73-130 (Spontin, p. 129).

CRON, H., *Imperial German army 1914-18. Organisation, structure, order-of-battle,* Solihull, 2002, p. 309-311.

DELMOTTE, E., *De nos villages (Arbre, Bois-de-Villers, Lesve, Lustin, Profondeville, Rivière) en 14-18,* Impr. Doneux, 2013.

HORNE, J. et KRAMER, A., *1914. Les Atrocités allemandes. La vérité sur les crimes de guerre en France et en Belgique.* Trad. de l'anglais par H.-M. BENOÎT, Paris, Texto, 2011.

KEEGAN, J., *La Première Guerre mondiale,* Londres, 1998.

LIPKES, J., *Rehearsals: the German army in Belgium, August 1914,* Louvain, 2007.

MOMBAUER, A., *Helmuth von Moltke and the Origins of the First World War,* Cambridge, 2001.

MOMBAUER, A., *The Origins of the First World War: Controversies and Consensus,* Londres, 2002.

NOUSCHI, M., *Petit atlas historique du XIXe siècle,* Paris, 2008.

NOUSCHI, M., *Petit atlas historique du XXe siècle,* 5e éd., Paris, 2010.

ROCHET, B. et TIXHON, A. (dir.), *La petite Belgique dans la Grande Guerre : une icône, des images. Actes du colloque de Namur 24-27 novembre 2010,* Namur, PUN, 2012.

SÉBASTIEN, P. (éd.), *1914-1918. Le Dieu de la guerre. Religion et patriotisme en Luxembourg belge,* Bastogne, Musée en Piconrue, 2013, 190 p., ill.

STRACHAN, H., *La Première Guerre mondiale,* s.l., 2005.

TALLIER, P.-A. et VANNÉRUS, J., *Inventaire des archives de la Commission d'enquête sur la violation des règles du droit des gens, des lois et des coutumes de la guerre (1914-1926),* Bruxelles, 2001 (AGR. Inventaires, 298).

TASNIER, M. et VAN OVERSTRAETEN, R., *La Belgique et la guerre,* t. III, Bruxelles, 1926.

TIXHON, A. et VAN YPERSELE, L., « Du sang et des pierres. Les monuments de la guerre 1914-1918 en Wallonie », dans *Cahiers d'histoire du temps présent,* n°7, Bruxelles, 2000, p. 83-125.

TIXHON, A. et DEREZ, M. (dir.), *Villes martyres : Belgique/août-septembre 1914 (Visé, Aerschot, Andenne, Tamines, Dinant, Louvain, Termonde)*, Namur, PUN, 2014.

VAN CRANENBROECK, Y., « L'Empereur et l'Abbesse. Une visite étonnante à l'abbaye de Maredret le 23 juin 1916 », dans *Musée en Piconrue*. Périodique trimestriel du Musée en Piconrue (Bastogne), n° 112, 4e trimestre 2013, p. 75-79 et n° 113, 1er trimestre 2014, p. 11 sv. (publication toujours en cours).

VAN YPERSELE, L. (éd.), *Imaginaires de guerre : l'histoire entre mythe et réalité. Actes du colloque, Louvain-la-Neuve, 3-5 mai 2001*, Louvain-la-Neuve, Presses universitaires de Louvain, 2003.

3. Sitographie

D'ARS, A.G. et D'ARS, L.C.M., *Les atrocités allemandes dans la province de Namur*, Andenne, 1919 (coll. «La Belgique héroïque et martyre»), p. 3-7, dans ÉGLISE-ROMANE-TOHOGNE, http://www.eglise-romane-tohogne.be/ environs/images/ atrocites allemandes province namur grande guerre. pdf (consulté le 18/2/2013).

Bel-Memorial, *Commune de Spontin, monument aux morts des deux guerres*, http://www.bel-memorial.org/cities/namur/spontin/spontin mom.htm (consulté le 27/2/2013).

Comité International de la Croix-Rouge, *Droit International Humanitaire. Traités & textes Convention (IV) concernant les lois et coutumes de la guerre sur terre et son Annexe: Règlement concernant les lois et coutumes de la guerre sur terre. La Haye, 18 octobre 1907*, http://www.icrc.org/dih.nsf/full/195 (consulté le 10/12/2012).

Site internet de Maredret, www.19141918.maredret.be (consulté le 13/04/2014).

MOERENHOUT, A., *Monument aux morts Spontin*, dans *Traces of War*, http://en.tracesofwar.com/article/24609/War-Memorial-Spontin.htm (consulté le 17/03/2013).

VON HAUSEN, M., *Souvenirs de la campagne de la Marne en 1914*, http://1914ancien.free.fr/hausen01.htm (consulté le 10/12/2012).

Critique des sources

Le Fonds Schmitz

La majorité des sources utilisées dans le cadre de cet ouvrage proviennent du fonds du Chanoine Schmitz, conservé en deux parties, aux Archives de l'État à Namur et aux Archives de l'évêché de Namur.

Le chanoine Jean Schmitz, né le 3 août 1877 à Beho, étudie au séminaire de Bastogne et est rapidement engagé à l'évêché de Namur, en tant que secrétaire. Il est ordonné prêtre en 1899. Durant la Première Guerre mondiale, il assiste l'évêque Mgr Heylen. Le cardinal Mercier lui commande une enquête concernant les massacres perpétrés à l'égard des civils par l'armée allemande dans les provinces de Namur et de Luxembourg. Un grand nombre de témoignages sont dès lors récoltés par Schmitz ainsi que dom Norbert Nieuwland, un moine de l'abbaye de Maredsous[111].

Leur ouvrage est publié en huit volumes, répartis entre 1919 et 1925. Schmitz n'est pas à proprement parler un historien ; cependant, son travail à l'évêché l'amène à gérer les documents comptables du diocèse, à s'occuper de la correspondance, etc., mais surtout à s'occuper des archives de l'épiscopat namurois. Tâche dont il s'acquitte avec brio, créant divers registres, fiches et inventaires[112]. En ce qui concerne ses sources, Schmitz relate sa propre expérience, entend des témoins, se rend sur place (avec Mgr Heylen), il vérifie ses informations, les croisant avec d'autres, cherchant dans des articles de presse (belges et allemands), des photographies, des traces écrites laissées par les soldats allemands, etc. Sa contribution pour l'histoire de la Première Guerre mondiale et des atrocités allemandes est prépondérante. Les témoignages sont cependant orientés, le but de l'ouvrage étant de dénoncer les atrocités. Cela est perceptible à travers certains commentaires mentionnant « les hordes teutonnes », « les boches », « les barbares », « ces bandits de la Saxe », etc. Une place importante est également donnée au clergé dans son travail, concernant le sort des curés et les tensions entre catholiques et protestants, durant l'affaire Zarathoustra[113].

- Archives de l'État à Namur, Fonds Schmitz n° 1, 6, 21, 26, 27, 46, 47, 52.

---

[111] Sur le chanoine Schmitz, cf. Axel TIXHON, « L'évêque de Namur et son diocèse dans la grande guerre », dans *1914-1918. Le Dieu de la guerre*, Bastogne, 2013, p. 107-108.

[112] A. TIXHON, *Les archives de Jean Schmitz, observateur privilégié de l'occupation à Namur*, dans E. BODART (et al.), *Namur à l'heure allemande 1914-1918*, 2010, p. 27-28.

[113] Les évêques et les membres du clergé belge ont, selon les Allemands, poussé la population à participer à une guerre de francs-tireurs. Cela a donné lieu à de vives critiques entre les deux Églises, catholique et protestante ; A.É.N., Fonds Schmitz, n° 23, 54.

- Archives de l'Évêché de Namur, Fonds Schmitz, n° 96, 103, 105.
- SCHMITZ, J. et NIEUWLAND, N., *Documents pour servir à l'invasion allemande dans les provinces de Namur et du Luxembourg,* t. IV : *Le combat de Dinant,* vol. 1 : *La conquête de la Meuse,* Bruxelles-Paris, 1921.

Administration communale de Spontin

Le conseil communal de Spontin nous fournit ses délibérations, qui se révèlent fort intéressantes pour l'étude de la vie dans le village durant la guerre. Les premiers jours de l'invasion ne se trouvent pas dans les archives, celles de la commune sont en effet parties en fumée lors des évènements du 23 août 1914. Il n'est dès lors pas possible de trouver de traces quant à l'émission d'un avis de la part de l'autorité communale concernant l'interdiction de prendre les armes, comme ce fut le cas à Dinant ou dans d'autres communes.

Durant la guerre, les propos tenus par l'administration vis-à-vis du 23 août ne font référence qu'aux « faits de guerre ». Dès la libération au contraire, le premier message du bourgmestre fustige l'Allemagne et ses troupes, disant que cette dernière s'est mise au ban des nations, et ce à jamais. Tous les actes n'ont peut-être pas été consignés dans le recueil, et tous les propos notés n'ont peut-être pas été ceux qui ont été tenus. Les informations contenues sont néanmoins fiables, notamment dans les chiffres mentionnés, et vérifiables par les autres témoignages. Un bémol peut être apporté quant à l'exactitude des numéros des régiments mentionnés, ceux-ci étant donnés sans réelle connaissance de cause.

- Archives de l'État à Namur, Fonds des Communes contemporaines : *Spontin,* n° 61, 62, 65, 118, 121, 249.

Témoins des faits

Les témoins de la tuerie et des jours qui suivent relatent leur propre expérience, mise par écrit pour le travail de recherche de Schmitz, ou dans des publications spécifiques. Ces témoignages constituent la source primaire concernant l'étude des exactions allemandes à Spontin. Les récits ont été rédigés après le massacre, entre la fin de l'an 1914 et 1919. Réalisant ce travail après les évènements, les témoins font appel à leur mémoire. Ceci soulève donc quelques problèmes critiques quant à la validité des dates et des régiments mentionnés, ainsi que par rapport au parti pris anti-allemand, pouvant se répercuter sur le témoignage. Ils sont néanmoins nécessaires pour retracer les faits.

Ces témoignages se retrouvent dans le Fonds Schmitz, pour lequel ils servent de matériel documentaire.

Ils sont également repris par ces publications, qui ajoutent à ceux-ci d'autres témoignages, essentiellement :

- VERHOOST, C., *Journées d'août 1914 à Spontin,* Ciney, 1918.
- HAYOT, F., *Spontin. Journées d'août 1914,* Liber memorialis.

- *Spontin l'assassinée,* Dinant, *Les Publications « Dionantensis »*, 1919 (coll. Le cri des martyrs).
- D'ARS, L.C.M. et D'ARS, A.G., *Les atrocités allemandes dans la province de Namur. Andenne,* Anvers, 1919 (coll. «*La Belgique héroïque et martyre*», n° 27).

Ministère des Affaires Étrangères

Le Fonds Première Guerre mondiale s'organise selon une trame chronologique, thématique et géographique. Il contient de la correspondance (qui fait mention de Spontin dans divers cas), des notes internes au département traitant de l'occupation allemande, de la justice d'après-guerre et des réparations, des copies traduites du *Livre Blanc* allemand, ainsi que les listes des soldats et officiers allemands réclamés par la Belgique dans le but de les juger, et les motivations concernant la demande d'extradition.

Commission d'enquête sur la violation du droit des gens, des lois et des coutumes de la guerre

La Commission d'enquête est créée le 7 août 1914 et enregistrée au *Moniteur belge* le lendemain. Elle y est à nouveau inscrite le 23 août 1914, alors que l'armée belge et l'administration se retranchent à Anvers. Elle a pour objectif de recueillir impartialement les faits de guerre. En 1915, la Commission doit répondre aux accusations du Livre Blanc allemand. Ses rapports serviront à la publication du Livre Gris belge, répondant aux allégations allemandes. À la libération, elle est réorganisée dans sa composition et son fonctionnement et est établie par arrêté royal le 15 janvier 1919. Constituée en majeure partie de juristes (notamment Passelecq, qui synthétisera l'ensemble du travail, mais l'historien Henri Pirenne en fera également partie), la deuxième Commission doit revoir et compléter les recherches de la première ; cependant bon nombre de rapports sont repris de cette dernière. Son travail sera destiné à la publication.

Le fonds, initialement conservé selon une structure anarchique (le classement étant réalisé au gré des versements), est actuellement organisé par arrondissements administratifs et cantons judiciaires. Les archives de la Commission concernent les destructions et massacres commis par les Allemands en Belgique, mais traite également de la législation sous l'occupation, des réquisitions illicites, des déportations, etc. Beaucoup de témoignages sont récoltés. Ce n'est cependant pas le cas pour Spontin, pour lequel certains chiffres, notamment les âges, sont différents des autres sources provenant du Fonds Schmitz ou de la commune de Spontin.

- Archives Générales du Royaume, Fonds des archives de la Commission d'enquête sur la violation du droit des gens, des lois et des coutumes de guerre, 1914-1926, n° 487, 491.
- Commission d'enquête sur les violations des Règles du droit des gens, des lois

et des coutumes de la guerre, *Rapports sur les attentats commis par les troupes allemandes pendant l'invasion et l'occupation de la Belgique,* t. I : *Rapports et documents d'enquête,* vol. 1, Bruxelles-Liège, 1922.

Archives de l'Office des régions dévastées

Les archives de l'Office des régions dévastées permettent de définir les mesures ayant été prises quant à la reconstruction, la vitesse d'exécution des travaux et comment ceux-ci furent financés.

- Archives Générales du Royaume, Fonds des régions dévastées, n° 11879, 11880, 11881.

Témoins allemands

Les mémoires du général von Hausen sont bien sûr orientés du côté allemand. Ils ne prennent guère de recul par rapport aux évènements et concernent l'ensemble de la troisième armée. Von Hausen maintient dans ses *Mémoires* qu'il a eu affaire à une guerre de francs-tireurs, et demeure sans aucun remords quant au sort vécu par les populations, mérité, d'après lui, par leur attaque dans le dos les troupes allemandes. Cependant, les mémoires de von Hausen s'avèrent utiles pour étudier le point de vue allemand et pour démontrer la « psychose de masse » touchant l'armée allemande en ce qui concerne les attaques de francs-tireurs, paranoïa qui touchait aussi largement le Haut-commandement, et pas uniquement la soldatesque.

- VON HAUSEN, M., *Souvenirs de la campagne de la Marne en 1914,* http://1914ancien.free.fr/hausen01.htm (consulté le 10/12/2012)[114].

  Les autres dossiers d'archives allemandes n'ont pu être explorés faute de temps[115].

[114] Ce livre de *Mémoires,* traduit par le chef de bataillon Mabille, est publié chez Payot dès 1922. Il a déjà servi de matériel documentaire pour Schmitz et Nieuwland dans la rédaction de leur ouvrage.

[115] Les archives de la Saxe seraient utiles pour étudier la troisième armée. Elles sont conservées à Dresde mais ont eu à subir le bombardement de la ville durant la Seconde Guerre mondiale. Il existe aussi les archives militaires du pays conservées à Fribourg. Il serait également intéressant de pouvoir consulter les papiers des soldats allemands présents à Spontin, les historiques de régiments, la presse allemande, ainsi que les travaux de la Commission allemande ayant servi à l'écriture du Livre Blanc. On peut y ajouter l'ouvrage officiel (des Reichsarchiv) concernant l'histoire de la guerre vue par l'armée allemande : E. S. MITTLER, *Der Weltkrieg 1914 bis 1918,* vol. 1, Berlin, 1925.

ANNEXES

1. Les dépositions et témoignages des habitants de Spontin

Nous avons réuni dans cette première annexe les principaux témoignages consignés à Spontin auprès des témoins directs des faits, soit en 1914 et 1915, soit après la guerre. Ces récits ou témoignages, voire ces dépositions, ont été consignés essentiellement par le chanoine Schmitz lui-même, mandaté par Mgr Heylen. Plusieurs de ces témoignages ont été publiés presque *in extenso* dans l'ouvrage dont il est l'auteur avec Dom Nieuwland, mais certains y sont à peine évoqués ; dans ce cas, nous sommes retourné aux originaux, manuscrits ou dactylographiés, des témoignages qui sont conservés dans le Fonds d'archives Schmitz aux Archives de l'Évêché à Namur (dossier S-103). Nous avons toutefois négligé deux témoignages anonymes, inédits, qui n'apportent pas de renseignements significatifs. Un autre, pourtant intéressant, n'a pu être retranscrit vu sa longueur (20 pages manuscrites) ; c'est celui d'un instituteur namurois habitant Spontin, Gaston Scailteux (ou Scailleux).

Plusieurs autres témoignages ont été recueillis parallèlement par l'avocat dinantais Édouard Gérard, et publiés pour ses éditions "Dionantensis" dans une brochure en deux fascicules intitulée *Spontin l'assassinée*. D'autres l'ont été dans les brochures des frères d'Ars et publiées chez Opdebeek à Anvers.

Enfin, en décembre 1918, le bourgmestre Charles Verhoost a rédigé une petite synthèse des faits qu'il a vécus lui-même ou qu'il a entendu raconter par ses concitoyens, sous le titre *Journées d'août 1914 à Spontin* ; cette brochure a été distribuée et dédicacée à toutes les familles meurtries. De même, François Hayot a consigné un récit complet, parfois de seconde main, dans le *Liber memorialis* de la paroisse. Ces deux récits sont utilisés, mais ne sont pas reproduits *in extenso* ici.

Pour l'essentiel, nous sommes resté fidèle aux témoignages que nous avons retranscrits presque tels quels. Cela implique qu'il y a sans doute des redites, mais aussi des témoignages parfois convergents, parfois divergents. Certains avaient déjà été réécrits par le chanoine Schmitz ou par Édouard Gérard eux-mêmes. Nous nous sommes contenté de corriger quelques fautes d'orthographe, de moderniser celle-ci parfois, de rectifier la ponctuation parfois, de donner une forme plus adéquate aux toponymes. L'usage des italiques a été souvent modifié.

Les divers témoignages, récits et dépositions sont classés comme suit, de manière plus ou moins chronologique.

a. L'assassinat du bourgmestre et du curé, à l'aube du 23 août (1.1 et 1.2).

b. Le premier groupe des prisonniers emmenés vers Dorinne, dont 9 sont fusillés le matin du 23 août ; puis périple des autres prisonniers vers Yvoir, Roly et Hotton (1.3 à 1.6).

c. Le second groupe de prisonniers emmenés vers le Fond des Vaux, puis vers Durnal, avec 6 fusillés à Dorinne le 24 août au matin (1.7 à 1.11).

d. Les massacres vécus isolément par des habitants de divers quartiers et au château (1.12 à 1.15).

e. Le rapport du Dr Gathy de Ciney (1.16)
f. Les dépositions officielles faites auprès des Autorités allemandes en 1915 (1.17 et 1.18).

1.1. Témoignage d'Amandine Kinard, servante du curé[116]

Quand arriva la cavalerie allemande, mon maître, M. l'abbé Justin Laisse, 50 ans, curé de Spontin, se trouvait au grillage de la cour et demanda aux officiers s'ils avaient des logements ; il leur offrit deux chambres. Deux officiers et leurs ordonnances furent reçus comme des seigneurs et prirent leurs repas avec lui ; ils partirent le lendemain en le remerciant.

Il y eut ensuite de l'infanterie. Les soldats venaient sans répit demander des vivres et du vin ; il ne leur a jamais rien refusé. Au début, ils allaient avec lui à la cave ; sur mes instances, il ne le permit plus et je stationnais dans le vestibule avec eux, pendant qu'il descendait.

Durant les derniers jours, la situation ne fit qu'empirer et mon maître n'eut plus une seule bonne nuit. De ma chambre, j'entendais qu'il était sur le qui-vive, se levant à tout instant pour regarder ce qui passait : c'était un va-et-vient ininterrompu de troupes.

Le 20 août, à 14 h, on vint assez brutalement le prendre comme otage et on le mena à la station, avec le bourgmestre, M. Antoine Lambert, 34 ans. À peine était-il sorti que des soldats sauvages entrèrent, comme pour piller tout : « *Madame, il nous faut du pain, il nous faut du vin, il nous faut du lard... Ou bien nous brisons portes et fenêtres !* » M. le curé revint vendredi matin et fut encore repris à 19 h, pour la nuit.

Samedi 22, vers 20 h, il me dit : « *Si je savais qu'ils ne viendraient plus, j'irais me reposer !* » Il monta, mais à peine s'était-il mis au lit, que quatre soldats poussèrent la grille et vinrent frapper à la porte de derrière, comme pour la défoncer. M. le curé endossa promptement sa soutane, sans prendre le temps de mettre des bas et descendit : d'autres soldats arrivaient déjà par les escaliers du jardin qui mènent à l'église, tenant au milieu d'eux M. Lambert. Mon maître leur ouvrit, ils voulurent l'entraîner. Il dut insister beaucoup pour être autorisé à achever sa toilette; deux soldats, baïonnette au canon, l'accompagnèrent dans sa chambre à coucher et se tinrent à ses côtés pendant qu'il s'habillait. Il passa la nuit comme otage à l'hôtel du Cheval blanc, avec M. le bourgmestre et ils rentrèrent tous deux le lendemain dimanche à 4 h du matin.

Comme il y avait trois nuits que M. le Curé ne dormait pas, je lui dis : « *Si vous alliez vous reposer une heure avant la messe ?* ». Il accepta. Il était à peine arrivé à

[116] SCHMITZ & NIEUWLAND, p. 105-108. Les Archives de l'Évêché de Namur / Fonds Schmitz S-103 conservent une version écrite de ce témoignage daté du 17 mai 1915 rédigée par le chanoine Schmitz, ainsi qu'un texte manuscrit très court, de la main même d'Amandine Kinard, probablement antérieur.

l'escalier de l'étage que, par la fenêtre qui donne sur la rue, j'aperçois des soldats qui braquent leur fusil sur la maison et tirent des coups de feu. Je me précipite et je crie : « Mon Dieu ! sauvons-nous dans la cave ! » Portes et fenêtres étaient déjà en morceaux. M. le Curé avait les vêtements couverts de la poussière de mortier causée par les balles. Nous descendons sous le corridor. « *Amandine*, me dit-il, *nous y sommes ... faisons notre acte de contrition !* » Au même instant, j'entends le bruit des soldats qui envahissent le presbytère en poussant des cris et des hurlements comme des bêtes sauvages ; ils pénètrent dans la cave, se précipitent sur nous et nous entraînent à coups de crosse. Ils poussent mon maître dans la cour et lui lient les mains en croix derrière le dos, à l'aide d'une corde très fortement serrée. L'un d'eux saisit son fusil — dont il dirige le canon vers le sol — et du plat inférieur de la crosse, il en assène à M. le Curé sous le menton un vigoureux coup. Aussitôt le sang lui remplit la bouche et découle sur ses lèvres. « *Pardon, mon Dieu !* » dit alors pour la première fois M. le Curé. Cette parole, il va la répéter à chaque mauvais traitement dont il sera l'objet, jusqu'à ce qu'il tombe sous leurs balles. Puis ils le saisissent par la chevelure, le soulèvent de terre et le laissent retomber ; j'aperçois entre leurs doigts des mèches de ses cheveux. Ils nous font avancer sur la rue, entre les rangs serrés des soldats. Nous passons devant la maison de M. le Bourgmestre. Celui-ci a subi le même sort : il est ligoté ; des soldats le poussent à la gauche de M. le Curé et, ensemble, ils sont dirigés vers le château, puis vers la gare. Je les suivais à la distance d'un ou de deux mètres, si bien que je n'ai perdu aucun détail. Deux soldats me tenaient fortement de chaque côté par le corsage. En avançant, personne ne dit une seule parole.

Nous arrivons devant l'hôtel du Bocq, qui est déjà en feu. Là, un soldat s'approche de M. le Curé et lui enfonce sa lance dans le cou, lui faisant une grande blessure du côté droit et deux blessures du côté gauche : par la plaie béante, le sang coule à flots sur les vêtements et jusqu'en bas du manteau. Il ne pousse même pas un cri ; mais je l'entends dire : « *Pardon, mon Dieu !* » D'autres soldats prennent plaisir à donner des coups de crosse à l'endroit délicat où s'ouvrent ces plaies, comme pour les agrandir ou pour le faire souffrir davantage. À partir de ce moment, il ne savait presque plus avancer ; il fléchissait. Nous passons sur le pont du chemin de fer, nous tournons sur la droite, et nous arrivons près de la maison Burlet, qui est aussi en feu. Les soldats nous font passer à côté de la balustrade qui longe le talus et nous mènent contre l'écurie, à droite de l'habitation. Là, un officier à cheval s'approche de M. le Curé et lui dit : « *Tu as tiré sur notre major !* » Il répond : « *Pardon, Monsieur, je n'avais point d'armes.* » L'officier ajoute : « *Vous allez y passer.* » Des soldats prennent des cordes et lient les victimes à mi-corps, par un nœud tellement serré que j'avais l'impression qu'ils voulaient les couper en deux ; ils les font descendre sur un petit plateau de verdure, entre les rails et le garde-fou du sommet. Puis, des soldats placés sur la route tirèrent sur eux. M. le Curé roula en bas du talus, la face contre terre; M. le Bourgmestre tomba sur le dos. Un quart d'heure ou vingt minutes s'étaient écoulés depuis que nous avions quitté le presbytère. Antoine Lottin a été en partie témoin de la scène ; il nous a accompagnés de la gare à la maison Burlet.

Après l'exécution, les soldats me poussèrent de l'autre côté de la route, à côté de deux jeunes filles : je reconnus Germaine et Georgine Burlet. La première était morte, la seconde n'avait pour tout vêtement que la chemise et était gravement blessée à la jambe. Me voyant près d'elle, elle dit : « *Mon Dieu, que je suis contente !* » Elle me raconta que les Allemands s'étaient précipités dans la maison, avaient tué son père, qui brûlait maintenant dans le feu; que Germaine s'était cachée dans une garde-robe, où elle avait été tuée à bout portant ; que les soldats l'avaient ensuite lancée elle-même au dehors, avec le cadavre de Germaine. J'enlevai l'un de mes jupons, j'en revêtis la pauvre petite et je lui entourai la tête de mon tablier. À 16 h, je parvins à gagner le château et je demandai qu'on vînt prendre Georgine, pour la soigner ; on l'emporta sur une brouette.

Le 27 janvier 1915, je comparus à Namur devant les officiers de la Kommandantur pour être interrogée sur les évènements de Spontin. Je leur racontai tout ce qui s'était passé. Ils me questionnèrent sur les sermons du curé, qui avait prêché, disaient-ils, la haine des Allemands. Je déclarai formellement que c'était faux ; que, dans ses sermons comme dans ses conversations, il n'avait jamais rien dit contre eux et que tous ses paroissiens encore en vie pourraient en témoigner.

1.2. Témoignage d'Alphonse Boursoit, clerc-chantre de la paroisse[117]

Les soldats ont demandé de la lumière samedi vers 8 heures du soir. Je passai la nuit sans repos, sur pieds.

Dimanche matin, au moment de la fusillade, nous crûmes à une bataille entre Allemands et Français. Après quatre ou cinq minutes seulement, les soldats vinrent nous prendre et même je sortis pieds nus. En sortant, j'aperçus Arthur Dervaux de Thynes, un jeune homme de 18 ans, et Ernest Thirifays, célibataire de Spontin, âgé de 33 ans, qui tous deux ont été victimes : à l'angle de la ferme, je vis que les soldats malmenaient et bousculaient Ernest Thirifays.

Nous descendîmes sur la place, seuls de Spontin. L'officier nous dit : « *Sauvez-vous !* » Mais comment faire pour fuir, au sein d'une catastrophe comme celle qui s'opérait en ce moment et nous remplissait d'horreur et d'effroi ? L'officier entra avec nous chez Focant ; il rédigea un billet qu'il m'attacha à la poche du paletot, visiblement, à l'aide d'une épingle de sûreté. Puis, tous ensemble, l'officier, quatre ou cinq soldats, la famille Focant et ma famille, nous nous dirigeâmes du côté de la gare. Nous passâmes devant le presbytère environ une demi-heure après les premiers coups de feu : l'incendie du presbytère était déjà fort avancé.

Sur le chemin, je ne vis aucun cadavre, mais seulement quelques chevaux tués.

---

[117] Archives de l'Évêché de Namur. Fonds Schmitz S-103. Notes manuscrites de la main du chanoine Schmitz (4 pages). Témoignage recueilli le 21 mars 1915. Un bref résumé de ce récit figure dans l'ouvrage de SCHMITZ & NIEUWLAND, p. 108-9.

M. le curé. La fusillade continuait toujours. Arrivés au-delà de la gare, on nous fit tourner du côté de Senenne. Je vis alors très bien M. le Curé et M. le Bourgmestre, à côté l'un de l'autre, la face tournée sur le mur, en face des remises d'une des maisonnettes de la gare habitée par le nommé Lalzan. J'aperçus aussi très bien l'affreuse blessure que M. le Curé avait reçue au cou et par laquelle il perdait du sang abondamment ; le cou et les habits (au dos) étaient couverts de sang. M. le Curé était debout, tête nue.

Nous continuons à avancer. Quelques mètres plus loin, en face de la gare, on nous mit sur le talus (l'officier et les cinq soldats étant toujours avec nous). À ce moment, la maison d'Alzan n'était pas encore brûlée.

Et c'était un va-et-vient continuel de troupes. J'entendais les soldats sanguinaires qui passaient gesticuler et parler avec animation à un Chef, et dans les conversations étaient continuellement les mots « *Pastor, Maïor* ».

Quand exactement a été fusillé M. le Curé ? M. Boursoit a-t-il entendu la fusillade ? Il faudra demander à M. le Directeur Verhoost. Il était tué, je pense, à son passage.

Je vis alors qu'on amenait le père de M. le Bourgmestre, Antoine Lambert, Joseph Gérard, Jules Lambert et Antoine Lottin, à trois mètres de nous. Le père de M. le Bourgmestre avait déjà reçu des coups : il saignait de la tête. Eux étaient très sévèrement traités et considérés comme de vrais coupables, car, si peu qu'ils levaient le regard, ils étaient durement frappés. Aussi n'osaient-ils ni remuer, ni bouger, ni faire le moindre mouvement.

De temps en temps, je demandais à mon officier. Il me répondait : « *Vous, pas mal… mais ces quatre-là, fusillés* ». Certains soldats faisaient signe de me ranger parmi les fusillés. Sans mon protecteur, mon sort était clair également.

Environ un quart d'heure après, un État-Major arriva. Il y avait plusieurs hauts gradés. L'un d'entre eux, un vieux, me demanda : « *Est-ce que ces quatre-là ne peuvent mal d'avoir tiré ?* » Je répondis catégoriquement : « *Non !* » « *Cependant,* ajouta-t-il, *on vient de trouver une arme sur un de ces Messieurs.* » Je me bornai, pour réponse, à hausser les épaules. Il dit encore : « *Dans ce village de 700 habitants, vous devez connaître toutes les têtes et vous nous donnerez des explications. Et tous les hommes fusillés.* » Je crois avoir bien retenu ainsi ses paroles, encore que je ne les aie pas parfaitement comprises.

Il me demanda ensuite ce qui brûlait, qui était propriétaire du château.

Les troupes continuaient de passer.

Nous-mêmes nous mîmes en route. Les quatre accusés en avant, puis 30 à 40 soldats, puis notre groupe (la famille Focant et la mienne).

En passant devant le château, je demandai discrètement à mon officier si je ne pouvais pas y entrer. Il me fit entendre que non.

Puis, on se dirigea du côté de la carrière, on monta vers Sovet. On se trouvait au milieu de soldats. J'entendis encore qu'on demandait à un des quatre (Jules

Lambert) s'il n'avait pas tiré. Le père de M. le Bourgmestre voulut s'expliquer ; on lui dit : « *Je ne veux entendre qu'un homme à la fois.* »

C'est là-dessus que notre officier nous dit : « *Vous êtes délivrés* ». Toujours pieds nus, je partis du côté de Senenne, où je restai douze jours avant de revenir à ma maison et à mon village détruits.

1.3. Témoignage de Pierre Martin, garde-champêtre de la commune[118]

Le 23 août, à 5 h, je me trouvais à la ferme d'Arthur Doneux. J'entends un coup de feu tiré, me semble-t-il, en face de l'hôtel du Bocq, puis une sonnerie d'alarme. La fusillade se généralise. Des coups de canon semblent même partir du bois de Quesval, entre Senenne et Spontin, et donner sur le Bouchat. Nous nous réfugions dans une remise où nous nous jetons à genoux, priant à haute voix.

Les premières maisons que nous voyons brûler sont la ferme Baily et la maison Dehant, sur la place ; en un clin d'œil, l'incendie est général.

Tout à coup, la ferme Doneux est envahie par des femmes et des enfants qui poussent des cris déchirants. Pélagie Maillen est tout affolée : « *Sauvez-vous !* nous dit-elle. *Ils viennent de tuer mon mari !* » C'est Auguste Golinvaux, 42 ans ; il fuyait avec elle, des soldats tirèrent sur lui.

Nous allions aussi fuir, quand arrivent des soldats, pareils à des lions furieux : ils nous fouillent, puis nous font rentrer. Mme Doneux veut fermer la porte de l'étable : une balle lui traverse les cheveux. D'autres soldats arrivent toujours plus excités et demandent des poulains. Le fermier les mène dans la prairie, mais les animaux effrayés ne veulent pas se laisser prendre. « *Plus vite,* crie l'officier, revolver au poing, *ou je te tue !* »

C'est vers 7 h 30 que nous voyons les premières flammes sortir de l'église, en commençant par la sacristie. M. l'architecte Ledoux, qui l'a étudiée en vue de sa restauration, affirme que l'église a été saccagée avant d'être incendiée ; la chaire, la table de communion, les fonts baptismaux ont été détruits à coups de hache, et on voit les mêmes traces de coups à la porte de la sacristie.

À 8 h 45, un troisième groupe de soldats nous emmène. À ce moment accourt Louise Linchant, dont le mari, Prosper Fondaire, 61 ans, et le fils, Louis Fondaire, 29 ans, viennent d'être tués dans le cimetière. Elle traverse affolée les rangs de la troupe ; elle a la figure pleine de sang, car elle a reçu une balle à la tête et un coup de crosse à la nuque. Elle s'affaisse entre mes bras ; un soldat m'en arrache en disant : « *Vous tirer sur nous. Alle Mann Kapout !* » Il me met le fusil sous le menton, comme pour me brûler la cervelle.

En face de la maison de M. Boursoit, clerc-chantre, je vois chanceler Ernest Thirifays, 33 ans, puis Arthur Dervaux, 18 ans, de Thynes, qui tombe sur Ernest

---

[118] Publié dans SCHMITZ & NIEUWLAND, p. 109-111 et 123-5. Pierre Martin a été également à la source des récits de *L'horrible tragédie de Spontin-lez-Dinant* publiés en 1918 dans l'hebdomadaire *La Belgique martyre. Les cruautés allemandes en Belgique,* n° 7 et 8.

Thirifays, puis Paul Lambert, 17 ans, qui était passé par le vieux cimetière : tous trois viennent d'être atteints par des balles.

Les soldats nous entraînent alors vers Sovet. Nous apercevons quatre femmes tapies dans un fossé : je reconnais la veuve Auguste Enuset, âgée de 93 ans, et Pauline Deloge, âgée de 76 ans.

Nous gravissons la côte, M. Doneux tenant en main un billet de protection que lui a donné un soldat. Bientôt nous rejoignons les prisonniers non-liés et nous voyons se former à peu de distance le groupe des prisonniers liés. À 12 h 30, on amène, avec d'autres, l'instituteur, M. François Hayot, qui a dû abandonner au village son épouse mourante, Eugénie Jaumain, âgée de 37 ans. Au début de l'incendie, ils s'étaient abrités dans la cave, puis dans le jardin. En traversant un petit pont jeté sur le Bocq, cette dame tomba, mortellement atteinte, et l'un des enfants, Marcel, reçut au pied une décharge de petits plombs.

Les "liés". Pierre Martin qui faisait aussi partie des prisonniers non-liés, raconte ainsi l'arrivée des prisonniers de la seconde catégorie :

Vers 11 h, commença à se former, à quelque distance de nous, un second groupe qui aura beaucoup plus à souffrir. Il arriva d'abord quelques hommes brutalisés à l'extrême : Antoine Lambert, père du bourgmestre, âgé de 78 ans, avait la figure pleine de sang et portait au front de larges contusions ; Jules Lambert, 20 ans, avait les pieds nus et était déjà méconnaissable ; Joseph Gérard, âgé de 53 ans, était nu-pieds et avait les vêtements lacérés ; enfin, Antoine Lottin avait la chemise en lambeaux et les soldats le désignaient nommément comme franc-tireur.

Bientôt, deux officiers les interrogèrent, puis ils furent liés par une corde unique qui leur prenait le cou et leur attachait les mains derrière le dos. À 12 h 30, une quinzaine d'autres hommes et jeunes gens furent adjoints aux précédents.

À 17 h 30, les femmes et les enfants nous font leurs adieux et sont conduits au château. Bientôt après, les soldats nous font reprendre le chemin de Spontin. En traversant le village, nous apercevons plusieurs cadavres. Dans la section des Rivières, à côté de la chapelle, gît Virginie Mine, veuve Hubert Scaillet, 65 ans, qui a été tuée en fuyant vers Durnal. En face de la maison Joseph Boursoit, c'est Joseph Remy, époux de Flore Dujardin, âgé de 52 ans, qui a aussi été visé dans sa fuite et a laissé tomber à ses côtés les deux colis qu'il emportait ; en face de ma maison, c'est Jean Lefebvre, époux de Léonie Lambert, 43 ans, qui a été atteint de deux coups de feu et a eu une très longue agonie. Quand nous passons, il pousse encore des cris, et tel est notre effroi que personne n'ose lui porter secours. Mon fils, Lambert, l'aborde pourtant, au péril de sa vie; le moribond a encore la force de lui remettre son argent et le carnet des comptes du moulin. Au-delà de la petite carrière, c'est Théophile Marchal, veuf de Joséphine Bertrand, 72 ans. Se fiant à son âge, il eut l'imprudence de chasser les vaches de la ferme dans la pâture ; on lui déconseilla d'aller plus loin, mais il continua sa route et fut abattu à l'entrée de la pâture.

Nous gagnons ensuite Durnal, où nous passons la nuit. Le 24 août, les soldats nous mènent à Dorinne, où nous assistons à l'exécution de huit des nôtres ; puis, nous regagnons Spontin. Quand nous traversons le Ry d'Août, nous apercevons au café Olivier Tasiaux le cadavre d'une femme de 76 ans, Virginie Dewez, épouse d'Alexandre Germain. La veille, elle a voulu fuir dans le bois ; elle est entrée dans cette maison, où un soldat est venu la tuer. Au centre du village, devant la coopérative de la veuve Hubert Scaillet, gît le cadavre de Firmin Denis, jeune homme de 25 ans, gravement malade depuis plusieurs années. Il s'était réfugié dans la cave de la coopérative ; des soldats vinrent l'arracher aux bras de sa sœur, lui lièrent les mains derrière le dos et le tuèrent un peu plus loin à bout portant. La décharge lui enleva la cervelle, que je recueillis au moment de sa sépulture.

Partout, ce sont aussi des cadavres de vaches, de chevaux et de porcs que les Allemands se sont complu à tuer.

Pierre Martin raconte la scène du choix des victimes et la libération finale.

Le dixième devait sortir. Le major compte. Le premier sorti est, je crois, Joseph Gérard, 53 ans : on le met à deux pas en avant, le dos tourné vers nous. Le second doit avoir été Gaston Scaillet ; on le fit rentrer dans les rangs, puis on l'en retira de nouveau, enfin il rentra pour de bon parmi les libérés. Il a dû être remplacé par Firmin Jacques, 17 ans. Le troisième a été, je pense, M. Réveillon, de Bauche, le quatrième M. Warnon, d'Évrehailles. Mais ce n'est plus la règle du dixième : on ne compte plus, un soldat est intervenu et prétend désigner lui-même; il semble qu'on le laisse faire et c'est ainsi qu'entrent dans le groupe des suppliciés Auguste Simon, 40 ans, Antoine Lambert père, 78 ans, Jules Lambert, 20 ans, Hubert Genon, 39 ans, tous ceux qui étaient tenus à l'œil depuis le matin. Les victimes sont maintenant rangées devant nous à une vingtaine de pas.

Le lieu choisi pour le supplice est situé à environ 200 mètres. C'est un terrain en déclivité, entre le parc de M. Thibaut et la grange Gillet. Les condamnés s'y dirigent. Hubert Genon, fort rhumatisé, n'a pas l'usage de ses jambes et est à bout de forces ; il n'avance qu'en chancelant ; deux soldats le traînent, le passent dans les ronces artificielles. Il perd ses culottes, on le relève et on les lui remet. C'est à grand peine qu'il prend place parmi les exécutés. Ceux-ci sont alignés. En face, huit soldats à genoux et huit debout.

Le Hauptmann se retourne vers notre groupe : « *Mettez-vous à genoux, levez la tête et voyez bien ce qui va se passer ! Que cela vous serve d'exemple ! Au premier coup de feu qui sera encore entendu à Spontin, tout le monde sera fusillé !* ».

Il donne des ordres à un sous-officier, qui commande le feu. Les victimes, dont les yeux ont été bandés, s'affaissent.

Quant à nous, nous sommes libres. Mais à peine notre bourreau a-t-il regagné le groupe des officiers que la situation redevient critique. Quelques-uns des nôtres, dans la joie de la libération, ont allumé une pipe ou une cigarette : les soldats les arrachent, tout en nous assaillant de coups de pied et en nous menaçant de leur fusil. Nous nous laissons faire comme des moutons, sans dire une parole, afin de nous dégager encore une fois.

Vers ce moment, un sous-officier demanda à Édouard Famerée ce que signifiait le drap noir qu'il portait au bras, à la suite d'un deuil récent, selon la coutume du pays. L'officier prétendit que c'étaient des insignes de francs-tireurs et voulait le fusiller ! Il fallut de longues explications pour le sauver.

Nous sortîmes de la prairie en passant sous des fils barbelés ; des soldats se jetèrent encore sur nous et nous frappèrent à l'aide de sacs dont ils se servaient pour donner à manger à leurs chevaux. Nous parvînmes enfin à regagner Spontin détruit.

À notre arrivée au château, le baron de Wolff me demande d'aller ramasser les morts ; je mets un brassard de la Croix-Rouge et huit hommes m'accompagnent, dont l'un porte un drapeau blanc.

Nous relevons d'abord et nous menons au cimetière les cadavres de M. le Curé et de M. le Bourgmestre. Le premier avait le cou labouré de plaies et le corps meurtri. Nous faisons un deuxième voyage pour Firmin Denis, Joseph Remy et Jean Lefebvre; un troisième pour Armand Froidmont, Martin Scaillet, la veuve Scaillet et Mme François Hayot. Armand Froidmont, âgé de 28 ans, a été tué à côté de sa maison, en voulant fuir dimanche matin ; c'est de là que les soldats ont prétendu qu'on a tué leur major. La mère, qui voulait retenir son fils, a eu les vêtements percés de balles. Martin Scaillet, époux d'Alphonsine Scaillet, âgé de 54 ans, a été tué dans son jardin. Dans un quatrième voyage, nous prenons Ernest Thirifays, Arthur Dervaux et Paul Lambert.

Mardi 25 août, on amène Théophile Marchal. Puis vient l'équipe d'ouvriers envoyée de Ciney et, à partir de ce moment, je reste au cimetière. On va chercher autour de l'église incendiée Prosper Fondaire, Julien Enuset, 64 ans, qui a été tué sur le cimetière, derrière une tombe, avec sa femme, Célestine Grévisse, 60 ans, qui était venue le rejoindre.

Puis on m'apporte les restes carbonisés d'Alexandre Burlet, veuf de Joséphine Delieux, âgé de 61 ans, qui occupait la maisonnette du chemin de fer voisine de la gare, et le cadavre de sa fille Germaine Burlet, âgée de 19 ans. Burlet était étendu hors de la maison et le corps de sa fille gisait sur lui; les Allemands les avaient donc traînés jusque là. Puis ce fut le tour d'Edmond Poncin, époux de Marie Lambert, 50 ans, et de ses deux petites filles, Laure Poncin, 11 ans et Gabrielle Poncin, 8 ans : ils s'étaient réfugiés à la cave, et périrent asphyxiés sous la maison en feu.

L'équipe amena ensuite Virginie Dewez, épouse d'Alexandre Germain, que nous avions vue au Ry d'Août et Jules Demasy, un jeune homme de 18 ans qui fut retrouvé sur le vieux cimetière. C'est là aussi que le mercredi 26, on rencontra Louis Fondaire, âgé de 29 ans, fils de Prosper Fondaire ; tous deux avaient été tués à cet endroit. Louis fut enterré sur place.

Enfin, on découvrit les pieds d'Hadelin Roosens, veuf d'Elvire Morimont, âgé de 59 ans. Le 23 août, après la fusillade, Hadelin descendit à la cave avec Henri Missart et quelques autres ; une demi-heure après, ils décidèrent de fuir, mais ils n'avaient pas fait dix pas que des soldats tirèrent sur eux. Henri fut atteint à la tête et tomba entre les mains de ses ennemis qui allèrent le tuer à Dorinne ; Hadelin put encore rentrer à la cuisine, annonçant qu'il allait mourir ; il portait trois blessures et perdait du sang en abondance. Bientôt, ses parents entendirent les armes résonner dans l'escalier. Pris d'une frayeur mortelle, ils se dissimulèrent à trois dans un réduit, sous les escaliers de la cave, où ils furent sur le point d'être découverts, car les soldats vinrent enlever du vin à côté d'eux ! De cet endroit, ils entendirent achever leur malheureux frère à coups de baïonnette. Quand ils purent sortir, la maison était en feu; ils rentrèrent dans la cave et y séjournèrent, au sein d'une chaleur atroce, l'après-midi du 23, la nuit suivante et une partie du 24. Enfin, ils gagnèrent la Roche Bouan et le trou des Nutons. On retrouva Hadelin carbonisé dans l'incendie.

Une dernière victime est Alexis Focan, époux de Mathilde Jassogne, âgé de 43 ans. Il fut percé d'une balle, dans son jardin riverain du Bocq, au moment où il essayait de trouver son salut dans la fuite.

Tous furent alignés dans une fosse commune. Plus tard, les corps furent repris et déposés dans leur sépulture de famille.

Enfin, à cette longue liste de nos martyrs, il nous faut ajouter Léopoldine Rasseneux, âgée de 19 ans, qui fut fusillée à Dinant.

1.4. Témoignage d'Hubert Nicaise[119]

Vers Dorinne. Le 23 août, raconte Hubert Nicaise, au moment des premiers coups de feu, les soldats qui étaient chez moi montèrent sur la petite colline voisine et tirèrent en l'air. Bientôt, des balles tombèrent à proximité de ma maison et je rentrai. Les soldats me suivirent, demandant du café. À ce moment, un officier qui avait logé chez Victor Germain vint me prendre et me conduisit au sommet de la colline : je fus le premier élément du groupe qui allait se former. L'officier me fit ensuite redescendre et m'adjoignit tous les hommes qu'il rencontrait ; quand nous fûmes une vingtaine, il nous mena dans la grange d'Hubert Lamy et il cria : « *Vous avez tiré, on va incendier !* » Nous eûmes beau protester de notre innocence : il nous conduisit dans la direction de Dorinne. En cours de route, nous fûmes alignés plusieurs fois et menacés d'être abattus. Les soldats nous appelaient des « *francs-tireurs* » ; un peu plus tard, ils nous accusèrent d'avoir tué un major et des soldats.

À Dorinne, on nous rangea derrière le château de M. Thibaut. Les soldats coupèrent à côté de nous une vingtaine de gros sapins : il nous était sévèrement défendu de regarder et nous étions ainsi exposés à être écrasés par les arbres au moment de leur chute. Si quelqu'un tournait la tête, un coup de baïonnette en

[119] Paru dans SCHMITZ & NIEUWLAND, p. 112-114.

pleine figure l'obligeait vite à la retourner. Ils nous coupèrent les boutons non seulement du veston et du gilet, mais du pantalon.

Exécution de neuf victimes à Dorinne. Un quart d'heure après, nous fûmes rejoints par d'autres prisonniers, qu'accueillirent d'interminables hurlements des soldats : c'étaient « *des francs-tireurs de Spontin !* » Surpris dans la cave de la Coopérative où ils s'étaient réfugiés, ils avaient déjà subi un vrai martyre ; des coups affreux leur avaient ensanglanté et congestionné la face. Théophile Béthulée, 61 ans, avait le visage contusionné, un œil lui sortait pour ainsi dire de l'orbite ; Alfred Decroly, 37 ans, avait les vêtements en lambeaux et la tempe droite à moitié défoncée ; François Denis, 48 ans, et le fermier Émile Baily, 46 ans, avaient été roués de coups et étaient couverts de sang. À Georges Lambert, 27 ans, qu'ils avaient arraché de son lit, ils n'avaient pas laissé le temps de mettre un pantalon : il était pieds nus, en gilet et en chemise. Un officier cria : « *Celui qui a du sang doit sortir des rangs !* » On ne se doutait pas encore que c'était pour être fusillé. Fortuné Simon dit en wallon à Jules Petry, qui avait une petite blessure à l'oreille : « *Vous avez du sang aussi, sortez !* » Louis Fondaire, 54 ans, un de nos compagnons du premier groupe, fut pris aussi : les soldats l'appelaient le *maior* et prétendaient, malgré ses dénégations, qu'il était le bourgmestre. Ils prirent aussi Félix Charlier, 40 ans, qui n'avait pas reçu de coups, mais avait un costume de toile et avait les genoux salis. Henri Missart, 38 ans, et le docteur Louis Bardiaux, 50 ans, arrivèrent liés ensemble. C'étaient tous hommes mariés, à l'exception de Georges Lambert.

C'est ainsi que furent choisies les neuf victimes ; ils les ont sûrement tuées pour s'en débarrasser, tant ils les avaient déjà martyrisées !

Un officier annonça qu'ils allaient être fusillés. Au milieu de la foule des soldats dans lesquels nous étions noyés et qui trépignaient de joie, il les mena deux à deux à une vingtaine de mètres plus bas, dans un petit chemin de campagne ; ils y furent alignés et on leur mit à nu la poitrine. Puis, un peloton se porta devant eux et, au signal donné par un coup de revolver, les soldats tirèrent : nous vîmes nos pauvres compatriotes s'affaisser raides morts. Un officier dit : « *Voici ce que vous méritez ! Mais vous ne serez pas fusillés ! Vous serez condamnés à marcher et à recevoir les tortures de nos soldats, jusqu'à ce que vous soyez libérés !* » Il était 6 h du matin.

Sous le feu des Français. Après l'exécution, on nous fit avancer en rangs de quatre, avec deux sentinelles pour chaque rangée, une à chaque extrémité. Nous étions la plupart incomplètement vêtus, en galoches ou en sabots ; il y avait deux vieillards et deux enfants de 12 à 13 ans, les enfants Closset, qui étaient sans chaussures et se déchiraient les pieds dans les chaumes. Les troupes que nous longions nous arrêtaient : « *Francs-tireurs* », criaient les soldats, et ils nous frappaient de coups de cravache ou de crosse de fusil. Au-delà de Dorinne, nous fûmes rejoints par M. et Mme Froidmont, de Spontin : le premier avait les mains liées derrière le dos et portait des traces de coups ; son épouse était toute déchirée ; elle avait été fort maltraitée, mais elle s'obstinait à ne pas abandonner son mari.

On traversa Purnode. Au-delà du village, il y avait une profonde tranchée à franchir. Nos gardiens nous firent méchamment lever la tête en l'air dans le but de nous y faire tomber ; je pus à temps prévenir mes compagnons, mais j'en fus puni aussitôt en recevant deux violents coups de crosse.

Il était 9 h quand nous arrivâmes à Évrehailles. Les campagnes étaient bondées de troupes. Une heure durant, nous restâmes dans une pâture, à côté des canons qui tiraient, par-delà la Meuse, sur les Français. Ces derniers nous apercevaient certainement, et il est vraisemblable que, par égard pour nous, ils modérèrent leur tir. Parfois, les soldats nous faisaient relever et nous dévisageaient méchamment ; quand quelqu'un ne leur revenait pas, ils lui liaient les mains et le mettaient au premier rang : ce fut le cas pour Edmond Scaillet, Victor Laporte, Arthur Bernard et Louis Ninane. Ernest Tonglet, un vieillard, était endimanché : il passait pour être notre curé. Ils criaient : « *Pastor ! Voilà le Pastor ! C'est lui qui vous a perdus !* » Et ils le frappaient. Quelques-uns avaient encore un peu de vivres, quelques morceaux de chocolat : « *Celui qui en mangerait encore,* disaient-ils, *serait fusillé !* » Puis, ils nous firent déposer dans un premier casque notre argent, dans un second les montres, dans un troisième les papiers et objets divers. Pendant ce temps, les obus français éclataient ; quiconque en témoignait de l'émotion recevait des coups. Ils disaient : « *Celui qui tremblera encore sera fusillé !* »

Un nouveau groupe vint alors nous rejoindre, dont plusieurs étaient liés ; Mme Bardiaux était à demi vêtue et en cheveux. On amena aussi une trentaine de prisonniers d'Évrehailles.

Il était 11 h quand nous défilâmes à côté d'Évrehailles et que nous vîmes les soldats mettre le feu aux premières maisons. Puis lentement, très lentement, on descendit vers la Meuse. Les obus continuaient à siffler au-dessus de nos têtes. Un avion, accueilli par des hourrah !, nous survola à quelques mètres. « *Nous allons maintenant vous mener au feu !* » Au Charrau d'Yvoir, deux cadavres gisaient devant une habitation : « *Voilà comment vous serez aussi bientôt !* » Pendant ce trajet, qui dura plusieurs heures, nous endurâmes un vrai supplice : c'étaient sans discontinuer des injures, des coups et des crachats en pleine figure.

On stationna deux heures sur la voie du Bocq, puis nous fûmes introduits dans l'église, où plusieurs centaines de civils d'Yvoir vinrent nous rejoindre à 19 h. Les soldats se promenaient arrogamment de long en large, fumant des pipes et des cigares. On mourait de soif, mais il y avait défense d'aller chercher de l'eau ; plusieurs se rafraîchirent les lèvres à l'eau du bénitier. Mme Bardiaux fut enfermée seule dans la sacristie. La nuit fut agitée et nous parut interminable.

1.5. Témoignage d'Edmond Scaillet, monumentiste[120]

Je me trouvais, dit-il, dans la nuit du 23 août, au magasin de la Coopérative qui, déjà, avait été pillé par les 1er et 2e régiments des Dragons de la Garde de Berlin.

Vers 4 h et demie, deux soldats vinrent frapper. Je me suis levé avec Théophile Bethulée, qui avait déjà été torturé auparavant. Ces soldats réclamaient dix litres de café, qu'ils déclaraient n'avoir pas le temps de préparer eux-mêmes. Je leur dis de revenir après un quart d'heure. Ma mère se leva et nous nous empressâmes de préparer le café.

L'eau commençait à bouillir quand la fusillade éclata. Nous croyions d'abord à une surprise des Français, mais bientôt on tirailla dans la porte vitrée de notre cour. Je me tapis dans un coin, ma mère dans un autre — et nous avons compris alors qu'il s'agissait d'une attaque des Allemands eux-mêmes contre la population civile.

Une accalmie se fit, cependant et nous en profitâmes pour nous réfugier dans la cave. Nous constatâmes que des maisons brûlaient. François Denis, notre voisin, apporta auprès de nous Firmin Denis, qui était depuis longtemps malade et qu'on transportait enveloppé dans une couverture.

Alfred Decroly, un veuf, vint nous rejoindre, portant dans ses bras son enfant de deux ans. Puis arrivèrent la famille Tonglet, Dehan et le fermier Émile Baily, lequel était allé chercher un bœuf qu'il conduisait aux Allemands avec son beau-frère et son domestique : arrivés près de chez lui, les soldats les avaient mis en joue, blessé Baily à la figure et tué les deux autres...

Nous sommes demeurés tous ensemble, pendant quelque temps, dans les caves, croyant que les Allemands étaient partis. Les fusillades reprirent bientôt et, tout à coup une bande de soldats enragés pénétra chez nous et nous fit tous sortir. Les femmes et les enfants furent dirigés vers la route de Durnal. Les hommes furent liés tous, séparément, les mains au dos.

Le malade qui ne pouvait pas marcher, subissait le même traitement brutal que nous. Bien plus, un soudard lui jeta un coup de botte dans les reins. Il est tombé à mes pieds. Sa soeur et sa mère étaient accourues. Il les suppliait en grâce de ne pas l'abandonner, et, à leur tour, elles suppliaient pitoyablement les soldats :

— *Ayez pitié d'un pauvre malheureux! Il est malade depuis plus d'an et jamais n'a fait de mal à personne ! ...*

Les soldats ont saisi la sœur de Denis, l'ont maintenue contre le mur de la maison, puis se sont tournés vers l'infortuné qui gisait dans la rigole et l'ont tué à coups de crosse et achevé d'un coup de revolver !

---

120 Paru dans *Spontin l'assassinée,* fasc. 2, p. 20-28. La date à laquelle ce témoignage a été recueilli par Édouard Gérard n'est pas connue non plus.

Quand nous eûmes assisté à cette scène atroce, on nous fit partir vers Dorinne. Nous étions huit hommes.

À environ cinquante mètres de la maison de Jean Ducret, sur la nouvelle route de Spontin à Dorinne, on nous lia tous ensemble par les mains sur le dos et par le cou, et on nous fit dégringoler le talus. Imaginez-vous dans quel état nous étions ! L'un était chaussé de sandales, l'autre de galoches, un autre de sabots, un autre n'avait plus rien aux pieds... En dégringolant parmi les gazons et les terres, nous sommes inévitablement tous tombés les uns sur les autres... On nous fit relever et on nous aligna pour nous fusiller. Les soldats étaient sur l'accotement de la route. L'officier qui les commandait nous fit mettre en joue ...

Mais à ce moment, un officier supérieur survint et fit quelques signes : on ne tira pas. On nous fit remonter le talus à coups de crosse, de cravache et on nous emmena vers Dorinne. Tout le long de la route, on nous asséna des coups de crosse et de cravache à tel point que rapidement nous devînmes méconnaissables…

Théophile Béthulée avait l'œil droit à demi arraché et pendant hors de l'orbite ; François Denis, Émile Baily avaient la face rouge de sang ; Alfred Decroly avait la tempe droite presque défoncée...

Quand nous atteignîmes Dorinne, toujours roués de coups, nous n'en pouvions plus ! Nous étions littéralement épuisés, nos vêtements étaient en lambeaux et tout ensanglantés ! À plusieurs reprises, nous avions été fouillés, mais on n'avait rien découvert sur nous.

Un soldat saisit cinq des nôtres, les plus mal arrangés : Béthulée, 61 ans ; Denis, 48 ans ; Baily, 47 ans ; Decroly, 35 ans ; et Félix Charlier, 40 ans, qui était à bout…

Sans rien vouloir entendre, on les rangea en prétendant que nous avions tiré sur eux. Car moi également, ils m'avaient pris et voulaient me fusiller. L'officier se trouvait en face de moi. Je lui dis :

— Je n'ai pas tiré. Deux de vos soldats m'ont éveillé et fait lever pour leur préparer du café ; ensuite, je me suis réfugié avec ma mère dans notre cave… Vous voyez donc que je n'ai pu tirer sur vous...

— *Est-ce bien vrai ce que vous dites là ?*

— C'est aussi vrai que Dieu est tout puissant, répondis-je.

Alors l'officier me renvoya. Mais les soldats, en très grand nombre, qui hurlaient furieusement, s'emparèrent de moi à nouveau et l'officier dut intervenir une seconde fois pour me mettre à l'écart.

À ce moment, un autre groupe de prisonniers fut amené. C'était le Dr Louis Bardiaux, 50 ans, médecin, attaché à la Croix-Rouge, dont le brassard qu'il portait toujours ne suffit pas à immuniser ; Henri Missart, 38 ans, tout sanglant ; et Georges Lambert. Ce dernier, un jeune homme de 27 ans, avait été enlevé de son lit, amené pieds nus, sans vêtements autres que sa chemise et son gilet, bourré tout le long du chemin de coups de poing et de coups de crosse...

Ces nouveaux arrivés furent rangés aussi, de même que Louis Fondaire, un malheureux ouvrier, âgé de 55 ans, « *que les soldats désignaient comme étant le bourgmestre de Spontin et qui, malgré son carnet d'ouvrier, ne put les convaincre de leur erreur voulue...* »

L'ordre fut donné aux soldats de tuer ces pauvres en notre présence. Cela se passait à Dorinne, dans la propriété de M. Thibaut.

Cependant, nous étions à 80, alignés le long d'une haie et un officier nous intima l'ordre de couper tous les boutons de nos veston, gilet et pantalon !

Puis, par rangs de quatre, on nous fit prendre la route de Purnode et on nous mena à Évrehailles. J'étais toujours en première ligne et les coups ne cessèrent de me pleuvoir sur tout le corps, pendant tout le chemin...

On nous fit faire halte au-dessus d'Évrehailles, dans une pâture à gauche, vers la route d'Awagne. À une dizaine de mètres de nous, une batterie allemande tirait par-delà la vallée. Après avoir servi de boucliers vivants aux valeureux guerriers du Kaiser, ou nous ordonna de nous coucher à terre, à plat ventre, en nous prévenant qu'on allait nous tuer à la baïonnette.

Nous nous tenions la face contre terre, n'osant faire le moindre mouvement et tremblant de sentir par avance dans notre terreur, nous glacer le froid des baïonnettes qui allaient nous faire mourir... Au bout de quelques minutes, on nous fit relever la tête : c'est au fusil qu'on allait nous tuer ! Puis on nous fit relever, on nous fouilla encore et les soldats s'emparèrent de tout ce que nous avions; ils prirent ma montre, mon canif, mon argent, et même mon mouchoir de poche !

Ensuite, il fut permis à tous de se tenir assis ou couchés — mais pas levés — sauf à trois autres infortunés : Victor Laporte, Arthur Bernard, Fortuné Simon, et moi, qui furent obligés de rester couchés. Et la soldatesque furieuse se mit à nous battre de plus belle, à coups de botte, à coups de cravache. Même, un soldat me frappa sur les poignets avec une bouteille ! Et plus nous criions, plus ils s'acharnaient !... Pendant deux heures, nous sommes demeurés étendus sans pouvoir bouger, subissant des coups de toutes sortes à chaque instant...

Ah ! quel supplice j'ai enduré là ! Quelle sueur a ruisselé par tout mon corps contusionné ! Et combien alors m'était douce la pensée de mourir...

Les soldats enragés s'acharnaient sur moi davantage encore que sur mes compagnons de torture, car l'officier, le matin, avait défendu qu'ils me fusillent ; car j'étais une proie qui leur avait été enlevée ! — Et ils expliquaient aux officiers que la curiosité amenait auprès de nous, que j'avais moi-même tiré sur eux, que de chez moi des coups de feu avaient été tirés par la tabatière du grenier et par le soupirail de la cave.

On nous fit enfin relever et le cortège poursuivit sa marche vers Yvoir. À Évrehailles, des maisons et l'église étaient en feu. Le tout jeune officier qui venait de nous supplicier m'attaquait toujours, me jetant des coups de sabre entre les poignets...

Nous sommes restés là assez longtemps, deux heures, je crois... La soldatesque était méchante. À chaque minute, elle vociférait : « *Tous kapout ! ... Tous kapout* ». L'officier, à un moment, avisant une botte d'avoine, la piqua de son sabre et, la brandissant, terrible, se mit à hurler : « *Tout à l'heure, vous serez éventrés comme ça !...* »

Et les injures redoublaient. On ne cessait de nous répéter : « *Vous êtes tous des francs-tireurs ! Nous allons arriver à Yvoir et vous serez fousillés !...* » À tout instant, nous étions mis en joue. J'étais avec mes trois compagnons de torture, placé près d'une haie et c'était contre nous que l'animosité de nos bourreaux se donnait le plus librement cours. Nous n'avions pas une minute de répit.

On nous fit avancer un peu, jusqu'au terrain d'une petite carrière, au bord de la route, où se trouvait la ferme Deltombe. Le propriétaire et son domestique avaient été fusillés, et leurs cadavres gisaient là sous nos yeux. Les soldats s'empressèrent d'allumer l'incendie aux bâtiments, et cependant, ils nous faisaient défiler devant les tués : « *Regardez-les bien ! Voilà comment vous serez arrangés tout à l'heure !* »

Puis le cortège lamentable reprit sa marche. Nous étions à demi-morts d'épuisement, de fatigue et d'épouvante — souffrant atrocement d'une soif fiévreuse, n'ayant plus comme perspective en nos cerveaux atterrés, qu'un horrible massacre plus ou moins proche... regrettant presque de n'avoir pas été fusillés à Dorinne.

Un vieillard de 83 ans, Alexandre Germain, à bout de forces, dit à son fils Victor qui l'avait soutenu jusque-là : « *Mon fils, laisse-moi, je n'en peux plus...* » et il tombe !

Victor veut relever son père : un soldat sans entrailles — il n'y en avait pas d'autres — le repousse brutalement, mais comme, en fin de compte, c'est une victime qui va leur échapper, ordre est donné au fils et à deux soldats de porter le vieillard, et l'on arrive ainsi à Yvoir dans la soirée.

À Yvoir, les premières maisons flambaient. À notre arrivée, les soldats poussèrent des cris et des hurlements, nous entourèrent et nous poussèrent tous dans l'église. On nous délia, enfin : j'avais les poignets en sang. Un médecin nous inspecta rapidement: il désigna quatorze vieillards auxquels on rendit la liberté en les renvoyant à Spontin, sans, toutefois, leur donner ni une goutte d'eau, ni une mie de pain.

Parmi les libérés, se trouvaient M. et Mme Froidmont-Enuzet, qui avaient encore les mains ensanglantées d'avoir transporté hors de leur maison en feu, leur fils qui venait d'y être tué... Une autre dame était emmenée avec nous : c'était Mme Bardiaux, la dame du médecin qui avait été fusillé à Dorinne, alors qu'il portait le brassard de la Croix-Rouge ; on retint cette dame et on l'enferma dans la sacristie : ce fut seulement le lundi matin qu'on la renvoya !

Quant à nous, nous avons passé cette nuit en compagnie de la population d'Yvoir, enfermée, elle aussi, à l'église. Le matin, on nous apporta un petit verre d'eau.

Après-midi, vers 1 heure et demie, le Dr Baudart d'Yvoir vint nous prévenir qu'il fallait patienter encore un peu, qu'on allait être relâchés dans quelques heures... Les soldats nous firent sortir et nous entraînèrent par la grand-route de Champalle, vers Houx. Ils nous firent traverser la Meuse sur l'ancien pont du chemin de fer que les Français avaient fait sauter en se retirant. Nous marchions sur d'étroites poutrelles, jetées sur les débris des piles, à une hauteur de six ou sept mètres du niveau du fleuve qu'obstruaient les matériaux écroulés ; et dans notre faiblesse, nous subissions d'effrayants vertiges que, seules, les baïonnettes sans cesse pointées nous faisaient surmonter... Ah ! nous avons vécu là une heure terrible !

Notre pitoyable cortège traversa Anhée, Haut-le-Wastia, Falaën, Maredret-Maredsous. Je ne me souviens plus de grand-chose : nous marchions, entraînés par la colonne qu'encadraient des brutes toujours aux aguets... La fatigue, la faiblesse étaient extrêmes — et nous étions, quand même, obligés d'avancer…

Dans la nuit, vers 3 ou 4 h du matin, nous nous arrêtâmes près de Stave. Nous avions couvert toute cette route sans une minute de repos, sans une gorgée d'eau... Après nous avoir fait manœuvrer sur place pendant quelques minutes - histoire de nous énerver à fond — on nous ordonna de nous coucher et de nous endormir. Les soldats nous disaient qu'on allait nous tuer... Les gens d'Yvoir offraient 1.000.000 de francs pour être relâchés. Un officier survint : il fit grouper à part la population d'Yvoir et d'Évrehailles et la libéra immédiatement, en retenant cependant le curé et le bourgmestre d'Yvoir.

Nous demeurions donc, les gens de Spontin et de Hun. Tous les autres étaient libres. Nous devions être *fousillés* par ordre du Général...

La furie des soldats reprenait de plus belle : ils nous bousculaient, nous battaient, nous menaçaient… On se remit en marche et nous traversâmes Stave. C'est alors qu'un des nôtres, François Kaiser, 44 ans, père de famille, passant près d'une fontaine, s'arrêta pour s'y désaltérer. Un soldat se lança sur lui et le transperça de deux coups de baïonnette... Le malheureux s'abattit sur le coup, nous regarda longuement, nous fit un faible signe d'adieu... Son voisin, Joseph Collin, put lui tendre la main une dernière fois : il la serra, désespérément... À peine avions-nous fait quelques pas, qu'un coup de feu retentit derrière nous ; on achevait le pauvre !...

Notre troupe prit le chemin de Florennes, vers le milieu duquel on nous accorda un petit repos. Quel repos ! La folie nous gagnait de plus en plus : nous allions mourir ; la soldatesque méchante nous le répétait sur tous les tons ! Tous, nous nous embrassions, nous nous faisions nos adieux en pleurant... Cependant, une soif terrible nous brûlait : nous fûmes obligés de recourir à une mare stagnante, où avaient pataugé les chevaux... Mais nous y avons bu, nous y avons étanché notre soif, en pensant qu'il valait autant mourir empoisonnés par l'eau de chez nous que tués par des balles étrangères, comme nous nous attendions à l'être d'un moment à l'autre…

Nous traversâmes Florennes, Philippeville, Neuville... Et nous allions, parmi la grand-route, sous l'implacable soleil qui nous cuisait la nuque, sans trêve, parmi les hordes allemandes qui couvraient les campagnes, à perte de vue, de tous côtés... Et nous étions toujours en proie aux mêmes pensées de terreur toujours grandissantes... et à la même soif intolérable qui augmentait à chaque pas...

Après avoir passé Neuville, on nous fit ralentir... Nous ne pouvions nous rendre compte de ce qui se passait autour de nous. De toutes parts, c'étaient des flots d'Allemands qui déferlaient sur les horizons rouges. Le canon tonnait, plus proche et plus terrible, dans le soir tombant... Nous nous trouvions à une lieue de Mariembourg où s'achevait parmi les flammes la bataille qui durait depuis le matin...

On nous fit faire halte : nous nous sommes couchés par terre et on nous apporta à boire. Comme nous étions là — et nous y sommes restés assez longtemps — une rencontre eut lieu, non loin, entre quelques Français attardés et les Allemands qui nous précédaient. Nous avons très distinctement entendu le combat — et pendant qu'il se déroulait, ceux d'entre nous qui avaient le malheur de se plaindre étaient roués de coups de crosse !

Nous avons entendu une voix de femme crier en wallon du pays : « *Je ne vous ai rien fait !... Pourquoi me faire mal ?* » Nous n'avons pas vu de femme ; nous n'avons vu, auprès de nous, que deux Allemands blessés...

Il faisait noir quand les Allemands nous firent continuer la route. Nous empruntâmes bientôt un chemin de terre, à travers bois, et nous sommes allés échouer à Roly, où on nous parqua à 82 dans une bergerie. Le matin du mercredi, le fermier nous apporta deux pains à nous partager. Nous sommes demeurés une couple d'heures, puis on nous fit reprendre la marche forcée vers Philippeville et Florennes, où nous passâmes la nuit.

Le jeudi matin, on nous dirigea sur Dinant : nous passâmes par Flavion où, notamment, nous vîmes le curé de Dorinne, au milieu d'une bande d'Allemands qui le torturaient : sa soutane était déchirée et son visage souillé...

Je dois dire que, pendant tout le trajet, les soldats nous chargeaient de leurs sacs : tous, nous en portions un, et M. l'abbé Grégoire, curé d'Yvoir, qui fut particulièrement martyrisé, devait toujours en porter deux... Entre Onhaye et Dinant, nos bourreaux nous parquèrent dans une pâture, où pourrissaient, pattes en l'air, des vaches tuées et à moitié dépecées. Pendant que nous étions là, ils torturaient tellement le pauvre curé d'Yvoir que celui-ci s'affaissa. Quand il revint à lui, ils redoublèrent leurs cruautés, menaçant de le fusiller : « *Eh bien! fusillez-moi* », s'écria-t-il. Un officier intervint, sans quoi la soldatesque massacrait ce martyr !

À Dinant, on nous mena à l'École régimentaire et on nous soumit à une sélection : ceux de plus de 50 ans, devaient rester à Dinant. On leur fit enterrer les civils fusillés à Leffe — il y en a exactement 245 ! — puis on les occupa à toutes sortes de besognes, comme le nettoyage des latrines ! Les autres furent reformés en colonne ; et nous sommes partis vers Sorinnes, avec quelques Dinantais et 34 prêtres et religieux.

Nous avons failli abandonner le curé d'Yvoir pour mort, au repos qu'on nous accorda entre Sorinnes et Achêne. Pendant ce repos, les coups pleuvèrent [*sic*] plus durs encore que d'ordinaire, particulièrement sur les malheureux religieux. À un moment, un officier de la Croix-Rouge passa. Les prêtres l'appelèrent. Il les dévisagea et se mit à rire... Un autre officier à cheval passa. Il mit pied à terre et s'approcha du curé. Les religieux examinèrent leur infortuné confrère et constatèrent qu'il était encore en vie : c'était par miracle vraiment, après tout ce qu'il avait enduré !

Le vendredi, à Achêne, nous avons demandé à boire. Les gens du village ont voulu nous en apporter, mais les soldats interdirent qu'ils nous approchent... En nous voyant, les soldats accouraient, en bandes, vers nous, mais apercevant le groupe des ecclésiastiques, ils s'élançaient sur eux et se livraient à toutes sortes de faits et gestes. D'Achêne, on nous mena à Leignon, par le Bragard, où nous avons rejoint des soldats belges de Namur faits prisonniers à Bioul. Mon frère était du nombre. Je le vis à une distance de vingt mètres et voulus lui parler ; mais aussitôt les coups de crosse me tombèrent sur le dos ...

À Leignon, notre groupe se grossit de civils de Sorinnes qui se trouvaient internés dans l'église depuis plusieurs jours déjà. Par Chapois et Haversin, nous avons atteint Marche. Entre Haversin et Marche, nous avons rencontré à nouveau les prisonniers belges et mon frère, voyant que j'étais à peine vêtu, me jeta sa capote militaire : je voulus la prendre mais un soldat s'interposa et si j'avais osé la moindre résistance, un autre soldat me perçait de sa baïonnette... Le soir du vendredi, nous avons logé au château de Hogne, appartenant au baron de Bonhomme. Nous nous y trouvions à 164 prisonniers.

Nous sommes partis dès le matin, et, un peu avant midi, nous arrivions à Hotton. Là, devait s'effectuer notre chargement en chemin de fer pour être expédiés en quelque prison d'Allemagne. Mais il y avait trop de prisonniers et pas assez de wagons : on nous installa, en attendant, dans l'église. Nous y sommes restés jusqu'au dimanche soir, et, grâce au dévouement de M. le curé, nous comptons ces deux jours comme les meilleurs de notre captivité. M. le curé avait pris l'initiative de nous ravitailler. Chaque jour, malgré la pénurie de vivres où se trouvait le village, il recueillait deux tranches de pain dans chaque ménage et nous les distribuait de façon à ce que tous nous en ayions une part égale. Il faisait ces distributions au banc de communion, et nous y allions tout à fait comme pour aller recevoir l'hostie. L'après-midi du samedi, le brave curé récolta une manne de prunes ; il commença par nous en distribuer chacun deux, puis, selon, qu'il en restait, chacun deux encore, puis chacun une... Quelle chance de l'avoir eu ! Sans aucun doute, nous serions tous morts de faim ! Et comme nous lui gardons notre reconnaissance !

Et puis, il intercéda pour nous auprès de l'officier — et de la plus heureuse des manières, car l'officier déclara bientôt qu'il allait nous faire sortir pour nous délivrer un passeport... Il était 9 h du soir quand nous fûmes en règle ; on nous dit qu'il fallait retourner chez nous, que si, à minuit, il restait encore un des nôtres dans le village, il serait fusillé !

Nous sommes partis dans la nuit. À minuit, nous arrivions à Marche. Une patrouille nous arrêta ; l'officier voulait nous faire rebrousser chemin sous prétexte que nos papiers ne valaient rien. Nous avons protesté et nous nous sommes défendus. On nous conduisit au Cercle catholique, entre deux rangs de baïonnettes.

Le matin du lundi, des soldats sont venus nous chercher et nous ont escortés à un quart d'heure de la ville où ils nous déclarèrent libres... Nous sommes rentrés au plus tôt à Spontin.

J'ai trouvé ma mère tuée : affolée de ce que les Allemands m'avaient pris (son dernier enfant ; mes trois autres frères étaient à l'armée), elle avait été tuée en voulant fuir près de la chapelle du cimetière...

1.6. Témoignage de Victor Germain[121]

Je m'appelle Victor Germain. J'habite au Ry d'Août.

Les soldats sont arrivés chez moi samedi 22 vers 9 ou 9 ½ h du soir. Ils étaient déjà comme des sauvages et braquaient sur moi leurs revolvers. Ils exigèrent trois lits et de la paille plein la cuisine. Vers 10 heures, on alla se coucher, tout restant ouvert.

Je me levai avant la fusillade. J'étais à la maison, lorsque, vers 5 h commença la fusillade. Les hauteurs avoisinantes étaient remplies de soldats. Une impression très forte est que tous attendaient le mot d'ordre.

Aux premiers coups de feu, les officiers n'étaient pas levés mais ils le firent aussi vite ; ils allaient tous comme des sauvages. Ils ouvrirent leurs fenêtres et se cachèrent dans un coin. Je vis déjà alors la ferme Doneux qui brûlait. C'était cinq à dix minutes après le commencement.

Je dis alors à ma femme : « *C'est maintenant fini* ». Les officiers me demandèrent des œufs, le plus tôt possible. Je me mettais à allumer le feu, lorsqu'un soldat me saisit par le bras. La sentinelle me fait signe de rester et dit à l'autre de rester tranquille. Mais on m'emmène malgré cela au dehors.

Déjà je voyais descendre tous ceux du Ry d'Août, chemin de Dorinne (hommes, femmes, enfants) et on mettait le feu dans toutes les maisons du dessus.

---

[121] Le témoignage de Victor Germain, daté du 15 avril 1915, est conservé aux Archives de l'Évêché de Namur / Fonds Schmitz S-103, dans une version manuscrite de la main du chanoine Schmitz (8 pages). Seuls quelques passages sont donnés en notes dans SCHMITZ & NIEUWLAND, p. 117-119. – Le curé d'Yvoir, l'abbé Grégoire, fournit une version parallèle de ce long périple, cf. SCHMITZ & NIEUWLAND, p. 115-120.

Arrive un officier à cheval qui crie : « *Vous avez tiré sur nous, vous serez tous fusillés* ». Il nous fait mener dans la grange de Hubert Lamy.

Nous y restons environ 5 minutes, croyant y être brûlés ; puis on nous dirige sur Dorinne, au nombre de 40 à 50. J'en ai dressé la liste (elle a été remise).

Un autre groupe. Entre Spontin et Dorinne, on nous arrête et on nous fait attendre une bande d'une dizaine, qui suivait.

À Dorinne. Arrivés près du château de M. Thibaut, à Dorinne, on nous range le long d'une haie. C'est alors surtout que nous commençons à être maltraités au-delà de toute idée. Si on avait laissé faire les soldats, de vrais sauvages, ils nous auraient tués tous. Heureusement encore que s'interposaient les soldats qui avaient couché dans les maisons et nous connaissaient comme inoffensifs.

Un troisième groupe. Nous attendions là un groupe de cinq ou six de nos pauvres compatriotes qui s'étaient tenus cachés à la cave de la Coopérative. Ils nous arrivèrent au milieu des hurlements des soldats. Ils étaient déjà vraiment martyrisés. Théophile Béthulée avait reçu des coups très graves à l'œil. M. Decroly avait la tête tout abîmée. Ceux qui avaient ainsi reçu des coups furent pris. Ils prirent également Charlier, qui n'avait pas reçu de coups, mais qui avait un costume de toile et avait les genoux salis. « *En voilà un qui a tiré* » disaient-ils. Il dut se mettre avec les condamnés.

La fusillade. À Louis Fondaire, ils criaient : « *Le Maire ..., le Maire ...* ». Des officiers étaient dans le voisinage mais ils restaient à distance et laissaient faire. Quand les soldats eurent désigné huit victimes [neuf en fait], les officiers jetèrent un cri, comme s'ils disaient : « *C'est bon !* » et on s'arrêta. La fureur des soldats, ivres de sang, allait être soulagée. Les pauvres victimes furent menées dans une pâture, un vallonnement : elles y furent fusillées. Il était environ 6 h du matin.

Nous fûmes ensuite dirigés vers Évrehailles, à travers betteraves et à travers tout. C'était un cortège désolant. Il y avait des vieillards, certains de 85 ans, en sabots. Georges Amour était arrivé en chemin, le dernier de tous, même après ceux de la Coopérative ; il avait reçu des coups aussi. À Dorinne, on avait changé les soldats qui nous accompagnaient. Nous n'eûmes plus avec nous le chef, mais un simple sergent. Le martyre reprit de plus belle. De Dorinne à Évrehailles, on multipliait les coups de crosses de fusil.

Protection aux canons à Évrehailles. À Évrehailles, nous fûmes parqués dans une pâture, à côté des canons qui tiraient sur les Français. Nous restâmes là environ une heure, leur servant de protection.

On nous fit alors descendre entre Yvoir et Évrehailles et on nous plaçait pour que les Français nous virent bien [*sic*]. Les obus sifflaient au-dessus de nos têtes. Un aéroplane nous survola à une faible hauteur, accueilli par des hourrah ! Nous restâmes là jusqu'à 5 h du soir.

À Yvoir. Puis, on descendit sur Yvoir, où nous fûmes installés près de l'église. L'abbé Grégoire, curé d'Yvoir, était avec nous. On resta environ deux heures sur la voie du Bocq, toujours en face des Français qui visiblement arrêtaient leur feu en notre faveur. Puis nous fûmes parqués dans l'église, où nous passâmes la nuit. Le Dr Bodart vint nous dire qu'il croyait avoir obtenu grâce pour tous, que peut-être on irait jusqu'à Houx, puis ce serait tout. Ces paroles réconfortèrent, car on commençait à éprouver la fatigue, après l'énervement des jours précédents, l'affolement du matin, les émotions successives, le manque complet de nourriture.

Hélas, l'espoir ne se réalisa pas. Lundi, on nous dirigea sur Moulins, puis sur Warnant où nous vîmes un civil fusillé. « *Voilà comment vous serez tous arrangés* », nous disaient cruellement nos bourreaux.

Mardi. Quand nous arrivâmes à Maredsous, on était en pleine nuit. Mardi vers 3 h du matin, on se rapprochait du lieu du combat. Les balles sifflaient au-dessus de nos têtes. Cela finit au jour naissant. Pendant tout ce temps, on se couchait à plat ventre. C'est là que les civils d'Évrehailles et d'Yvoir furent délivrés. Ce fut une scène tragique. Les soldats demandèrent le bourgmestre et le curé. Ils rassemblèrent ensemble les gens de Spontin, ensemble ceux d'Évrehailles et ceux d'Yvoir. Ils firent rester les civils de Spontin et les autorités. Je m'avançai : « *Nous sommes tous innocents*, dis-je, *pourquoi nous fait-on rester ?* ». Ils répondirent : « *C'est l'ordre du général. C'est fini. Celui qui parle encore sera fusillé* ». En fait, tous désiraient mourir. Certains allaient jusqu'à crier : « *Vive la mort !* » On continuait à souffrir de la faim et de la soif, puis des mauvais traitements qui n'avaient pas cessé un instant. Monsieur le curé d'Yvoir était toujours là. Ce qu'il avait déjà souffert ! Car il était plus que nous autres tous l'objet de leur brutalité …

On se remit en route … Vers 6h ½ à 7 h, nous étions près de Stave. C'est là que mourut atteint des baïonnettes, notre brave compatriote Kayser. Voici comment. Il était épuisé de fatigue et marchait toujours en arrière. Les soldats le bousculaient, le pressaient. J'étais à sa droite. Il était surexcité et me parlait tout le temps. Je lui disais doucement : « *Tais-toi ! Tais-toi !* » Un soldat lui donna un coup de crosse de fusil. Un peu plus loin, il voit sur le sol une bouteille et la ramasse avec l'intention d'aller chercher de l'eau à une pompe ou à un réservoir, lorsqu'il s'en trouverait. C'est au moment où il venait de se baisser pour prendre cet objet qu'un soldat lui enfonça dans la jambe deux violents coups de lance. Le sang se mit à couler à flot sur les souliers. Il marcha encore environ cent mètres sans se soutenir. Puis, il s'appuya encore sur moi, tant qu'il le put. Une auto était prête à passer ; il me sembla alors qu'il ne saurait aller plus loin. Je dus bien l'abandonner. *(Ici Victor Germain pleure abondamment en racontant la scène)*. Je serrai la main à Kayser qui alla se mettre sous la haie. Je me retournai un peu plus loin et je vis bien qu'il laissait incliner sa tête. C'est là qu'il est mort, abandonné. Est-ce de sa blessure, est-ce d'une balle, je ne sais. Certains de mes compagnons prétendent qu'on lui a tiré une balle au front, peu d'instants après. Cet acte de cruauté atroce, commis tout naturellement et sans exciter la moindre répulsion chez aucun soldat, indique assez à quel niveau de barbarie étaient élevés ces hommes, entre les mains desquels étaient nos vies.

Nous traversons Florennes, puis Philippeville. Avant d'arriver à Roly, nous trouvons plusieurs cadavres de soldats allemands tout le long du chemin. Des Français étaient dans le bois. Quand ils nous virent, ils arrêtèrent leur feu. Les Allemands nous mirent d'ailleurs sur les talus pour que nous fussions bien en vue et ils ne manquèrent pas de nous maltraiter de toute manière.

On était vers 3 h de l'après-midi. Un officier, un médecin, je pense, passe à côté de nous et nous dit, visant M. le Curé d'Yvoir : « *C'est votre curé la cause ?* » Il n'y eut qu'une voix parmi nous pour protester. Nous étions tous dans un état lamentable, mais ce pauvre prêtre était encore plus affligé que nous et avait encore subi plus d'avanies que nous. Aussi, il ne savait vraiment plus avancer.

Nous passâmes la nuit à Roly, dans une ferme. Chose à peine croyable : nous étions arrivés là sans manger, ni boire ! Sauf qu'un certain nombre avait pu ramasser des boîtes de conserve vides et avaient puisé un peu d'eau (…).

À la ferme, nous trouvâmes un civil compatissant qui nous donna deux pains (pour 120 personnes !) et de l'eau. Car aux hommes de Spontin, avaient été joints également des hommes de divers villages par lesquels nous avions passé.

Mercredi. Retour. Nous étions au terme du voyage. Mercredi, on nous fit faire volte-face. Vers cinq heures du matin, en route vers Florennes, sous la conduite des soldats. Ceux-ci étaient pires encore que les précédents. Ils nous firent porter leurs sacs. Monsieur le curé d'Yvoir était deux rangs avant moi et jusque-là ne portait rien. Le soldat dont je transportais les effets me fit signe : « *Mettez le sac au curé !* ». Je refusai. Un peu plus loin, il insista. Je dus, bien à regret, m'approcher de M. le curé et lui adapter le fardeau aux épaules. À noter qu'outre l'équipement, le sac contenait beaucoup de bouteilles de vin qui remplissaient tous les espaces libres. Il pesait de 20 à 25 kilos. M. le curé, très affaibli, alla à la renverse. On le releva. Pour pouvoir marcher, il dut se courber en angle droit, le fardeau étant placé presque horizontalement sur le dos. À partir de ce moment, que ce fut triste ! M. le curé, exténué, n'avait plus rien d'humain. À chaque arrêt, il se laissait choir au milieu de la poussière du chemin. Quand la marche reprenait, il fallait le relever. On logea à Florennes.

J'y vis des pommes de terre : je fus heureux d'en manger, toutes crues. Un sergent me dit alors d'en cuire. Je mis de l'eau dans une marmite ; j'y jetai des pommes de terre. J'en fis ensuite la distribution. Certains n'en eurent que deux.

Jeudi. Puis, en route vers Dinant ! Nous longions parfois un champ de betteraves ou de choux-navets. Nos gardiens, devenus moins cruels, ne m'empêchèrent plus d'arracher de ces betteraves ou navets et d'en jeter à mes camarades. Quelques soldats en arrachèrent même avec moi. Ils ne nous empêchèrent pas non plus de ramasser, pour nous désaltérer, l'eau stagnante des fossés ; ceux qui n'avaient pas de récipient se couchaient de leur long et humaient de leurs lèvres l'eau boueuse…

Avant d'arriver à Onhaye, mes gardiens vidèrent de fond en comble une ferme puis la brûlèrent.

Nous logeâmes à Dinant, à l'École régimentaire. En revenant, nous avions vu M. l'abbé Servais, curé de Dorinne en repos à Anthée.

Avant le départ, l'officier demanda s'il y avait des malades. Nous l'étions tous, mais pas à ses yeux. Une quinzaine furent tirés dehors et purent rester. Les autres partirent, dont les Pères Blancs. Ils n'étaient pas au bout de leurs souffrances ; on sait qu'ils furent menés jusque Hotton. Ils partirent vendredi.

Vendredi. Pour moi, je restai à Dinant, avec d'autres. Il y en eut qui allèrent enterrer les cadavres des Dinantais, des chevaux et des bêtes à cornes également.

Vers 10 h., le commandant dit : « *Quand vous aurez fini votre travail, vous aurez un passeport pour retourner* ». Puis, il demanda d'où nous étions. Un de mes compagnons, maladroit, répondit : « *de Spontin* ». « *MM.*, ajoute-t-il, *je le regrette, je ne puis pas délivrer de passeports pour Spontin. Il faudra rester jusqu'à ce que j'aie reçu ordre du Major* ».

Le soir, j'allai le retrouver. Il promit de faire son possible. (...)

Je retrouvai Spontin dans un état indescriptible. J'avais fait ce trajet considérable avec les chaussures trop petites que m'avait prêtées à Yvoir, monsieur le docteur Bodart. Mes pieds n'étaient qu'une plaie. Le sang avait coulé dans mes chaussures.

Quant à mes compagnons, ils logèrent au château de M. de Bonhome, à Aye ; de là, ils gagnèrent Hotton, où ils restèrent trois jours enfermés dans l'église. C'est de là qu'ils revinrent dans leur village.

Je tiens à dire, en finissant, que je suis incapable de décrire en quel état était notre groupe, ce que nous avons souffert, en particulier de la soif, les mauvais traitements que nous avons reçus et l'état d'affaissement tant moral que physique, auquel nous étions arrivés. Et personne ne savait verser une seule larme !

1.7. Témoignage de Frédéric Tonglet[122]

J'habite sur la route de Sovet, à l'entrée du chantier des carrières. La nuit du 22 au 23 août, je me trouvais chez moi. Vers 3 h du matin, j'ai entendu un grand bruit. Par la fenêtre, j'ai vu, des troupes allemandes en grand nombre, qui descendaient la grand-route de Ciney. Pour mieux voir, je suis monté au grenier. De là, j'ai très bien remarqué qu'au lieu-dit Quesval, des canons étaient braqués sur le village de Spontin.

Je suis, ensuite, redescendu dans ma chambre, auprès de ma femme et de ma petite fille, qui avait alors six mois. Je ne présageais rien de bon.

Un régiment d'infanterie — le 103e saxon — est arrivé par la route de Sovet. Il s'est arrêté près de chez moi, et disposé en ordre d'attaque, ils ne tardèrent pas à s'attaquer à ma maison. Un soldat défonça une fenêtre ; nous nous sommes sauvés

---

[122] Récit paru dans *Spontin l'assassinée,* fasc. 1, p. 11-16. La date à laquelle ce témoignage a été recueilli par Édouard Gérard ne nous est pas connue.

dans la cave. Les soldats commencèrent à huer. Ils placèrent dans notre cour deux canons qui visaient le dessus du village.

C'est alors que j'ai passé le plus mauvais moment dans ma cave. Bientôt, on se mit à hacher dans la porte extérieure de la cave. Nous sommes remontés. Les Allemands criaient en français, pour nous faire sortir, qu'ils allaient bombarder la maison.

J'étais en pantalon, en chemise et en sabots ; ma femme était en robe de nuit. J'ai voulu me présenter par la porte de la cave. Une balle me frôla. Ma femme me dit d'avancer plus franchement, d'aller aux soldats qui, peut-être, ne désiraient qu'à boire...

Je me présentai une seconde fois ; une balle siffla à nouveau et, un peu, atteignait ma femme. Elle me dit : — *Lève les bras ! Lève les bras !...*

Je les levai, mais au même instant, un fusil s'abattit et je roulai à terre. Des soldats s'élancèrent sur moi, m'empoignèrent et me traînèrent sur le dos par les pieds.

Sur la route, ils me relevèrent et me mirent au cou un lien de vache et, avec un fil de fer, me ligotèrent les poignets au dos. Ainsi arrangé, ils me firent monter sur les chantiers de la carrière à coups de cravache. Un groupe sauvage m'entourait et m'entraînait. Un soldat me tirait à m'étrangler, par la corde que j'avais au cou. Un autre me cravachait sans cesse, de toutes ses forces.

Sur la route, des troupes défilaient sans discontinuer. Au-delà des barrières, ils me firent monter le talus et traverser des pâtures. Dans l'herbe humide, où j'étais forcé d'aller très vite, je perdis les vieux sabots que j'avais aux pieds. Arrivés aux pâtures du Bouchat, on fit arrêt. On attendait des officiers.

Et là, en guise de passe-temps, la soldatesque me fit endurer un supplice infernal. Les hommes s'étaient rangés en une double haie. Ils me firent courir entre eux, à quatre pattes ! Pour cela, ils m'avaient délié les poignets. Sur une distance de quinze à vingt mètres, aller et retour, ils me faisaient courir ; un soldat me tirait toujours par la corde au cou et d'autres me poussaient par derrière pour me faire courir plus vite. Et chaque fois que j'avais fait un trajet, de bruyants applaudissements éclataient. Quand on fut las de ce « jeu », on m'installa, toujours à quatre pattes, dans une pose atrocement grotesque et on me photographia...

Deux grands officiers arrivèrent. L'un, gros, avec un emplâtre sur le nez ; je l'avais vu le jeudi précédent : il m'avait fait l'accompagner à Mianoye. L'autre était très méchant.

Je leur ai demandé grâce, disant que, pendant cinq jours, j'avais ravitaillé treize dragons.

Le premier m'a dit : « *Tiens ! voici ta grâce !* » Et, avec son sabre, il fit le geste de me trancher le cou. L'autre vociféra : « *Tu seras fusillé !* »

Des soldats me saisirent, me lièrent les poignets au dos et me ligotèrent les deux pieds. Puis ils me bandèrent les yeux avec un essuie-main. À ce moment, d'autres soldats étaient devant moi, prêts à me fusiller.

Cependant, un officier qui, après mon départ, avait fait rentrer ma femme, est allé chez moi, chercher sur mes propres indications, l'argent que j'avais caché dans ma cave : six cents francs.

Il revint, nanti de cette somme qui devait me libérer. De loin, il cria des ordres ; des coups de sifflet retentirent. On m'ôta immédiatement mon bandeau. On me délia. Je reçus l'ordre de me rendre tout de suite au Château où était installée la Croix-Rouge.

Pendant que je subissais ces tortures, une fusillade avait éclaté près de la station, vers 5 h 15 ou 5 h 30 ; les canons avaient bombardé le village; notre maïeur et notre curé avaient été assassinés... Je n'avais rien entendu.

Quand je me trouvai libre, je ne voyais plus clair et c'est à peine si je savais encore me tenir debout ! Les soldats se retiraient vers la gare. Je demandai à l'un d'eux de me mener au Château. Il me cria : « *Vite partir !* »

Des maisons brûlaient aux quatre coins du village; le feu se déclarait partout à la fois et se propageait avec une effrayante rapidité.

Comme je descendais vers la carrière, je vis, près de la grande cheminée, un groupe nombreux de prisonniers qui montait. Les Allemands paraissaient les conduire moins rudement, mais bon nombre avaient les poings joints aux reins à l'aide de fils de fer. Je fus joint à ce groupe. On nous mena, par la route de Sovet, dans les campagnes.

On nous fit arrêter et nous avons stationné longtemps dans un champ. Les soldats mangèrent. J'avais la chance d'être gardé par un qui avait encore quelques bons sentiments. Il m'attira, sans qu'on le remarqua [*sic*], derrière une petite meule et me donna à boire à sa gourde un peu de vin ; il me donna aussi un petit morceau de chocolat. Je lui demandais toujours : — Ne puis-je mal ? Ne va-t-on pas me tuer ?

Il me répondit : « *Non, non ... Moi, délivrer vous.* »

À un moment, la famille Rufy fut amenée prisonnière: père, mère et cinq enfants. Cette famille habitait une maison en face de la gare, sur l'autre rive du Bocq. Elle s'était réfugiée dans la cave. La maison avait été bombardée une des premières et ses habitants étaient sortis par une brèche d'obus, chassés par l'incendie. Ils étaient montés par derrière, vers la haie Ste-Catherine, mais n'avaient pas tardé à être pris par les Allemands.

Le soldat qui m'accompagnait me dit : « *Vous, pas fil de fer, vous pas fusillé.* »

Et il me délia les poignets en me faisant comprendre que je ne pouvais pas laisser pendre mes mains par crainte de l'Offizier. En effet, les prisonniers menottés étaient considérés comme francs-tireurs et devaient être fusillés. Or, on avait menotté presque tous les hommes...

Nous avons été conduits un peu plus loin, vers Sovet, au lieu dit Fond des Vaux, où l'on nous fit subir un simulacre de jugement.

L'officier qui nous commandait me parut bon envers nous. Il nous défendait, réellement. Il me demanda si j'avais tiré. Je lui répondis que non, et la preuve en était qu'à 5 h 30, au moment de la fusillade, je me trouvais prisonnier des troupes allemandes, depuis plus de deux heures, au-dessus du village.

Tous imploraient : « *Grâce ! Grâce !* », ceux qui étaient frappés par la fatale sentence et ceux — très rares — qui, par heureux hasard, étaient reconnus innocents. Le commandant semblait ému ; il eut même des larmes aux yeux.

D'autres groupes de prisonniers arrivèrent se joindre au nôtre, entre autres celui conduit par M. Verhoost. Dans ce groupe, se trouvait la jeune femme — vingt ans — du fils de M. Froidmont. Il y avait exactement, jour pour jour, deux mois qu'elle était mariée, et, au moment où elle s'était sauvée de chez ses beaux-parents, avec lesquels elle habitait, son mari avait été atteint par une balle et tué sur le coup ! La douleur de la pauvre petite veuve faisait peine à voir.

Les soldats qui l'entouraient s'en moquaient odieusement et ils allaient même jusqu'à l'infamie de vouloir la consoler ! — Bientôt, un cavalier allemand, venant au galop des Tiges de Sovet, s'arrêta parmi nous. Il était porteur d'un paquet qu'il remit à la jeune Madame Froidmont : c'étaient des souvenirs mortuaires de Madame la baronne Alfred d'Huart, née Mathilde Malou, décédée le 14 février 1912 ![123]

Et ceci se passa : les soldats forcèrent la pauvre petite veuve à distribuer un souvenir à chacun des prisonniers ! « *Ce sera pour consolation, disaient-ils en s'esclaffant...* » Comme la distribution n'avançait pas assez rapidement, ils désignèrent un autre prisonnier et l'obligèrent à aider Mme Froidmont. Et tout le paquet, qui contenait quelques centaines de souvenirs, dut être distribué !

De nouveaux prisonniers arrivaient toujours. On saisissait presque tous les hommes ; on les mettait à part : c'étaient les condamnés à mort ; ils tournaient le dos aux autres hommes, aux femmes et aux enfants.

Un officier, plein d'une insolente fierté, exhibait à tout moment, à d'autres officiers nouvellement arrivés, le canon plié d'une carabine de petit calibre... Pièce à conviction !

Le soir, on nous fit traverser le village et on nous emmena — les hommes — vers Durnal. Toutes les maisons se consumaient en un énorme et violent incendie. De nombreux cadavres de nos malheureux compatriotes gisaient au bord des chemins, et la soldatesque forçait les femmes à marcher dessus... À un endroit, un vieillard — Marchal — était étendu, les bras en croix : dans une main, il tenait sa pipe bourrée, et dans l'autre, sa boite d'allumettes ! — Son corps a été brûlé par l'écroulement d'une maison voisine...

À Durnal, on nous fit entrer dans la grange Gérard. Nous nous sommes accroupis dans le fumier et la litière autour des soldats. Ceux d'entre nous qui, le matin, au

---

[123] M. Antoine nous a remis un de ces souvenirs qu'il a reçu lui-même des mains de Mme Froidmond. Les Allemands se les sont procurés au château d'Onthaine (Sovet).

Fond des Vaux, avaient été condamnés à mort étaient liés les uns aux autres par une corde au cou et ligotés les mains derrière le dos.

Un Allemand disait très haut en français : « *Ils seront tous fricassés !* »

On a amené près de nous Hubert Genon. Ce pauvre homme souffrait d'une infirmité qui l'empêchait de se tenir debout. Les Allemands s'étaient emparés de lui et l'avaient retenu ficelé pendant 24 heures. Ils le transportaient, la poitrine appuyée sur un fusil, la tête pendante, les bras ballants, les pieds soutenus par un civil Joseph Demasy.

Nous ne sommes pas demeurés longtemps dans cette grange. On nous fit sortir. Il faisait nuit noire. Nous pensions qu'on allait nous mitrailler dans l'ombre... On nous fit monter vers l'église et entrer chez Wiart. Je fus installé au café. Les condamnés à mort, toujours liés, furent parqués dans une place à côté. Je me suis endormi. Mais un soldat, d'un brutal coup de crosse, me réveilla en m'écrasant les orteils. (J'étais nu-pieds).

Le commandant nous dit : « *Demain, à trois heures, tous fusillés !* » Nos angoisses redoublèrent, quoique, au fond, nous désirions voir la mort mettre fin à nos souffrances.

Vers 3 h du matin, on nous entraîna dehors : nous nous disions que le moment approchait... On nous aligna sur deux rangs, le long du mur du cimetière. Les soldats déposèrent les fusils, mirent baïonnette au canon, chargèrent leurs armes.

À ce moment, venait du château de Ronchinne, un jeune officier, très haut gradé, entouré de vieux officiers supérieurs. Il s'arrêta devant nous et demanda « *ce que c'était* ». Le commandant qui, la veille au matin, avait manifesté moins de dureté que les autres, à notre égard, lui fournit des explications, puis il dit à M. Verhoost que nous allions partir à Dorinne, qu'il fallait être gentil, que peut-être nous ne serions pas tous fusillés...

En route, Antoine Lambert, vieillard de 80 ans, qui avait le crâne fendu demandait après l'officier et suppliait qu'on relâche Jules Lambert. Cela indisposait notre escorte.

À trois, nous nous trouvions être nu-pieds. Joseph Gérard demanda une paire de pantoufles à son frère. Celui-ci voulut la lui donner, mais les soldats s'y opposèrent : « *Pas la peine, bientôt fusillé !* »

Le cortège avançait péniblement. En tête marchaient les condamnés, liés entre eux, et à chaque pas, les petits et les grands, par la différence des tailles, s'étranglaient les uns les autres... Nous croisions continuellement des troupes au repos et des convois qui défilaient : tous nous insultaient, nous narguaient, nous provoquaient...

Près de la pompe publique, au-dessus du village de Dorinne, le conducteur d'un caisson qui nous croisait me jeta au passage un coup de cravache si cinglant que le commandant lui-même intervint et menaça de le faire fusiller...

On nous fit arrêter contre un mur et, je ne sais comment, on me lia par le cou au groupe des condamnés à mort. Par la suite, je constatai que c'était à cause d'un crin que je portais à la tête et qui provenait du supplice qu'on m'avait fait endurer la veille au matin.

Un incident éclata. Auguste Simon, âgé de 40 ans, était en proie à une fièvre très violente. Les soldats voulaient le faire s'accroupir, mais il ne prétendait pas les écouter. Le commandant intervint pour calmer les soldats, mais ceux-ci s'emparèrent du malheureux et ne le laissèrent pas délivrer...

Vers ce moment, il passa un chariot, qui venait d'Yvoir. J'ai su après qu'il transportait mon père, grièvement blessé de plusieurs coups de baïonnette.

On nous fit descendre dans la pâture qui s'étend derrière le château de M. Thibaut. Le "bon" commandant était parti vers Yvoir et avait déclaré qu'il avait obtenu notre grâce. Mais les soldats se mirent à hurler, à faire grand tapage. Ces brutes réclamaient notre mort !

On nous déclara donc jugés et tous reconnus coupables ; et, par conséquent, tous condamnés à mort. Nos protestations, nos supplications sont tout de même entendues ; le commandant nous donne cinq minutes pour désigner les coupables qui seuls seront fusillés. Nous protestons tous de notre absolue innocence mais le commandant nous presse :

— *Encore 4 minutes... encore 3 minutes... encore deux...*

Il se rend finalement à notre assurance que nous sommes innocents. Mais il lui faut des victimes. Il déclare se contenter de dix pour cent. Il fait sortir des rangs et renvoie ceux qui n'ont pas 17 ans. Firmin Jacques n'a que 16 ans ; malheureusement, il hésite, et quand il veut partir, les soldats disent qu'il est trop grand et le retiennent. Il est désigné le tout premier pour être fusillé !

Un soldat déclarait avoir vu Joseph Fivet manier un revolver à Braibant. Fivet se défend de toute son énergie, assurant qu'il est boucher à Spontin et ne se trouvait pas à Braibant. Il cherche vainement ses papiers d'identité. On le pousse près de Jacques.

Gaston Scaillet [Scailteux ou Scailleux] le suit. Il assure qu'il n'est pas de Spontin, qu'il est instituteur à Namur. M. Hayot, l'instituteur communal, l'affirme. L'officier le renvoie, mais la soldatesque ne veut pas le laisser partir. L'officier ne parvient à le libérer qu'en se fâchant.

Des soldats amènent Hubert Genon : ils le tirent par les pieds et le malheureux est traîné sur le dos... La soldatesque exige la mort d'Auguste Simon. Heureusement, Joseph Fivet retrouve ses papiers ; le commandant les examine et le renvoie.

Ils sont là, à huit — six de Spontin et deux d'Évrehailles.

Parmi eux, le vieux Antoine Lambert... Antoine Lambert se campe et parle. Il maudit les armées allemandes et adresse à ses infortunés compagnons des paroles de consolation et de confiance en la justice : « *Si Dieu ne punit pas au moment même du forfait, sa justice éclatera un jour ! Et, un jour, les armées allemandes seront anéanties !... Nous allons mourir, mais nous mourons martyrs, mes enfants !* »

C'était en face de la grange Gillet. On les aligna, on leur banda les yeux. Nous avions ordre de les regarder « *sans regarder à côté* ». Hubert Genon ne savait se tenir debout, il restait planté.

Il était 3 h. Les soldats déchargèrent leurs armes. Un seul des malheureux a encore bougé après la culbute : un petit mouvement et ce fut tout...

Immédiatement après, on commanda à MM. Verhoost et Antoine d'aller chercher des passeports. Comme ils tardaient de revenir, les soudards nous cernèrent et se mirent à discuter avec nous, furieux et mauvais. Ils nous traitaient toujours de francs-tireurs ! Nous pressentions le moment où, inévitablement, ils allaient réclamer notre sang.

Enfin, nous avons pu partir. Nous avons pris le sentier qui débouche sur la grand-route. Mais sur la grand-route, des soldats nous attendaient encore. Ils voulaient nous couper la retraite et s'apprêtaient à nous supplicier à nouveau, quand un officier les calma en les mettant en joue...

Et nous sommes revenus à Spontin ; nous avons erré de cave en cave, parmi nos ruines fumantes, comme des gueux... Nous cherchions avec anxiété nos parents, nos femmes, nos enfants et nous reconnaissions les cadavres des nôtres tués, gisant à chaque pas…

1.8. Témoignage d'Alphonse Antoine[124]

Pendant la nuit du 22 au 23 août 1914, je n'ai pas dormi. Je me suis promené, vers 4 h, sur la carrière, où j'habitais ; il faisait calme, on n'entendait aucun coup de fusil.

Vers 5 h, je me dirigeai du côté de la maison de Frédéric Tonglet, au bord de la route de Sovet ; je devais y aller chercher une poule, mais je ne sais pourquoi, je fis demi-tour. Bien m'en prit, car, à ce moment déjà, Frédéric Tonglet était prisonnier des Allemands.

Vers 5 h ½, les troupes allemandes qui se trouvaient à Quesval se mirent à hurler sauvagement. Précipitamment, je rentrai chez moi, et dis à ma femme : « *Belle victoire ou mauvais quart d'heure !* »

C'était un mauvais quart d'heure. Les canons de Quesval tonnèrent et le premier obus atteignit ma maison comme éclatait, du côté de la gare, une fusillade nourrie…

Nous sommes descendus nous réfugier dans notre cave et nous avons attendu que la bataille prenne fin. À un moment, j'entendis marcher dons la cour, devant la

---

[124] Autre récit publié dans *Spontin l'assassinée,* fasc. 2, p. 18-20. La date du témoignage n'est pas mentionnée non plus.

maison. Je pensai que c'était mon directeur, M. Verhoost, mais je constatai que c'était, au contraire, un officier allemand, revolver au poing.

Une accalmie se produisit. Nous en profitâmes pour gagner l'habitation de M. Verhoost. Il se trouvait lui-même dans sa cave, avec sa famille et quelques voisins, dont la femme de Frédéric Tonglet. Cette jeune femme qui allaitait son bébé, avait été tellement effrayée, que son sein s'était soudainement tari.

M. Verhoost, à un moment, demanda à Marchal et à moi, d'aller à l'étage chercher des habillements. Nous avons constaté qu'une grande quantité de soldats remplissait les chantiers de la Carrière : ils étaient sept cents, huit cents, mille peut-être ! L'infanterie se mettait en ordre. Et nous l'avons vue, en rangs serrés, partir en charge vers le village : c'était vraiment l'assaut du village ! Cependant, des hauteurs en face de nous, d'autres troupes tiraillaient, et les balles sifflaient en pénétrant dans le grenier au-dessus de nous. Nous nous sommes couchés sur le plancher jusqu'à ce que nous puissions regagner la cave et rejoindre les autres.

Bientôt, des soldats, en assez grand nombre, s'approchèrent de la maison. Ils circulèrent paisiblement pendant quelques minutes, puis, tout à coup, s'élancèrent en vociférant et défoncèrent la porte et les fenêtres. Précipitamment, je rentrai chez moi.

Nous nous sommes rendus. On nous a fait sortir et un officier demanda s'il ne restait plus personne : « *Si on trouve encore quelqu'un, fusillés !* ».

Et on nous emmena tous, par la route de Sovet, au Fond des Vaux. Comme nous quittions la barrière, nous constatâmes que nos maisons brûlaient.

Au Fond des Vaux, vers midi ou 1 h, on a séparé les hommes des femmes qui devaient, plus tard, être menées au château. Nous étions divisés en deux groupes : l'un — celui des "condamnés à mort" qui avaient subi un jugement sommaire —, qui comptait 42 hommes liés entre eux et les mains au dos ; l'autre — celui des "innocents" — qui comptait 38 hommes. Le premier groupe tournait le dos au second dont il était séparé par une compagnie d'Allemands.

Vers 6 h du soir, après être restés là toute la journée, on nous fit traverser le village pour nous « *montrer les ruines et les fusillés* », selon l'expression d'un officier.

On nous mena à Durnal, où, après avoir, pendant deux heures, subi toutes sortes de vexations dans une grange, on nous enferma à l'auberge Wiart. De là, des soldats du 103e et du 106e saxons nous dirigèrent sur Dorinne, où on nous fit faire halte sur un fumier.

Au départ de Durnal, on avait ajouté à notre convoi 22 civils de Bauche (Évrehailles). Nous étions donc à 102. On nous apporta — toute première nourriture depuis vingt-quatre heures ! — cinq cents grammes de lard et l'officier recommanda de les couper « *de façon à en donner un morceau à chacun...* » Il y eut cinq ou six privilégiés qui en goûtèrent.

Pendant une heure, ou nous maintint sur le fumier. Nous devions nous asseoir, nous tenir à genoux, nous coucher sur le dos, sur le ventre, au gré de la fantaisie diabolique de nos bourreaux !

Puis on nous conduisit au milieu des campagnes, en face de la grange Gillet. L'officier renvoya les enfants de moins de 17 ans. Nous sommes restés à 82 — 60 de Spontin et 22 de Bauche.

Alors se déroula la scène horrible du meurtre de huit des nôtres. L'officier déclara qu'il fallait désigner ceux d'entre nous qui étaient coupables. Pas un d'entre nous n'était coupable ! Nos protestations — vives de tout ce qui nous restait d'énergie et pleines du désespoir qui nous étreignait — lui firent changer sa décision, mais, hélas ! de mal en pis : « *Vous serez tous fusillés !* »

Vous serez tous fusillés ... « *à moins que vous ne trouviez des voitures pour vous conduire eu Allemagne, où vous serez maintenus en captivité...* » Le père Famerée fut envoyé au village pour chercher des voitures, mais il revint sans en avoir trouvé : tous les véhicules avaient été, en effet, réquisitionnés par toutes sortes de troupes allemandes !

Alors, l'officier nous dit qu'il était obligé de punir les "coupables" mais qu'il se contenterait de choisir un dixième de notre contingent !

Pendant ce temps, nous nous efforcions, M. Verhoost et moi, de rappeler au calme nos compagnons d'infortune et nous ne cessions de protester, sans toutefois crier ni nous montrer arrogants.

Les huit malheureux furent désignés, entre autres Genon qui, souffrant depuis longtemps d'un affaiblissement des jambes, fut amené, tiré par deux soldats, la tête traînant par terre, à même les pierres et les fils métalliques de la clôture coupée ...

On les aligna. Nous nous étions mis à genoux devant eux. Le père Lambert a repoussé d'un mouvement le mouchoir dont on voulait lui bander les yeux et, encore une fois, nous a longuement regardé, réclamant son fils, le bourgmestre, qu'il ne savait pas encore assassiné depuis vingt-quatre heures : « *N'avez-vous pas vu mon fils ?* » demanda-t-il.

Beaucoup de mes voisins fermaient les yeux. Pour moi, j'ai voulu assister complètement à la fusillade, j'ai gardé les yeux ouverts.

Nos huit pauvres martyrs se trouvaient dans la pâture entre le château et le village de Dorinne, dans le vallonnement près de la grange Gillet. Quand on leur eut bandé les yeux, seize soldats se placèrent à vingt pas d'eux, sur une double rangée, les huit premiers à genoux, les autres debout. L'officier indiqua de la main, en montrant les malheureuses victimes, qu'il fallait viser au front et au cœur. Puis, il alla se placer à droite, près du premier des condamnés, et commanda. Une seule salve. Ils tombèrent tous. Un seul — un de Bauche — eut encore un léger soubresaut...

Aussitôt après le feu, pendant que le peloton d'exécution était encore là, un médecin passa et s'assura que chacun avait bien cessé de vivre en leur soulevant les paupières.

1.9. Témoignage de Charles Verhoost, directeur des Carrières et scieries de Spontin[125]

Le 23 août, à 5 h 15, nous fûmes réveillés en sursaut par la fusillade. On entendit bientôt le canon et une balle, traversant la fenêtre de ma chambre, brisa la glace de la cheminée. Nous nous levâmes, tandis que les balles pleuvaient dans les fenêtres et nous descendîmes à la cave.

Quand la fusillade cessa, j'étais descendu dans ma cave avec ma femme et mes 5 enfants ; successivement mon comptable, sa femme et ses 2 enfants, mon concierge habitant une maison proche, sa femme, sa belle-mère et 3 enfants, une voisine et son nourrisson étaient venus se réfugier près de nous. Vers 8 h 1/2, nous entendons des soldats marcher à l'entour de la maison ; ils essaient d'entrer, mais se retirèrent avec calme, aucun cri n'est proféré. Cela me rassure et je dis aux miens : « *La tourmente est passée, allons déjeuner* ». La peur de mon entourage est toujours grande, tous préfèrent rester dans la cave.

Vers 9 h, un fracas horrifiant, des hurlements sauvages nous épouvantent tous : portes et fenêtres sont défoncées au milieu des cris féroces, des vociférations haineuses des soldats. Suivi de tout mon monde, je sors de la cave. À peine arrivés dans le corridor, sous la menace des fusils braqués sur nous, un officier du nom de Luykens L.S.L. 6/RR/133, me met la main sur l'épaule et nous déclare tous prisonniers.

L'officier me dit : « *S'il y a des Français dans la maison, vous serez fusillés !* ».

Je veux parlementer, mais en vain. Pendant ce temps, nous voyons des soldats monter à l'étage, d'autres entrer dans les places du rez-de-chaussée, tous porteurs de bottes de foin pour préparer l'incendie.

On nous parque devant la maison ; après quelques minutes de stationnement, un officier à cheval — un colonel ou un général — pensons-nous, donne l'ordre « *Anzünden* » : Allumez l'incendie ! Et nous contemplons hébétés, pour la dernière fois hélas ! notre demeure si pleine de souvenirs !

On nous emmène prisonniers vers le village de Sovet : ma femme impotente et dont les béquilles sont restées dans la chambre, doit être soutenue par deux des nôtres.

---

[125] Récit tiré de *Spontin l'assassinée*, fasc. 1, p. 6-11, repris également dans le petit livre de Charles VERHOOST lui-même, *Journées d'août 1914 à Spontin*, décembre 1918, p. 9-17, republié ultérieurement dans la brochure n° 27 des frères L.C.M. et A.G. d'ARS, *Les atrocités allemandes dans la province de Namur. Andenne*, Anvers, Impr. nationale L. Opdebeek, 1919, p. 50-54. On a repris également quelques passages variants dans SCHMITZ & NIEUWLAND, p. 120-123.

Les soldats nous disent que « *Spontin a tiré sur les troupes, qu'il y a des francs-tireurs, qu'ils ont tué un major et deux soldats* ». Nous arrivons au Fond des Vaux, sur le chemin de Sovet, où bientôt viennent nous rejoindre les prisonniers de la seconde catégorie — les liés — et nous constituons désormais avec eux un groupe unique de 56 hommes.

Après être restés plusieurs heures parqués dans les champs comme du bétail sous les regards narquois et mauvais de la soldatesque, après avoir été photographiés par des officiers, on renvoie les femmes et les enfants au château, avec défense formelle d'en sortir.

Puis s'amène un commandant : Eslar Hauptman, 6 R 107, qui procède à un interrogatoire sommaire d'une moitié des prisonniers, posant à tous des questions banales, toujours les mêmes et finissant invariablement par une condamnation à mort.

Chaque accusé subit l'interrogatoire suivant : « *Qui êtes-vous ? Quelle est votre profession ? Que s'est-il passé à Spontin ? Comment l'expliquez-vous ?* ». On répondait généralement : « *On se trompe à notre sujet. Nous sommes innocents. Personne n'a pu tirer.* » L'officier répliquait : « *Mensonge ! Dans tous les villages on tire ! À Spontin aussi ! Francs-tireurs tous ! Menteurs tous ! Dites la vérité : Qui a tiré ?* » La réponse était : « *On n'a certainement pas tiré. Les gens étaient paisibles. On le leur a toujours recommandé. Ils ont bien traité les soldats.* » La dernière parole était : « *Mensonge ! Passez ! Serez fusillé comme les autres !* »

Détail qui a bien sa valeur : ce capitaine s'est vanté d'avoir habité longtemps Liège, Namur et Mons ! — comme espion, sans aucun doute — et de connaître parfaitement la mentalité des gens du pays !

Puis on répandit discrètement des plombs de chasse que des soldats puisaient dans des bocaux et dans de petits sacs de toile, dans le but évidemment d'accréditer la légende des francs-tireurs ; on déposa ensuite bocaux et sacs aux pieds des francs-tireurs malgré eux et on les photographia pour illustrer plus tard le fameux « Courrier de Guerre ».

Alors commencèrent les simulacres d'exécution : tantôt les malheureux furent alignés devant un peloton qui, au commandement des chefs, les mettait en joue, tantôt ou les menaçait de les éventrer à la baïonnette, puis on les mettait devant des bouches de canon.

Vers le soir, le groupe entier fut conduit à Durnal et dut traverser les ruines encore incandescentes de ce que fut le village de Spontin. Oh ! quel serrement de cœur quand, au long des chemins, on rencontrait, gisant dans une mare de sang ou à moitié carbonisés, les cadavres des malheureuses victimes de l'infâme tragédie du matin.

Quelle tristesse de se dire : là, nous avons vécu tranquilles, heureux et maintenant... nous sommes des gueux !

Quand on n'a pas vécu ces heures d'épouvante, quand on ne s'est pas trouvé soi-même dans les affres d'une longue agonie, l'on ne saurait comprendre la mentalité d'un sinistré. Aucune parole ne saurait exprimer la secousse morale et physique qu'il a supportée ni les tourments qui en découlent. (...)

À Durnal, les prisonniers furent d'abord engrangés chez M. Éd. Gérard et là, ceux qui avaient comparu le matin devant l'autorité militaire et avaient entendu la fatale sentence : « *Vous serez fusillés !* » furent liés ; une corde les enlaça par le cou l'un à l'autre et leurs mains furent ligotées sur le dos.

Oh ! certes, tous crurent que maintenant l'heure de mourir avait sonné. Mais non, ce n'était encore qu'une nouvelle souffrance physique jointe à toutes nos tortures morales.

On nous conduit dans l'auberge Wiart, en face de l'église, pour y passer la nuit en compagnie de 20 prisonniers d'Évrehailles. Notre groupe se compose ainsi de 76 hommes et jeunes gens. Défense formelle est faite sous peine de mort immédiate de pleurer, se plaindre ou gémir. Or, vers une heure du matin, un des nôtres, M. Famerée, faillit mourir, étranglé par son lien. Son fils Édouard, son voisin de ligature, actuellement secrétaire communal, enfreignit la défense de se plaindre et supplia, les larmes aux yeux, la rage dans le cœur, le lieutenant d'avoir pitié de son vieux père ; le lien meurtrier fut quelque peu relâché.

Le lundi matin, vers 4 heures, nous reçûmes un morceau de pain et un verre d'eau — les premiers depuis notre arrestation ; pendant que nous mangions notre croûton, le général divisionnaire passa et arrivé devant nous, il élucubra, pour stimuler ses hordes de forçats : « *Ah! ah! Da sind die Schweine von Spontin! Ah! ah! Les voilà donc ces cochons de Spontin !* »

À 7 h, on prit le chemin de Dorinne. En quittant Chansin pour faire l'ascension de la côte, un soldat asséna à Jules Lambert, sur ses mains ligotées, un si violent coup de cravache que les mains lui enflèrent en quelques instants comme des coussins.

À Dorinne, on fit asseoir les prisonniers dans un champ.

Eslar appela le directeur des carrières et, me prenant à l'écart, il dit : *Le général affirme que tous sont coupables, excepté vous.* »— Pourquoi donc : excepté moi ? — « *Les soldats placés devant votre demeure ont témoigné qu'on n'a pas tiré.* » Alors, pourquoi a-t-on incendié ma maison ? — « *C'est la règle : quand on tire sur nous, tout le village est incendié !* ». Je fis remarquer que le comptable habitait sous le même toit ; il fut aussi libéré. Je plaidai alors l'innocence des autres civils. « *Non, c'est inutile; le général ordonne que tous soient fusillés, si on ne déclare qui a tiré. Et je vous charge de parler aux hommes pour décider le coupable à se dénoncer, afin de libérer les autres.* »

Et je parle et je supplie mes malheureux amis de rassembler leurs souvenirs : personne n'a-t-il aperçu un étranger, un braconnier, peut-être ? — *Moi, je conduisais un bœuf que les troupes venaient de réquisitionner quand on m'arrêta* ! — *Moi, j'étais encore au lit. — Moi...*

Le commandant, dont la colère augmentait, dit : « *Je leur donne encore cinq minutes pour faire connaître le coupable.* » Et il prit en main sa montre. « *Vous avez encore quatre minutes... Encore trois minutes !...* » Les hommes me suppliaient de dire encore un mot pour eux. Je dis au commandant : « Vous le voyez, tous protestent qu'ils sont innocents ! » Et je rappelai les égards que la population avait eus pour eux.

Enfin, le commandant prend le parti brutal et odieux de choisir douze victimes. J'insiste, je supplie, je fais appel à ses sentiments d'homme — *Eh bien soit! Je me contenterai de 10 % et nous allons tirer au sort.* — Oh ! Quelle affreuse solution…

Mais non, le commandant se ravise et marchant le long du front des prisonniers, il tire à lui une victime. — De grâce, arrêtez ! Vous m'avez dit tantôt que hier matin on avait fusillé neuf habitants de Spontin ici-même, — eh bien ! cela fait plus de 10 %. — *Non, non, le général sait que neuf francs-tireurs de Spontin ont déjà été fusillés, je ne puis.* — Et une seconde victime prise au hasard parmi ces malheureux dont le cœur ne battait plus va rejoindre la première. Nouvelles supplications, nouveaux refus.

Il ne les tire pas au sort, il les extrait du groupe. Il continue, en prenant aussi deux hommes d'Évrehailles. Il arrive devant Auguste Simon, qui avait un chapeau de paille. Un soldat crie : « *Celui-là est le plus coupable !* » L'officier le prend ; il était, je crois, le sixième. Hubert Genon était infirme et ses jambes chancelaient. On le pousse ; il perd sa culotte en traversant la haie ; on le traîne jusqu'au lieu de l'exécution.

Et ainsi furent désignées, sans égard à la parodie d'interrogatoire de la veille, huit victimes : deux d'Évrehailles et six de Spontin.

Et l'on conduit les martyrs à leur lieu de supplice : un ravin derrière le château de M. Thibaut. Les condamnés sont disposés sur le versant, nous sommes agenouillés en face. Tout à coup, une salve retentit ; nous les voyons tournoyer sur eux-mêmes et tomber. L'instructeur demanda ensuite leurs noms et manda le bourgmestre de Dorinne pour constater le décès.

1.10. Témoignage d'Édouard Famerée, secrétaire communal[126]

Pendant la nuit du 22 au 23 août 1914, notre quartier Les Rivières se trouvait dans un calme parfait. Les quelques nuits précédentes avaient été mouvementées par des passages de troupes allemandes et par une centaine de dragons qui y arrivaient chaque soir pour en repartir le lendemain matin. Rien ne pouvait nous faire supposer pendant cette nuit si tranquille que nous étions à la veille de si tristes évènements.

Le 23 août, vers 5 h du matin, alors que j'étais encore au lit, un coup de feu retentit suivi immédiatement d'une vive fusillade. Je saute en bas du lit et cherche

---

[126] Témoignage conservé aux Archives de l'Évêché de Namur. Fonds Schmitz S-103. Notes dactylographiées.

vainement, par la fenêtre, l'aéroplane que je supposais attaqué. Depuis le 15 août, nous avions assisté à deux attaques contre avions et c'est ce qui me faisait supposer qu'il en était encore de même. La fusillade se continuant de plus en plus, il me vint à l'idée qu'une attaque entre Français et Allemands avait lieu aux environs de Dorinne. C'est ce que je dis à mes sœurs qui se trouvaient dans une chambre voisine. Habillez-vous, ajoutai-je, et descendons.

La fusillade cessa pendant quelques instants, un bruit de clairons se fit entendre et immédiatement fusils et canons semèrent à nouveau leurs balles et obus dans toutes les directions.

Après quelque temps, un nuage de fumée s'élevait vers le centre du village. Je monte à l'étage et constate que plusieurs habitations sont déjà en feu. J'étais à peine descendu que bon nombre d'habitants accouraient en nous priant de fuir, disant qu'on allait brûler tout le village et que certaines personnes étaient déjà tuées sur place. Quelques personnes voulurent se sauver du côté de Durnal, mais des soldats placés au-dessus des montagnes au lieu-dit Bailoy les empêchèrent de continuer leur chemin. Un homme fut tué et une femme blessée au bras.

Se trouvant dans l'impossibilité de fuir, on se décida tous de s'abriter dans les caves. La fusillade se continua par intervalles et vers 9 h tout le village flambait à l'exception toutefois de notre quartier. Nous apprîmes cependant que les soldats incendiaires approchaient de nous et qu'il fallait absolument se décider à partir. Comme il était impossible de se diriger vers Durnal, on se réfugia dans la carrière de la Rochette : les uns dans les abris des ouvriers, d'autres sous des blocs de pierre, certains s'enfuirent même dans le bois.

Nous étions là d'un quart d'heure lorsqu'une fusillade recommença non loin de nous. C'était l'achèvement de la destruction du village, l'incendie du quartier des Rivires. Quelques minutes plus tard, des sifflements et des cris de « *Halte-là – Rendez-vous* » se font entendre à quelques pas de nous. Tous, nous quittons nos refuges et les bras levés, arrivons près des soldats et officiers qui, revolver au poing, se tenaient à l'entrée de la carrière. Après avoir été fouillés, nous quittons la carrière et rangés par quatre, nous passons tout le village en feu. Sur notre passage, nous rencontrons 8 personnes tuées, 7 hommes et 1 femme.

Arrivés hors du village, dans les campagnes vers Sovet, un officier nous fait arrêter et dit que les femmes et les enfants vont retourner dans leurs maisons, les hommes sont prisonniers. Il ajoute ensuite que les femmes et les enfants iront au château, celui-ci étant indemne. Après une scène d'adieux indescriptible, nous sommes séparés et dirigés vers les Fonds des Vaux, où nous rejoignons quatre de nos concitoyens déjà prisonniers. Ceux-ci se trouvent dans un état lamentable : moitié vêtus, pieds nus, les mains liées et portent même des blessures.

Nous sommes alors accusés d'avoir tiré sur les troupes. Vers 3 h de l'après-midi, nous passons tour à tour devant trois officiers, lesquels inscrivent nos nom, prénoms et profession, et nous interrogent au sujet de ce qui s'est passé le matin.

Après quoi, nous sommes alignés sur deux rangs à environ 2 m de distance l'un de l'autre, avec défense de dire le moindre mot.

Vers 6 h, nous quittons les Fonds des Vaux pour être dirigés vers Durnal. Nous repassons donc le village de Spontin. Les soldats se font un plaisir de nous montrer les cadavres des personnes tuées ainsi que des chevaux abattus et nous accusent de francs-tireurs [*sic*]. À la sortie du village, on nous rafraîchit par un gobelet d'eau du Bocq, notre seul repas du dimanche !

Arrivés à Durnal, on nous introduit chez M. Éd. Gérard. Son frère se trouve parmi nous sans chaussures. Mme Éd. Gérard l'ayant remarqué veut aussitôt lui apporter de quoi se chausser, mais un officier l'en empêche en disant que cela ne vaut pas la peine. Nous sommes alors liés par le cou et tous par la même ficelle. Peu après on nous fait sortir et sommes introduits dans le corps d'habitation, tandis que les non-liés sont conduits dans la grange Gérard.

Une demi-heure après, on donna l'ordre de faire sortir tous les gens de Spontin. Ils furent conduits en face de l'église de Durnal, au café Laloux-Wiart. L'officier qui avait lié par le cou une partie des prisonniers vint alors leur lier les mains derrière le dos et, ficelés de la sorte, il les fit asseoir sur le sol. Ils étaient au nombre de 31.

Vers 23 h, on amena vingt prisonniers d'Évrehailles ; ils furent installés au grenier. Le chiffre des prisonniers s'élevait ainsi à 76.

Mon père, qui se trouvait près de moi, avait les mains tellement serrées qu'il en devint malade. Je demandai aux soldats qui étaient de garde de le délier, mais ils s'y opposèrent. Mon père se trouvant de plus en plus mal, j'insistai à nouveau, mais les brutes m'obligèrent à me taire sous peine d'être fusillé.

Vers minuit, la garde fut remplacée. J'en profitai pour faire voir aux remplaçants que mon père était malade et pour leur demander de lui délier les mains. L'un d'eux s'avança vers mon père, mais son compagnon lui défendit, à ce que j'ai pu comprendre par les gestes, d'apporter le moindre soulagement. Quelques instants plus tard, ce soldat, qui semblait s'inquiéter du sort de mon père, alla chercher un verre d'eau et lui versa à boire. Il ouvrit ensuite la fenêtre pour donner un peu d'air, puis s'absenta quelques moments. Un peu après, l'officier qui nous avait liés rentra et vint droit à mon père. J'insistai de nouveau, cette fois avec succès. Les cordes furent coupées à tous les prisonniers, sauf celle qui nous retenait par le cou. Aussitôt les mains libres, mon père se sentit mieux.

Le 14 août, à 4 h du matin, les soldats — ils étaient du 103e — firent ranger les civils au mur du jardin voisin et leur donnèrent quelque aliment, en annonçant qu'on attendait le général, hébergé au château Capelle, qui devait décider de leur sort. Il parut à 5 h 30, parla aux troupes et fut acclamé par celles-ci ; puis, passant devant les prisonniers, il dit en ricanant : « *Ah ! ah ! Da sind die Schweine von Spontin ! Les voilà les cochons de Spontin* ! »

La plupart des soldats sont alors très menaçants et nous font comprendre par gestes que nous allons être fusillés. Il en est d'autres par contre qui nous rassurent sur ce point.

M. Verhoost, administrateur-directeur des Carrières et Scieries de Spontin, qui se trouvait parmi le groupe des prisonniers non liés, ayant eu un entretien avec un des officiers, vint nous dire : « *On vient de me permettre de vous adresser quelques mots. On va vous conduire dans un village voisin où vous serez jugés à nouveau. Si vous pouvez prouver votre innocence, vous serez remis en liberté, dans le cas contraire vous serez tous fusillés. Si en cours de route l'un de vous essayait de se sauver, il serait fusillé sur le champ.* »

Nous partîmes donc vers Dorinne. À notre départ, nous rejoignons une vingtaine d'hommes d'Évrehailles et de Purnode déjà prisonniers depuis deux jours. À Dorinne, des officiers nous questionnèrent pour savoir qui avait tiré sur les troupes à Spontin. Ils ne purent évidemment obtenir aucune réponse dénonciative. Nous avions appris en cours de route qu'un major et deux ou trois soldats avaient été tués à Spontin. Nous étions arrivés dans les campagnes allant vers Purnode, lorsqu'on demanda s'il y avait parmi nous un homme qui connaissait le village de Dorinne. Ceci pour y chercher des chevaux et des chariots. On ajouta que si on ne trouvait pas le nécessaire, nous en aurions pour des jours et des jours à marcher. Mon père qui connaissait assez bien le village partit accompagné d'un sous-officier et de deux soldats. Pendant son absence, quelques officiers s'étant réunis décidèrent de nous donner cinq minutes pour leur faire connaître celui qui avait tiré sur les troupes à Spontin, faute de quoi le dixième des hommes serait fusillé.

Les cinq minutes écoulées, n'ayant trouvé aucun coupable, six hommes de Spontin et deux d'Évrehailles furent choisis pour être fusillés. 16 soldats furent désignés pour faire le coup de feu.

Les 8 malheureux qui semblaient très résignés furent alignés. On leur retira leur mouchoir de poche pour servir de bandeau pour les yeux. Quelques secondes après, ils tombaient tous foudroyés par une seule salve. Pendant cet horrible tableau, on nous avait fait agenouiller derrière les soldats chargés du coup de feu. C'est alors que mon père vint nous rejoindre.

Immédiatement après la salve, le général se retourna en disant : « *Vous voyez que nos soldats tirent bien aussi. Vous méritez tous d'être fusillés. L'officier qui a été tué par vous à Spontin vaut mieux que vous autres tous* ». Il nous dit ensuite que nous allons être remis en liberté, à condition que si un coup de fusil est encore entendu à Spontin, nous serons tous prisonniers, au deuxième coup nous serons tous fusillés.

MM. Verhoost et Antoine, directeur et comptable des Carrières, furent ensuite chargés d'aller chercher M. le Bourgmestre de Dorinne pour la constatation des décès. Les officiers se retirèrent.

Un jeune sous-officier s'approcha alors de moi et demanda ce que c'était du drap noir que je portais au bras. Je répondis que j'étais en deuil de ma mère morte depuis 2 mois ½ et je lui fis remarquer que je portais également une casquette noire, cela en signe de deuil suivant la coutume du pays. « *Non, non, reprit-il aussitôt, casquette et brassard noirs, insignes de francs-tireurs. Fusillé.* » Quelques soldats voulurent m'entourer mais sur les explications de certains d'entre nous qui prirent ma partie, ce jeune officier s'éloigna.

Comme nous étions alors très menacés par les troupes, nous nous décidâmes de rentrer à Spontin sans attendre le retour de MM. Verhoost et Antoine à qui on devait remettre le passeport nécessaire pour notre rentrée.

Pour sortir de la prairie où nous nous trouvions, nous devions passer à travers une clôture de fils barbelés. Quelques soldats étaient accourus à l'endroit de notre sortie pour nous frapper à l'aide de sacs dont ils se servaient pour donner à manger et à boire à leurs chevaux.

Arrivé dans le village de Dorinne, je m'arrêtai quelques moments pour attendre mon père qui était resté en arrière pour accompagner un vieillard qui ne pouvait plus marcher sans être soutenu. Nous fûmes ainsi les derniers de notre groupe pour rentrer au château de Spontin où nous étions anxieusement attendus par mes cinq sœurs ainsi que la plupart des femmes et des enfants de la localité.

1.11. Témoignage d'un habitant de Dorinne sur l'ensevelissement des fusillés[127]

Dans la matinée, neuf prisonniers de Spontin avaient été passés par les armes, derrière le château[128]. Vers midi, quelques hommes de Dorinne furent amenés sur les lieux avec pelles et pioches et obligés de les enterrer. Tandis qu'ils travaillaient, des soldats du 103e, — ceux-là probablement qui avaient fait le coup, — les entourèrent menaçants, leur montrant le poing et répétant sans cesse : « *Francs-tireurs ! Francs-tireurs* ».

Les pauvres gens pensaient qu'ils allaient subir le même sort que les malheureux de Spontin qui gisaient là et qu'ils n'osaient regarder tant ce spectacle était affreux. Quand la fosse fut creusée, un sergent s'approcha et demanda : « *Connaissez-vous ces hommes ?* ». Ils ne purent en identifier que trois, tant les cadavres étaient méconnaissables.

Après un instant, ordre fut donné d'enterrer les malheureux qui se trouvaient encore liés aux fils d'une pâture, où ils avaient été tués. Ils avaient les pieds et les mains étroitement garottés et comme on le fait pour le bétail, une corde les avait attachés à un pieu de l'enclos.

Il s'agissait d'abord de détacher le corps, nous raconte un des fossoyeurs improvisés et nous ne savions comment nous y prendre, tant la crainte nous paralysait. Le sergent boche, qui présidait à la lugubre opération, nous demanda si

---

127 Ce témoignage d'un Dorinnois, fossoyeur de fortune, est consigné dans la brochure n° 29 des frères L.C.M. et A.G. D'ARS, *Les atrocités allemandes dans la province de Namur,* Anvers, Impr. nationale L. Opdebeek, 1919, p. 4-5.

128 Il y a hésitation concernant le groupe de fusillés ensevelis dont il est question. S'agissant de 9 prisonniers de Spontin, il serait question du premier groupe emmené vers Dorinne le 23, plutôt que du second groupe de 8 passé par Durnal et fusillé le 24.

nous n'avions pas de couteau. Sur notre réponse négative, il s'empara de la baïonnette d'un soldat et d'un coup sec trancha les liens. Nous prenons le premier cadavre avec une lenteur respectueuse et voulons le déposer doucement dans la fosse, mais les assassins ne l'entendent pas de la sorte. Il s'agit d'aller vite et de ne pas tant faire de manières. Sur l'injonction formelle du sergent, les corps sont jetés pêle-mêle les uns sur les autres et rapidement couverts de terre. Comme la fosse, que nous avions creusée, n'avait qu'une profondeur de 50 centimètres, et que d'autre part les cadavres étaient déjà rigides, il s'ensuivit que, la lugubre besogne terminée, des mains et des pieds n'avaient pas été recouverts. Oh ! jamais, je n'oublierai cette scène atroce ! Ces corps mutilés, contusionnés, ces têtes tuméfiées, à peine reconnaissables, ces poitrines défoncées, trouées, ces vêtements en lambeaux et pleins de sang coagulé, ces yeux vitreux où s'était comme figée l'épouvante des dernières heures vécues par ces malheureux, ce bruit mat que rendaient les corps en tombant dans la fosse, puis ces mains sortant de terre et qui étaient comme un appel au secours ! Non, dussé-je vivre mille ans, que je n'oublierais pas ces horreurs qu'on ne peut comprendre, quand on ne les a pas vues !

Mais j'omets un détail pourtant atroce et qui nous fit tous frisonner jusqu'à la moëlle. Tandis que nous creusons le trou dont je vous ai parlé, les Boches apportèrent un malheureux de Spontin. Il était grièvement blessé. Ils s'amusèrent à lui mettre la figure en contact avec la face des cadavres et comme il essayait de se soustraire à cette sensation qui le rendait fou de terreur, les bourreaux le rouèrent de coups et le maintinrent malgré lui sur le corps de l'un de ses compatriotes. Nous ne sûmes pas ce qu'on fit de lui plus tard, car, notre besogne finie, trois soldats nous ramenèrent chez nous. Quelques instants après, le château était en flammes.

1.12. Témoignage des Sœurs Victoire et Rachelle, des Filles de Marie de Pesche, institutrices[129]

Le 4 août, sont arrivés 6 uhlans. Nous étions allés à Dorinne ; ayant appris le fait, nous nous sommes empressées de revenir.

Entre le 4 et le 14, arrivée incessante de uhlans, venant mendier.

Le 14, arrivent de fortes troupes, par Assesse et Natoye ; elles logèrent.

Le 15, de la cavalerie et des cyclistes arrivent de trois côtés et se dirigent vers Dinant. On entend le canon toute la journée. Vers 5 h ½ ou 6 h de l'après-midi, ils reviennent précipitamment et s'installent partout. Les cyclistes dans la carrière.

Ces troupes logèrent dans le village jusqu'au jeudi 20 août. Durant ce temps, les cavaliers se dirigeaient souvent, disaient-ils, du côté de Mont-de-Godinne. Avant

[129] Archives de l'Évêché de Namur. Fonds Schmitz S-103. Notes d'interview de la main du chanoine Schmitz, recueillies le 21 mars 1915.

de quitter, ils dirent chez Demazy : « *Nous, ce n'est rien, mais gare aux endroits où l'infanterie passera* ». Ils partirent.

Vendredi, de nombreuses troupes d'infanterie arrivent. À midi, le 108e : des Saxons ; environ 2000 s'établissent autour du cimetière, de la petite chapelle voisine de notre école.

Un jeune officier nous dit : « *Nous sommes Saxons* ».

Un commandant vient chez nous et, parlant des réquisitions, dit : « *Quand on ne donne pas, on pille* ». Un officier fit la visite de la maison.

Nous eûmes cette étrange parole d'un chef : « *Il est décidé qu'Évrehailles sera brûlé* ». Comme nous demandions pourquoi, il répondit : « *Parce qu'on y a commis un acte de cruauté* ». À propos de Spontin, questionné, il [...]

Le 108e partit, vers 3 h ½ ou 4 h, ce vendredi, vers Durnal je pense. Nous supposons qu'ils ont été rejoindre du côté de Bauche-Yvoir.

J'oublie de dire que déjà jeudi 20, d'après le récit de la servante de M. le Curé, celui-ci avait été fait otage avec M. le Bourgmestre et conduit à la gare. Et même, comme ils venaient pour envahir le presbytère, elle se rendit au château, pour voir s'il y était. – Vendredi matin, ils furent relâchés et repris de nouveau le soir.

Samedi 22 août, vers 6 h du soir, arrivent le 105e et le 103e d'infanterie, qui s'installent surtout au centre du village. Ils s'installèrent partout, sur les routes, devant les maisons, logeant même parfois dans les maisons.

Vers 7 du soir, M. le Curé, qui était déjà déshabillé, fut repris. Vite, il mit sa soutane et descendit. Il demanda à s'habiller complètement, ils montèrent avec lui. M. le Bourgmestre fut aussi fait otage. Les deux furent menés chez Demazy, à l'hôtel du Cheval Blanc.

Les soldats circulèrent toute la nuit. Ils firent des excès de boisson. Beaucoup étaient saoûls.

Vers 4 h ½, M. le Curé et M. le Bourgmestre sont licenciés. Ils étaient à peine rentrés qu'on vient les reprendre avec brutalité. M. le Curé, pensons-nous, n'était pas monté. M. le Bourgmestre, sur le conseil de sa mère, qui l'exhortait à se mettre au lit, était sur l'escalier.

Les soldats étaient dans un état de fureur. M. le Curé reçut l'affreuse plaie du cou, croyons-nous, dès la sortie. La servante fut obligée à suivre, les soldats la tirant par la jaquette.

Elle suivit M. le Curé et vit qu'il perdait du sang abondamment et qu'il recevait des coups tout le long du chemin.

Nous croyons qu'au-delà du pont, M. le Curé et M. le Bourgmestre furent liés par une forte corde, très serrée, autour de la ceinture, qu'ils reçurent M. le Curé une balle à la poitrine, M. le Bourgmestre une balle à la tête, qu'ils tombèrent dans le remblai.

Nous croyons aussi que M. le Curé était pris avant les premiers coups de feu. Ceux-ci ont été tirés à 5 h. moins dix minutes, marquées à notre horloge, si celle-ci allait bien. Amandine Monin saura renseigner à ce sujet.

Nous croyons aussi, bien que ce soit difficile à dire, que les coups de feu ont commencé à la maison du garde-barrière Burlet, dont la maison a été fort mitraillée. Ils étaient chez eux, peut-être pas levés. Georgine a été blessée, soignée à Ciney et est guérie.

À partir du commencement de la fusillade, ce fut un chassé-croisé de balles pendant environ une demi-heure. Une grêle de mitraille pleuvait sur le toit de l'école. Nous fuyons à la cave, non habillées.

Dès le début aussi, les Allemands allument les incendies. Car, en quittant la cave, pour nous diriger vers Durnal, nous apercevons les écuries Tonglet (en face du Cheval Blanc) et la ferme Baily. Madame Tonglet nous a dit : « *Ils sont venus tirer dans nos fenêtres que je préparais le café* ». Dès cette heure aussi, une fumée intense dominait tout le village.

Pour l'église, le feu s'est communiqué avec une rapidité étonnante. *Un point n'a pas attendu l'autre*, nous a dit Anna Tonglet-Dehant.

Vers 5 h, comme nous l'avons dit, nous nous dirigeons du côté de Durnal. On nous supplie de ne pas aller plus loin, qu'il y a danger.

Nous gagnons la maison Henri Fondaire et nous y cachons à la cave. Durant de longues heures, c'est un supplice atroce : on ne respirait plus, les cœurs battaient à se rompre dans les poitrines. On se sentait livrés, sans protection, à la merci de farouches bandits. Ce qui nous a laissé le plus horrible et le plus désolant souvenir, ce sont les vociférations effrayantes, les cris de rage, les hurlements épouvantables des soldats qui se ruaient dans les maisons, tiraient dans les fenêtres, mettaient le feu partout. Avec cela, les cris de frayeur des gens surpris par eux ou traqués de balles dans leur fuite éperdue. Quel spectacle !

À 9 h ½, nous eûmes personnellement notre tour : nous entendîmes dans la maison même, au-dessus de nous, l'œuvre de destruction et de rage s'accomplir. Nous pûmes gagner un fournil et [...] merveilleux ! y rester cachés, sans être découverts, jusqu'à ce que les flammes vinrent nous menacer.

Nous y étions à vingt-huit : la famille Fondaire, la famille Clément Lefebvre, la famille Léonie Lambert, la famille Laloux, Marie Dehuy-Bracelle et son fils, Pauline Libert.

Lorsque le feu vint se communiquer au fournil, nous dûmes gagner le jardin et nous coucher, le plus silencieusement possible, dans les parcs de haricots et autres plants de légumes. La fusillade ne cessait pas.

Vers 3 h de l'après-midi, il y eut un peu de répit. Nous pûmes regagner l'école, où se trouvaient 7 ou 8 femmes. C'est d'elles que nous apprîmes les premières horreurs : la traque aux civils, les barbaries des soldats, de nombreux cadavres tombés dans les rues, les transes morales des prisonniers.

Vers 7 h du soir, nous eûmes encore une alerte. Des balles plurent dans nos fenêtres, venant, semble-t-il, du centre du village et de la colline située derrière la maison Hadelin Roosens. Pour faire cesser, nous fîmes de la lumière.

Lundi 24 août, les hommes ramassèrent les cadavres et les conduisirent au cimetière.

À 6 h du soir, nous allâmes au château, où on était plus en sûreté. Il y avait des blessés dans la salle de justice.

Nous n'entendîmes rien dire des trois soldats allemands tués, dont on a parlé ; mais il y a eu certainement un soldat allemand tué près de la maison Roosens.

À notre arrivée au château, ce fut une scène impressionnante. Femmes, jeunes filles et enfants accouraient en gémissant et en pleurant. Elles nous embrassaient, chacune racontant son histoire. C'était encore un affolement indescriptible. Là se trouvaient peut-on dire toutes les femmes : Mme Scaillet et sa petite Lea, âgée de 5 ans, avaient pourtant été conduites à Yvoir ; également Mme Bardiaux, qui avait eu à souffrir plus que toutes les autres ; elle fut liée au banc de communion et à la sacristie d'Yvoir. Dans la sacristie, on lui a demandé si elle voulait qu'on la tue. Elle a dû aussi subir des traitements infâmes, car, rentrant à Spontin, elle nous a dit « *qu'elle avait eu beaucoup à souffrir et qu'elle ne dirait jamais tout ce qu'on lui avait fait subir* ».

Nous regagnâmes l'école le mercredi. Quant au reste de la population, elle resta longtemps encore au château. Ces pauvres gens quittaient au fur et à mesure qu'ils trouvaient un gîte. Les derniers quittèrent au 15 octobre.

Des passages de troupes se firent, sans discontinuité, jusqu'au 19 octobre.

Une parole dite par un soldat allemand à Melle Remacle, demeurant en face de l'École des Sœurs : « *Madame, ceci n'est plus la guerre, c'est le massacre !* ».

Le commandant qui a arrêté, à la première heure, un groupe caché à la carrière, a arraché une bouteille de bière des mains de M. Scailteux et l'a jetée en disant : « *Pas la peine !* ». Il y avait donc une résolution évidente de tuer tout !

Dans le groupe des fusillés à Dorinne à 6 h du matin se trouvaient Émile Baily et Félix Charlier. Ils ont récité tout haut l'acte de contrition. Félix Charlier, un très brave chrétien, a demandé à son beau-frère d'avoir soin de sa femme et de ses enfants.

On dit que tous les régiments (du 101e à 108e) étaient dans le pays. C'est le 103e qui a opéré le dimanche.

1.13. Témoignage d'Auguste Roosens, fermier à la Bouverie[130]

Le dimanche 24 [23] août 1914, vers 5 h du matin, nous n'étions pas levés que l'on mitraillait la maison de mon frère Hadelin Roosens ; nous voulons sortir de notre chambre, pas moyen tellement le tir était intense ; nous rentrons affolés et nous

[130] Archives de l'Évêché de Namur. Fonds Schmitz S-103. Notes manuscrites autographes.

nous blottissons Adelice [Adélia?] et moi qui sous le lit et l'autre derrière une malle. La fusillade ayant cessé un moment et mon frère, levé depuis deux heures, ayant renouvelé son appel, nous sommes descendus au plus vite et arrivés à la cour, nous voyons le toit des granges de la ferme qui s'effondrait déjà consumé par le feu et les maisons sur la place toutes en flammes. Nous rentrons précipitamment et nous descendons à la cave chercher un abri. Nous y étions à peine d'une demi-heure, à cinq (Hadelin, la femme de journée et le mari de celle-ci Henri Missart, moi Auguste Roosens et Adelice Fabry mon épouse) ; que Hadelin et Henri conviennent de se sauver, ne pouvant rester plus longtemps dans une maison qui flambe. Ils remontent donc et les voilà se sauvant par la pelouse qui se trouve derrière la maison et se suivant de quelques pas : on entendit un coup de feu, c'était Henri qui l'avait reçu à la tête et de crier aussitôt à Hadelin de se coucher, signe que l'on se rendait.

J'arrivais en ce moment sur la porte de sortie de la cour, les suivant, je vis un mouvement comme pour épauler et perçois un habillement gris, ce qui fit qu'au lieu d'avancer, je me suis laissé tomber en arrière et retourner à l'appel de ma femme et de la servante à la cave d'où nous étions tous sortis. Nous y étions à peine de cinq à dix minutes tout au plus que nous entendons Hadelin revenir traverser la petite cour et descendre les quatre marches de la cuisine en se lamentant, disant qu'il allait mourir, qu'il ne saurait survivre aux douleurs qui l'accablaient. L'entendant, nous étions sortis de la cave et arrivés en même temps que lui. Il s'est jeté dans mes bras, épuisé, il s'est tourné sur lui-même et tombé à mes pieds, disant de nouveau qu'il allait mourir, qu'il ne saurait survivre à ses douleurs et demandant le docteur. Voyant qu'il était tombé à mes pieds et croyant la mort imminente, nous avons fait un acte de contrition ensemble, nous avons fait quelques invocations et dit quelques prières jaculatoires, alors il a demandé pardon à ses frères et à sa sœur. Puis nous étant ressaisis, nous lui avons donné à boire un peu d'eau et un peu de vin. Adelice et Rosine sont montées à sa chambre à coucher, chercher deux coussins et un traversin, sur son désir d'avoir un matelas pour ne plus être sur le pavé, mais elles n'auraient su le prendre dans leur précipitation, nous les avons mis à la place de mes jambes qui le soutenaient ; comme cela il a pu s'étendre et être un peu mieux. J'ai découvert au plus vite ses plaies, il avait reçu une balle sous le sein gauche qui n'avait fait qu'effleurer assez profondément, ce qui faisait dire à mon frère : « *Je ne suis pas touché au cœur, autrement je n'aurais su rentrer, mais je sens du mal intérieurement comme si j'avais deux côtes cassées* ». Alors j'ai découvert son bras gauche, il avait à l'avant-bras une plaie de quatre doigts de largeur dans les chairs formant deux plaies séparées seulement par une bande d'un doigt de largeur et un amas de chairs meurtries comme une éponge retombant sur le poignet. Il avait encore une troisième plaie dans les chairs de l'arrière-bras gauche, de quatre doigts de large, aussi complètement enlevées jusqu'à l'os. Je les ai mis le mieux possible à propre, elles ne donnaient plus de sang ni l'une ni l'autre. Nous lui avons donné de nouveau à boire, mais il me dit qu'il s'apercevait que ses pieds refroidissaient. C'était compréhensible, ses pantoufles étaient pleines de sang, je lui ôte ses bas au plus vite et je lui mets les miens ; c'est bien, dit-il, mais il n'y a guère d'avance, je suis mouillé de tous côtés ; il faudrait qu'on me changeât de vêtements ; mais comment le changer nous n'avions rien sous la main. Les soldats entre-temps avaient forcé la porte de devant et ils étaient montés directement dans les chambres pour dévaliser. J'aperçois cependant une nappe à café qui se trouvait sur un petit meuble à côté de nous, je la plie en quatre pour la mettre sous lui, il se soulève encore de lui-même pour la placer.

Alors la femme d'ouvrage, s'inquiétant de ce que son mari était devenu, demanda à Hadelin « *et Henri où est-il ?* ». « *Oh Henri,* lui répondit-il, *est encore plus mal arrangé que moi. Il a la figure toute remplie de sang.* » Nous sommes restés près d'Hadelin jusqu'à ce que entendant les sabres résonner sur l'escalier. Sur la sollicitation de mon frère, nous nous sommes sauvés à la cave, obligés d'abandonner Hadelin qui se mourait épuisé de sang. Nous sommes encore restés un moment dans l'embrasure de la porte entre les deux caves et voyant que les soldats étaient prêts à descendre, nous sommes allés nous réfugier à trois dans un petit trou pratiqué sous les escaliers de pierre, qui servait de caveau ; nous l'avions vidé la veille ne songeant guère qu'il devrait nous servir le lendemain pour nous sauver la vie, car ils sont venus prendre des bouteilles de vin à un mètre de nous. Après qu'ils en eurent remonté assez bien, voyant le péril imminent, ils ne sont plus descendus et un peu après nous avons entendu mon frère crier « *waïe, waïe* ». J'ai cru alors que vu ses blessures et qu'il se trouvait dans une maison en flamme, en le prenant pour le sortir du feu on lui avait fait mal, ce qui aurait excité ses cris.

N'entendant plus rien, je suis remonté au plus vite, le traversin et les coussins sur lesquels Hadelin reposait étaient déjà en feu. J'avance sur la porte de la salle à manger, celle-ci était déjà pleine de feu ; les livres de Mines de la bibliothèque de mon frère tombaient déjà entourés de flammes à tel point que je n'ai pu aller chercher son livre de compte, m'ayant montré la veille où il l'avait mis, ainsi que la clef d'un coffre-fort.

Ne voyant donc pas mon frère, je l'ai cru pour le moment sorti des flammes et transporté à la Croix-Rouge au château pour y être soigné. Je suis allé retrouver ensuite Adelice et Rosine à la cave ; j'étais à peine descendu que la charpente s'effondre, entraînant avec elle les entre-deux et l'escalier d'en-haut qui sont venus s'amonceler sur l'escalier sous lequel nous nous trouvions, et le chauffer à blanc. Aussi devions-nous rester à genoux, penchés le plus possible pour supporter la chaleur qui s'y produisait. Nous sommes cependant sortis de notre cachette à plusieurs reprises quand nous croyions les troupes passées pour respirer mieux et pour surveiller la porte de la cave qui menaçait de prendre feu, les débris venant s'amonceler contre. Si cela se fut fait, elle aurait communiqué le feu aux tonneaux et divers ustensiles qui s'y trouvaient et par là nous asphyxier. J'avais aussi fait sauter la fenêtre du soupirail, comptant devoir nous sauver par là en voyant les escaliers remplis de feu. Cela n'a pas été nécessaire et je crois même que nous ne serions pas parvenus à nous sauver de cette manière.

Nous sommes restés dans la cave jusque vers 5 h du matin, le lundi il était temps de nous sauver. La porte de la cave prenait feu, elle allait le communiquer aux autres objets et nous étions pour sûr asphyxiés. Nous nous sommes donc sauvés sur la Roche Bouan, nous y avons passé la journée et la nuit et le mardi matin, nous avons pu gagner les environs du Trou des Nutons.

Je disais ne plus avoir vu mon frère sur sa couche à la cuisine et avoir vu celle-ci en feu ; mon frère l'aura vu mettre et du temps qu'ils sont descendus à la cave, rassemblant son courage et le peu de forces qui lui restaient, se servant de son bras et de ses jambes, se sera traîné comme il aura pu à travers la place à manger et arriver sur la porte de sortie, les jambes sur l'escalier juste au moment de leur sortie de la cave. Ce que voyant, un de ces énergumènes a poussé la barbarie jusque lui donner un dernier coup, sujet de sa plainte, et avoir eu la sauvagerie de le laisser dans les flammes, ce qui fait qu'on l'a retrouvé en morceaux trois jours après, carbonisé.

1.14. Témoignage de Marie Poncin-Lambert, veuve[131]

Le dimanche 23, août, toute ma famille était encore couchée, lorsque, tout à coup, l'alarme retentit et que, par milliers, les soldats allemands se répandirent dans le village. C'était le signal, et la fusillade — la même fusillade qu'ils renouvelaient un peu partout en cours de route — éclata.

Ils tirèrent, d'abord, dans toutes les fenêtres des étages et des rez-de-chaussée, à tel point qu'à un moment, nous ne pouvions plus nous voir tant la fumée des balles était grande. Nous avions six enfants et courions d'une chambre à l'autre, les prendre tous pour nous sauver ensemble dans les caves, attribuant cette fusillade à une attaque des Français …

Comme nous nous dirigions vers les caves, nous aperçûmes soudain, par un soupirail, une centaine d'Allemands accroupis dans notre cour et tirant dans le corps de logis.

Nous sommes remontés tout de suite, sans plus savoir cette fois où nous réfugier, et bientôt la fusillade augmenta d'intensité : on tiraillait à nouveau de partout à la fois... Cela dura, quelques minutes, puis les soldats se retirèrent vers le bout du village.

Quelques instants après, n'entendant plus rien, nous sommes, mon mari et moi, remontés au rez-de-chaussée pour nous rendre compte de ce qui se passait.

---

[131] Publié dans *Spontin l'assassinée,* fasc. 2, p. 28-32. La date à laquelle ce témoignage a été recueilli par Édouard Gérard ne nous est pas connue, mais il est postérieur à février 1915.

À notre grande consternation, nous avons vu le village entier en feu ! Notre idée fut qu'au cours du combat qui venait de se terminer, des obus avaient allumé ce formidable incendie et que ce désastre était causé par la bataille elle-même.

Mais comme nous pensions ainsi, une troupe de soldats hurlant furieusement déboucha tout à coup au tournant du chemin, et directement accourait à l'assaut de notre maison. Il fallait voir la rage de cette soldatesque ! ...

Nous nous sommes enfuis, en proie à une terreur folle, et nous sommes allés retrouver, dans les caves, nos enfants qui nous y attendaient... Nous sommes descendus pour ne plus remonter, malheureusement !

La troupe furieuse avait atteint notre maison, et, lancée à l'assaut, s'attaquait à la façade, défonçait les portes et les fenêtres à coups de crosse et de hache. Les soldats pénétrèrent à l'intérieur, et, pleins de fureur et hurlant, ils fouillèrent tout et brisèrent tout, tout, tout, du grenier à la cave ... Nous les entendions aller et venir, accomplissant leur sinistre besogne — et nous nous rendions compte exactement de tout ce qui se passait. Comment donc dire l'état où nous étions !

Quand ils descendirent dans la cave, nous sommes demeurés une minute, réellement atterrés, retenant notre souffle, blottis plus étroitement dans notre cachette...

Joie, croyions-nous lorsque nous les vîmes remonter tous ! Cependant, l'un d'eux était resté, et quand il se trouva bien seul, il s'approcha de nous et nous somma de lui donner de l'argent « *sous peine d'être tous fusillés !* »

Nous nous empressâmes de le satisfaire et dès qu'il fut en possession d'argent, il partit, nous recommandant de ne rien dire et de ne pas bouger, puis il ferma la porte, avec précaution, derrière lui... Ce brigand voulait « opérer » pour lui et ne pas faire le partage, avec ses compagnons !

Nous commencions à reprendre haleine un peu, quand le bruit de la soldatesque au-dessus de nous, nous révéla leur intention : nous les entendions monter de la paille à l'étage, nous les entendions mettre le feu ! Imaginez-vous quelle angoisse nous étreignit ! Que devions-nous faire ! que nous restait-il ! — sinon à attendre que le feu nous consume tous les huit...

Nos derniers moments étaient arrivés : mon mari nous fit dire ensemble un acte de contrition que, même, nous avons répété plusieurs fois... Puis nous nous sommes réconfortés mutuellement et nous nous résignions enfin à la volonté de Dieu...

— *Je n'ai qu'une consolation,* me disait mon mari, *c'est de mourir au milieu de ma famille que j'ai tant aimée...*

Les heures passaient... Nous étions devenus à moitié fous ! Nos souffrances étaient indicibles, la faim, la soif nous accablaient et une angoisse inouïe. Et rien, pourtant, pour nous soulager ! Les enfants criaient, suppliaient qu'on leur donne à boire ; nous étouffions littéralement ! Quelles heures avons-nous passées là !

Le soir est arrivé et la nuit ; au dehors, nous entendions encore les Allemands faire le coup de feu dans le village en ruine. Inutile donc de vouloir se sauver !

J'ai fait un effort et j'ai tâché de ramener le calme chez les miens... Depuis longtemps, la chaleur était devenue intolérable. Personne ne peut comprendre notre situation ! Et nous sommes demeurés là, dans cette fournaise ardente, jusqu'au mardi dans la matinée.

Pendant la dernière nuit, après deux longs jours et une nuit de supplice pareil, plus personne ne parlait. Il est impossible d'expliquer comment nous avons pu vivre ces heures !

Quand le jour fut venu, mon aînée, âgée de dix-huit ans alors, voyant son père et ses deux sœurs, de onze et de huit ans, asphyxiés par la chaleur, essaya, avec son petit frère de seize ans et demi, de me faire comprendre ce terrible malheur... Mais j'étais moi-même évanouie et dans un état tel que je ne pouvais plus rien comprendre, pas même cette affreuse réalité qu'ils m'annonçaient...

Mon fils, alors, sortit par le soupirail pour prendre de l'eau à un robinet, en face de la maison ; il constata que le village entier était en ruines, il aperçut des gens fusillés partout, des bêtes tuées sur tous les chemins ... Il revint près de nous et nous obligea à sortir.

Je n'étais pas présente à moi-même, je ne voyais, ne comprenais rien, j'étais dans une situation mentale fort ébranlée. En sortant, je me lamentais : Quel malheur, disais-je, de quitter ces trois malheureux qui dorment... Que vont-ils dire quand ils constateront notre départ, en s'éveillant...

Ma fille comprenait bien. Elle me dit :

— *Tais-toi, maman, ils sont mieux que nous...*

J'aperçus mon plus jeune enfant, un garçon de 6 ans et demi — et qui, depuis lors, est malade — râlant dans le sang qui lui collait à flots par le nez, la bouche et les oreilles, et ne donnant plus signe de vie... Arrivé au soupirail, l'enfant put respirer un peu d'air pur, mais l'hémorragie continuait...

Après une petite demi-heure, nous sommes tous sortis par le soupirail ; il n'y avait pas d'autre issue ... Nous nous traînions l'un et l'autre, nous ne pouvions nous tenir debout ; et nous sommes allés nous coucher, au fond du jardin, dans les herbes mouillées...

Nous n'avons pas tardé à vomir abondamment. Représentez-vous ce tableau de nos êtres défigurés par l'asphyxie ! Mon jeune homme — âgé de 17 ans — étendu avec nous pour soulager son malaise parmi la prairie fraîche, gagna une pleurésie aiguë qui l'emporta en six mois, le 19 février 1915.

Toujours souffrant horriblement, nous sommes demeurés dans ce jardin jusque dans la soirée du mardi, très mal mis, car les Allemands rôdaient tout autour. Sans nous bouger, nous les voyions aller et venir, s'éloigner ou s'approcher... et c'était bien une sorte de soulagement qui nous prenait, ou bien une recrudescence de peur...

Enfin, nous avons décidé de quitter ce refuge dangereux et avec une difficulté inénarrable, nous avons franchi les fils de la clôture et pénétré dans la propriété de

M. Jeanmart, où nous nous installâmes dans un bosquet en fleur. Nous sommes demeurés là jusque vers 7 h ½ : certaines maisons brûlaient encore ; nous nous trouvions dans un état indescriptible : au point de vue mental, nous étions frappés d'une réelle folie ; au point de vue physique, nos corps étaient hideux de toutes les souffrances que nous subissions, et c'est à peine si nous étions vêtus de chemises de nuit !

À un moment, nous entendîmes un bruit de charrette. Sans oser bouger, nous attendîmes et nous constatâmes que c'était le boucher, avec sa voiture, accompagné du garde-champêtre et un autre homme, qui se dirigeaient vers le cimetière ; ils allaient enterrer des victimes trouvées au bord des chemins... Nous n'avons pas osé crier et nous nous sommes tenus cois.

Bientôt, cependant, nous entendîmes parler à quelques pas de nous. Involontairement, des gémissements sortirent de nos poitrines, car nous pensions que c'étaient des Allemands qui s'approchaient…

Mais c'étaient deux Spontinois, au contraire, qui recherchaient leur bétail dans la prairie proche de notre refuge. Nous les avons hélés, mais ils s'éloignèrent ; ils ne nous avaient pas reconnus tant nous étions affreux : têtes gonflées comme des coussins et figures noircies, et à demi-nus, avec seulement nos chemises ! Ils eurent peur de nous ! Toutefois, leurs émotions passées, ils s'approchèrent et nous avertirent que les habitants survivants se trouvaient au château.

— *Nous ne pouvons pas vous prendre,* nous dirent-ils encore, *car il faut que ce soit l'autorité communale qui vienne vous chercher...*

Quelques minutes plus tard, le garde-champêtre est arrivé, accompagné de quelques hommes munis d'un drapeau blanc. Ils nous menèrent au château où nous sommes restés pendant neuf semaines.

Mais ce n'était pas tout. Notre malheur n'était pas assez grand encore. Nous étions à peine arrivés au château qu'on nous annonçait la mort tragique de mes trois frères — trois jeunes gens de 27, 20 et 16 ans — et de mes deux beaux-frères, tous deux pères de deux enfants ! Ils avaient tous été fusillés les 23 et 24 août !

Enfin, ma sœur, âgée de 25 ans, avait été tellement frappée de peur qu'elle succomba, à Leffe-Dinant, le 2 novembre 1914.

1.15. Lettre adressée par le baron de Wolff, châtelain, au Général von Longchamps, Gouverneur de la position fortifiée de Namur[132]

Résumé des faits qui se sont passés au château de Spontin du 15 au 24 août 1914.

À partir du 15 août de nombreuses troupes allemandes de toutes armes passent par le village de Spontin.

---

[132] Archives de l'Évêché de Namur. Fonds Schmitz S-103. Lettre manuscrite datée du 29 décembre 1914, également dactylographiée.

Le 16 août, arrivent au château pour y loger l'État-Major des 1er et 2e régiments de la Garde, en tout vingt officiers avec ordonnances, chevaux et hommes de troupes. Ils séjournent au château jusque dans la matinée du 21. Jusqu'à cette date, aucun incident notable n'est à signaler, sauf une punition infligée par l'officier de garde à deux soldats qui avaient forcé la cave d'un habitant du village et à un autre soldat qui avait par mégarde laissé tomber son fusil sur la route et dont le coup était parti, sans heureusement blesser personne.

Le 21 août nous arrivent plusieurs blessés, ainsi que le 22 août. Dans la soirée du 22, arrive le 103e régiment de l'infanterie saxonne ; on nous annonce que quatre officiers logeront au château avec une centaine d'hommes de troupe, des voitures et des chevaux. Un seul officier loge et organise des patrouilles et place des sentinelles au pont-levis du château et aux issues du parc.

Le dimanche 23 août, à 4 h et demie du matin, je suis réveillé par l'officier logeant au château désirant un renseignement. Entendant du bruit, je descends à la cuisine et y trouve quatre officiers qui déjeunaient. Je les invite à terminer leur repas dans la salle à manger. Ils me remercient de mon offre sans l'accepter.

À peine remonté dans ma chambre, vers 5 h, dans la brume du matin, une fusillade éclate avec bruit de mitrailleuse et canon. Malgré les cris des officiers qui se trouvent au château, des soldats du 103e saxon tirent sur le château, des traces de balles sont visibles sur la façade du château et dans plusieurs appartements pendant que l'incendie éclate dans le village. Après la fusillade, un calme relatif s'établit. Quand, vers 8 h, la Baronne de Wolff et moi, nous trouvant dans une pièce du rez-de-chaussée, nous voyons arriver sous la conduite d'officiers environ une centaine de soldats du 103e saxon qui nous appréhendent violemment et nous lient les mains et nous enchaînent au milieu de la cour. Pendant ce temps, une partie de ces soldats se ruent dans le château. Quelques-uns se saisissent de la cuisinière et la conduisent, revolver au poing, dans toutes les places du château qu'ils fouillent, forçant les meubles, les détériorant et les brisant et arrivent ainsi jusqu'à la chambre transformée en lazaret où treize soldats allemands blessés, amenés depuis la veille et l'avant-veille, se trouvaient en traitement (suite de la bataille du 15 août à Dinant et environs).

Toujours liés, après trois quarts d'heure d'attente, nous sommes déliés et, sur un commandement bref et un appel de clairon, toute la troupe disparaît et nous laisse au milieu de la cour.

Rentrés au château, nous trouvons meubles, porcelaines, cristaux, faïences éventrées, des portes enfoncées, des argenteries et autres objets disparus.

Le tableau des meubles détériorés et abîmés, ainsi que d'autres objets, est annexé au présent document.

Je viens donc prier le Gouvernement Impérial Allemand de bien vouloir me donner satisfaction en voulant faire payer la valeur de ces dégâts vu la présence de soldats allemands blessés et soignés au château (le registre avec le nom des blessés en fait foi), ce dernier devenant par le fait même un lazaret, placé sous l'égide de la Croix-Rouge et inviolable.

Environ une heure après ces évènements, l'on vint me demander de vouloir venir chercher des blessés. Avec un membre de la Croix-Rouge et plusieurs soldats allemands, je me rends accompagné d'une dame, Madame Abraham Péture, qui connaît la langue allemande, à la recherche d'un blessé (Martin Scaillet de Spontin) que l'on vient de trouver dans les décombres et qui expire au moment où on le relève.

Comme mes services n'étaient plus utiles, je rentre au château où l'on vient de nouveau me chercher, me demandant de venir chercher d'autres blessés et d'atteler un camion.

La Baronne de Wolff cette fois m'accompagne et, toujours entourés de soldats allemands, l'on nous fait passer près de maisons en flammes pour nous diriger dans les campagnes jusque près de Sovet.

Là, un officier supérieur, un Général, m'accuse d'avoir tiré du château sur les troupes allemandes. Je n'ai nulle peine à démontrer la fausseté de cette accusation et mes dires sont reconnus exacts par les déclarations d'un officier, dont je regrette de ne pas connaître le nom, qui affirma qu'il était impossible que je puisse ou aie tiré [*sic*], ni qu'on puisse tirer du château, vu sa position, puisqu'il est entouré d'eau de toutes parts et de hautes murailles.

Un fait est à signaler, c'est la conversation tenue par deux officiers allemands, entendue, et qui pourra être répétée sous la foi du serment par la personne qui l'a entendue, le vendredi 21 août vers 2 h : « *Que Spontin devait être jeté complètement dehors, c'est-à-dire détruit* » (traduction de la phrase entendue).

Tout ce qui est relaté dans le présent procès-verbal est l'exacte vérité et est affirmé sous la foi du serment.

(Signé) le Baron L. de Wolff de Moorsel.

P.S. : Il n'y a eu aucun décès parmi les blessés soignés au château qu'ils ont quitté en autos le mercredi 25 août 1914.

1.16. Rapport de M. le docteur Gathy de Ciney[133]

Le 23 août à 11 h, j'apprenais par le docteur Fischer, chef du lazaret, qu'à Spontin, un major et deux ou trois soldats allemands avaient été tués par des plombs de chasse et qu'en outre une quarantaine de soldats avaient été blessés de la même façon. M. Fischer était convaincu que c'étaient les civils qui avaient tiré et ce jour-là, je partageai sa conviction. Cependant, après réflexion, je me souvins qu'un certain nombre de soldats allemands avaient été vus porteurs de fusils de chasse dans les rues de Ciney.

---

[133] SCHMITZ & NIEUWLAND, p. 125. Une version manuscrite autographe de ce rapport est conservée aux Archives de l'Évêché de Namur. Fonds Schmitz S-103.

Le 25, je me rendis à Spontin pour voir des blessés civils et je constatai qu'un certain nombre avaient aussi été blessés par des plombs : il y avait, entre autres, le nommé Antoine Rufy, un vieillard, qui avait des plombs dans une jambe, et un fils de l'instituteur, François Hayot, qui avait des plombs dans un pied. Il me paraissait assez difficile d'admettre que des civils eussent tiré sur leurs propres concitoyens. En songeant que les troupes saxonnes étaient sorties de Ciney la nuit du 22 août au 23 août, que le samedi soir, un grand nombre de soldats étaient en état d'ivresse, qu'un certain nombre d'entre eux avaient été vus porteurs de fusils de chasse, il me paraissait plus raisonnable d'admettre que les coups de fusil de chasse avaient été tirés par des soldats allemands.

Nous eûmes la preuve qu'il en était bien ainsi et que les soldats avaient tiré sur les civils avec des fusils de chasse. En effet, François Hayot, l'instituteur, a vu blesser son fils. Le coup partait d'un groupe de quatre soldats ; or, nous avons vu plus haut que l'enfant avait des plombs dans un pied. J'ai retiré plusieurs de ces plombs. Plus tard, m'a dit M. Hayot, le docteur Lefebvre, de Wépion, lui en a retiré également.

Si l'on songe que je tiens de M. Tasiaux, directeur des Eaux de Spontin, que, au milieu de la fusillade, les soldats allemands devaient se protéger des balles et des coups de fusil en se cachant derrière les murs, nous ne devons pas être surpris que des soldats aient été blessés et tués par leurs propres compagnons.

1.17. Déposition d'Amandine Kinard, servante du curé, en 1915[134]

Résumé de l'interrogatoire d'un officier de police allemand de Namur à la servante de feu M. l'Abbé Laisse, curé de Spontin, y martyrisé le 23 août 1914. Cette servante, née Amandine Kinard, veuve de Julien Monin, est originaire de Spontin. Cet interrogatoire a eu lieu dans un bureau allemand à Namur.

a. Quels soldats sont d'abord arrivés à Spontin ?

De la cavalerie. Ce doit être avant le 15 août. M. le Curé fut abordé par deux officiers allemands qui lui demandèrent s'il avait des chambres à leur disposition. Il leur offrit deux chambres à coucher qu'ils acceptèrent avec remercîments. Ils furent bien reçus et soignés, ainsi que leurs ordonnances.

b. *Comment M. le Curé a-t-il été traité par eux ?*

Poliment par ceux de la cavalerie.

c. *Dites-nous ce qui s'est passé ensuite concernant le Curé ?*

Après le départ de la cavalerie, le jeudi 20 août, vers 2 h de l'après-midi, lui et M. le Bourgmestre furent sommés de se rendre à la gare de Spontin, distante d'environ cent mètres, où ils furent retenus comme otages jusqu'au vendredi matin.

Le vendredi après-midi, même sommation jusqu'au samedi matin.

---

134 Archives de l'Évêché de Namur. Fonds Schmitz S-103. Notes manuscrites de l'interrogatoire.

Le samedi vers 8 h du soir, quatre soldats d'infanterie, conduits par un gradé, arrivèrent comme des sauvages au presbytère avec le bourgmestre. M. le Curé, fatigué des émotions des nuits précédentes, était déjà monté dans sa chambre à coucher. Ils frappaient à la porte avec la crosse de leur fusil. Il en descendit vite à pieds nus pour leur ouvrir la porte. Ils voulaient l'emmener de suite. Il leur demanda en grâce de le laisser s'habiller. Ils l'accompagnèrent à sa chambre en le brutalisant et lui jetant au dos des coups de crosse de fusil. Ils les emmenèrent ensuite tous deux comme otages à l'hôtel du Cheval Blanc situé au centre du village, tenu par Émile Demasy. Ils les lâchèrent tous deux le dimanche matin vers 4h ½.

Je passai la nuit avec le père et la mère du bourgmestre, nos plus proches parents [voisins ?], où les deux otages vinrent nous retrouver.

Nous rentrâmes de suite au presbytère. M. le Curé avait grand besoin de repos avant la messe.

Il était à peine sur les premières marches de l'escalier qu'un premier coup de fusil, suivi d'une forte pétarade, fut tiré sur la maison. Nous nous sauvâmes vite à la cave. Nous y étions à peine de cinq minutes qu'une bande de soldats furieux nous entraîna à coups de crosses de fusil. Dans la cour, M. le Curé eut les mains liées au dos, un soldat lui releva le menton d'un violent coup de crosse qui le fit saigner abondamment. Ils le soulevèrent en lui arrachant une poignée de cheveux, nous entraînèrent sur la route où le bourgmestre ligoté se trouvait déjà. Ils nous dirigèrent vers la gare.

M. le Curé reçut un coup de lance dans le côté droit du cou, plus loin deux coups dans le côté gauche ; il était exténué, couvert de sang, ne savait presque plus marcher.

Plus loin, ils lui donnèrent de nouveaux coups de crosses de fusil qui avivèrent ses plaies et aggravèrent ses souffrances. Ils traînèrent ensuite les deux corps derrière la maison du piocheur Burlet en face de la gare, les serrèrent fortement comme pour les couper en deux ; alors sur un bref commandement, les deux victimes n'étaient plus, la cervelle du bourgmestre lui sortait de la tête.

Je comptais subir le même sort. Ils m'entraînèrent en face du cadavre rôtissant du piocheur Burlet, d'une fille tuée et d'une autre gravement blessée.

Les enquêteurs me questionnèrent ensuite :

1. sur la mort d'un major allemand tué à Spontin.

Je ne connaissais rien là-dessus.

2. si la fille gravement blessée avait reçu des soins.

J'ai dit oui, à Ciney.

3. sur les sermons du curé de Spontin prêchant la haine des Allemands.

Je lui déclarai formellement que c'était faux, que dans ses conversations et ses sermons, il n'avait jamais rien dit contre eux, qu'il était très prudent sur ce point et que tous ses paroissiens encore en vie pourraient en témoigner.

La susnommée Amandine Kinard est maintenant servante chez M. le Curé de Coutisse, paroisse où était curé M. l'Abbé Laisse peu d'années avant d'être nommé curé de Spontin.

1.18. Déposition d'Édouard Famerée, secrétaire communal[135]

Le 18 janvier 1915, une commission d'enquête composée de deux officiers et d'un soldat alsacien servant d'interprète, arriva au château de Spontin où le Secrétariat communal était alors provisoirement installé. Comme j'étais seul au moment de leur arrivée, ils me demandèrent si je pouvais déposer mon rapport concernant le bombardement de Spontin. Je répondis affirmativement et les introduisis au château.

Après avoir fait le récit de mes journées des 23 et 24 août 1914, ils me demandèrent « *N'y avait-il peut-être pas des étrangers dans la commune la veille du bombardement ?* » – Je connais parfaitement tous les habitants de la commune et il est certain que si des étrangers avaient passé dans le village le samedi 22 août, ce fait aurait sûrement été signalé, attendu que les soupçons se seraient certainement portés sur ces personnes. – « *N'y avait-il pas des soldats cachés ?* » – Cela est impossible. Spontin était occupé par les Allemands depuis le 15 août. – « *Mais pourtant il y a eu un major et des soldats tués à Spontin.* » – Je n'ai vu aucun soldat tué à Spontin, mais je veux cependant bien croire vos dires. – « *Ah et comment ?* » – Comment serait-il possible que vous veniez bombarder Spontin de toutes parts, tuer bon nombre d'habitants et épargner tous les soldats qui se trouvaient dans la localité ? Cela est impossible. Ce qui est également étrange, c'est que tout au début de la fusillade des soldats se trouvaient déjà placés au-dessus des montagnes pour empêcher les habitants de se sauver; ce qui prouve que le bombardement était bien préparé.

On me demanda ensuite si je pouvais donner des détails au sujet de la mort de M. le Curé Laisse. Non, répondis-je, mais les renseignements peuvent être donnés par sa servante.

« *Pouvez-vous cependant affirmer sous la foi du serment que M. le Curé n'a pas excité les habitants contre les troupes ?* » – Oui, je puis l'affirmer et je dois vous dire au contraire que M. le Curé a toujours invité la population au plus grand calme possible et à recevoir les troupes de manière à ce qu'elles soient satisfaites de leur séjour ou de leur passage à Spontin.

---

[135] Archives de l'Évêché de Namur. Fonds Schmitz S-103. Notes dactylographiées, recueillies le 18 janvier 1915.

2. Témoignages allemands

Les quelques témoignages d'officiers et de soldats allemands qui suivent sont tirés de l'ouvrage de Schmitz et Nieuwland ; nous les reproduisons tels quels. Nos recherches du côté des archives allemandes ne nous ont pas permis d'en retrouver d'autres[136]. Même si ces témoignages apportent un éclairage différent, ils pèchent par leur imprécision sur certains points et ils ne peuvent apporter aucune caution concernant les accusations de francs-tireurs ; manifestement, ces soldats se contentent de répéter en toute bonne foi ce qu'on leur a prétendu être la vérité.

2.1. Témoignage d'un soldat saxon du 12e bataillon de chasseurs de réserve[137]

Le 19, il foule le sol belge à Gouvy, dont il décrit l'aspect riant et propret. À Cherain, presque désert, il trouve des hussards, qui ont l'air d'être chez eux. Il loge à Rettigny, dans une épicerie. Des coups de feu y retentissent : Sont-ce des francs-tireurs ? Non, deux bœufs, dans une campagne, n'ont pas répondu au signal de : *halt* ! La sentinelle a tiré sur eux. Il traverse l'Ardenne, se repose dans une prairie boisée, le long de l'Ourthe, et arrive à la charmante petite ville de Laroche. Au sortir de Marche, il atteint, après un fort orage, le camp d'aviation de Hogne, où il loge. « *Jusque-là, il ne croyait rien des cruautés des Belges francs-tireurs et il les considérait comme des légendes.* » À Sovet, le 23, toute la division de réserve se rassemble et s'avance, d'abord les grenadiers, puis l'infanterie, enfin le bataillon de chasseurs. Tout à coup, quelques coups de fusil l'arrachent à ses réflexions. Derrière la hauteur voisine, on aperçoit les toitures de Spontin. Une vive fusillade — la première de l'espèce semble dirigée contre eux. Des chevaux errent sans cavaliers. Est-ce l'ennemi ? On se disperse, on s'abrite derrière des dizeaux. À droite, une batterie entre en action : quelques secondes après, Spontin est en feu : *Francs-tireurs* ! Les coups de feu étaient tirés par ses camarades qui venaient d'assaillir leurs ennemis invisibles...

Bientôt, il traverse le village en flammes, dont les maisons s'écroulent. C'est un enfer ! À l'entrée, gisent deux grenadiers tués. Les hommes du village avaient fui ou étaient prisonniers. Quelques-uns gisaient dans les rues à l'état de cadavres.

---

[136] Signalons toutefois l'existence dans le Fonds d'archives Schmitz d'un petit carnet de soldat allemand de 17 feuillets, trouvé à Aische-en-Refail, traduit en français par un anonyme ; le chanoine ne l'a pas utilisé, sans doute parce qu'il ne servait pas son propos. Nous en avons extrait quelques reproductions dans l'ouvrage, entre autres sur le pillage de Sovet par les Allemands campant sur les hauteurs de Spontin.

[137] SCHMITZ & NIEUWLAND, p. 102. Une narration complète des faits figure dans l'ouvrage de Félix MARSCHNER, *Mit der 23ten Reserve-Division durch Belgien und Frankreich,* Leipzig, Xenien Verlag, 1915. Cet ouvrage a été finement analysé par Albert PINGAUD, *La guerre vue par les combattants allemands,* Paris, Perrin, p. 13 et 302.

Ci ou là, l'un ou l'autre cherchait encore à fuir par les prairies ou les jardins : sans miséricorde, il était poursuivi par les balles. Dans une ruelle s'écrasait un tas de femmes et d'enfants, en proie à l'angoisse, se lamentant et jetant vers eux des regards pleins d'effroi. Il éprouve un sentiment d'horreur et de frisson devant ces méthodes de guerre, qui leur sont imposées ; il aspire à voir un vrai combat, en pleine campagne, avec des soldats...

On leur donne ensuite des détails sur l'attaque. Organisée, à ce qu'il semble, elle a commencé du haut du clocher, puis a gagné les maisons. Un médecin, à l'abri de la Croix-Rouge, a tiré de sa maison. Leurs pertes, grâce au ciel, sont minimes : deux tués, dont un major du 103e et des blessés.

Quelques kilomètres plus loin, on fait halte et on amène dans une vaste campagne de petits groupes de francs-tireurs. L'un d'eux n'a que la chemise : il a fait semblant d'être au lit quand on est venu le prendre [il s'agit de Georges Lambert]. Une femme s'accroche au bras de son mari barbu. Sur leurs traits, on lit l'angoisse qui les fait tous trembler et une contrainte hébétée. On les juge dans le parc du château, tandis qu'entre les camarades règne une joyeuse animation. On raconte les cruautés belges ; les suppositions deviennent des réalités ; l'imagination aidant, de petites aventures deviennent de terribles évènements... Tout à coup, une salve déchire l'air : ce sont les premières et promptes victimes de la justice militaire ! Les amis des victimes sortent du parc et n'épargnent pas leurs nerfs à décrire l'exécution collective. Ils étaient non loin de la scène, suppliant et se lamentant ! On n'avait d'abord fusillé que les francs-tireurs pris en flagrant délit... Il était content quand on donna le signal du départ, après un dernier et émouvant regard en arrière.

À la sortie du parc, sur une petite colline, ils étaient là, vieillards, femmes et enfants, presque tout le village, serrés les uns contre les autres, avec des figures livides de frayeur, attendant le sort réservé à leurs hommes. Aucune larme : l'effroi les rendait muets ; seule une horrible tension se lisait sur leurs traits. De nouveau une salve, et un courant électrique secoue convulsivement la masse... Il détourne les yeux, en avant, en avant...

La glace était brisée, l'excitation contre les francs-tireurs était maintenant générale. À l'heure du crépuscule, on voyait chaque jour s'allumer de gigantesques torches, victimes d'un funeste aveuglement...

2.2. Témoignage du soldat Max Thomas (du 107e, 8e saxon, XIXe corps d'armée)[138]

Une compagnie du 107e et une du 133e reçurent l'ordre de rester en arrière pour fouiller Spontin, faire les habitants prisonniers et incendier les maisons. À l'entrée du village, à droite, gisaient deux jeunes filles, l'une morte, l'autre grièvement

---

138 SCHMITZ & NIEUWLAND, p. 103. Extrait de son carnet, d'après la page reproduite en fac-similé dans *Les violations des lois de la guerre* par *l'Allemagne,* t. I, Paris, Berger, p. 121.

blessée [Germaine et Georgine Burlet]. Le curé fut fusillé devant la gare. Trente autres hommes furent aussi fusillés selon la loi martiale et cinquante faits prisonniers.

2.3. Témoignage d'un soldat allemand anonyme[139]

Le 22 [août], après une étape de 14 km., nous arrivâmes à Natoye à 15 heures. Le soir, l'infanterie a eu un combat à livrer contre trente francs-tireurs. On a entendu une salve, ensuite ils ont été faits prisonniers et remis ligotés à (...) Le 23 août, appel à 5 h 15 et nous nous sommes remis en marche. Un kilomètre plus loin, violente fusillade. À notre gauche se trouvaient une batterie d'artillerie et un bataillon du 103e. Ce dernier avait traversé un village [Spontin]. Le curé avait installé 80 francs-tireurs et, lorsque l'infanterie arriva, il a parcouru encore une fois le village et ils ont tiré ferme. Ils ont tué un major et cinq soldats. L'artillerie a donné et a incendié tout le village : on voyait une haute colonne de feu. Le 24, nous marchons vers la France et, à 12 heures, nous arrivons à la frontière, qui est proche [en fait à Dorinne][140]. Pendant une halte d'une demi-heure, nous pûmes contempler un tableau intéressant : l'infanterie, baïonnette au canon, amenait trente hommes ligotés. Neuf hommes gisaient déjà à terre, fusillés. Les civils étaient contraints de creuser les fosses et de les enterrer eux-mêmes.

2.4. Témoignage du sous-officier Hugo Hoppert (3e batterie du 19e régiment d'artillerie de campagne, XIIe corps de réserve, fait prisonnier)[141]

24 août 1914. Départ à 5 heures. Nous retournons sur nos pas à Durnal et à Dorinne. À 11 heures, cuisine dans un champ. J'ai été témoin d'une triste scène : huit francs-tireurs furent abattus par dix des nôtres. C'était l'expiation du 23. Trente autres civils environ assistaient à genoux à l'exécution, qui eut lieu dans un parc dont le propriétaire, un médecin, avait été également exécuté le 23. Il se disait membre de la Croix-Rouge. Il s'était offert volontairement pour soigner les blessés et les malades, et il en avait profité pour empoisonner plusieurs de nos camarades. À 1 h 30, sa villa de Dorinne, une belle maison, fut aussi incendiée.

2.5. Extraits du carnet sténographié du Major Heinz, sous-officier de Landwehr[142]

Le 22, il traverse Emptinne et Natoye. Le 23 dans l'avant-midi, il passe à côté de Spontin en feu et séjourne la journée et la nuit suivante dans un champ de trèfle ; il raconte le

---

[139] SCHMITZ & NIEUWLAND, p. 103-104. D'après un carnet découvert dans une maison au quartier Saint-Médard à Dinant.

[140] Illusion fréquente chez les soldats qui, dans la traversée de nos deux provinces, se croyaient déjà en France.

[141] SCHMITZ & NIEUWLAND, p. 124. Référence : Paris, Dir. du Cont. et de la Just. Mil., Dossier 1055, rapport 124.

[142] SCHMITZ & NIEUWLAND, p. 104-105, 113 et 124. D'après un carnet communiqué au chanoine Schmitz par M. Peltzer, ministre de Belgique à Berne.

pillage à main armée d'un village voisin, l'une de ces scènes que la plupart des localités du pays ont dû subir. Puis vient le fait suivant, survenu au cours de la nuit.

On entendait tirer beaucoup dans la nuit, mais nous ignorions de quoi il s'agissait. Nous apprîmes ensuite qu'une sentinelle de campagne avait entendu un coup de feu dans le voisinage d'une maison et avait vu qu'il s'en échappait des signaux lumineux. Les soldats soupçonnèrent les francs-tireurs et donnèrent l'alerte. Un Hauptmann envoya des hommes pour mettre le feu à la maison, mais le chef du détachement voulut d'abord parler aux habitants et il constata qu'il y avait, dans la maison, des chasseurs allemands et une sentinelle qui communiquait avec sa division par des signaux lumineux. C'était encore une fausse alerte.

Le 24, il passe à Dorinne, à côté du château, et il relate ses impressions en présence du monceau des fusillés de la veille.

Nous arrivâmes à Dorinne et nous fîmes halte dans une prairie, devant un château. Tout à coup, une agitation parcourut les soldats : là-bas, en face, on a fusillé des francs-tireurs ! Je m'y précipitai également. Une escouade de civils belges creusaient une fosse et tout près gisaient huit francs-tireurs qu'on avait fusillés. C'était un spectable horrible de voir ces morts avec la bouche ouverte, le teint jaune, les mains crispées et de terribles plaies ! À l'un d'eux, la balle, en traversant le cou, avait fait une blessure large et sanguinolente. À un homme qui s'était travesti en femme, on avait arraché les vêtements de dessous, de sorte que le bas-ventre était mis à nu. Il avait dans la hanche un grand trou. C'était sans doute la sortie de la balle, mais il était si grand qu'on aurait pu y mettre le poing et il y avait des lambeaux de chair déchiquetée. C'est l'effet terrible que l'arme à feu S produit à courte distance. Quand on voit cela, on perd le goût de la guerre. Les fusillés avaient été ligotés ensemble deux par deux et attachés à un enclos de fil de fer qui s'était effondré avec eux. Quelques-uns gisaient là droits et raides ; d'autres avec les corps tordus horriblement. À l'écart était couché un homme mieux vêtu que les autres : c'était, nous dit-on, le médecin du village qui, portant la Croix-Rouge, avait accueilli les blessés allemands et les avait assassinés. On obligeait les gens du village à creuser la fosse commune, afin de leur donner une leçon d'intimidation et de ne pas en charger les soldats allemands.

Puis il décrit la fusillade du second groupe de civils, dont il fut personnellement témoin, enfin le pillage et l'incendie du château de M. Thibaut.

Nous avons séjourné longtemps au même endroit et nous nous communiquions nos impressions sur ce que nous avions vu, quand un nouveau mouvement se fit parmi les soldats. À quelque distance, on voyait venir une longue série d'environ 80 hommes, sous escorte militaire. J'y courus et j'atteignis le groupe dans le parc du château : c'étaient des prisonniers belges. On les menait vers un vallon ; ils étaient liés ensemble avec des cordes, avaient les mains enchaînées et les cous étaient reliés les uns aux autres. Allaient-ils être fusillés tous les 80 comme francs-tireurs ? L'affaire ne tourna pas tout à fait aussi mal. Ils étaient 40 d'un village et 27 d'un autre et, en plus, 7 autres qui furent mis à part dans le vallon. Le huitième, qui ne savait pas ou ne voulait pas marcher, fut traîné en bas par quatre soldats. Ils furent tous les huit alignés sur un terrain. Le huitième se tint aussi debout, après qu'il eut reçu quelques coups de cravache et de crosse de fusil. Les autres durent se mettre à genoux pour assister à l'exécution : que ne durent-ils pas éprouver en ce moment ! Deux groupes de soldats, en tout seize hommes, prirent position, la première rangée à genoux, la seconde debout. L'ordre fut bref : « feu ! » et pareils à des troncs d'arbres abattus, ils s'effondrèrent tous sous la salve. Le maire et l'instituteur du village, ainsi que quelques autres, probablement des parents des fusillés, furent appelés et purent s'approcher des cadavres. Parmi eux était le jeune homme qui avait tué le major Mayer, du 104e régiment. Entre-temps le repas avait été préparé, du riz et du bouilli : cela ne me plut pas du tout, car j'étais profondément impressionné par ce que je venais de voir.

Le témoin raconte ensuite l'incendie du château de Dorinne.

Après le repas, je me levai avec un ami, le sous-officier Greim, un commerçant de Leipzig, pour aller voir le château, belle construction assez récente. Nous y pénétrâmes par un escalier d'honneur, mais dans quel état je le vis ! Tout était brisé et démoli, les gobelins arrachés et découpés, les glaces et les lustres précieux brisés, les meubles réduits en pièces, tout ce qui ne faisait pas corps avec les murs était éparpillé sur le plancher. Les matelas étaient jetés hors des lits, les couvre-lits découpés, les coffres vidés, le linge et les vêtements semés dans les chambres à coucher, dans les chambres des jeunes filles et même dans la bibliothèque. On ne voyait plus sur le sol l'espace d'un pied, tout était couvert de livres lacérés et déjetés : une véritable flétrissure pour l'armée allemande. On a dit qu'on a tiré sur les soldats, du château dans lequel était installé le lazaret de la Croix-Rouge, où les Belges soignaient nos blessés, et que le châtelain aurait été le chef des francs-tireurs. La fureur des soldats se comprend donc, mais ne s'excuse point. Nul officier ne s'y sera sans doute trouvé pour amener les soldats à la modération. Je me suis fort réjoui quand les flammes sont sorties du toit, alors que j'y étais encore. La souillure faite à l'honneur de l'armée allemande est ainsi quelque peu atténuée. Le château doit appartenir à un député belge.

3. Composition de la troisième armée allemande

Il a paru utile de rappeler la composition de la 3e armée allemande qui s'est tristement illustrée à Spontin et dans la région de Dinant[143].

Sont précédés d'un astérisque les régiments qui auraient potentiellement pu participer aux massacres de Spontin et environs, tandis que sont surlignés en grisé ceux pour lesquels les sources donnent une confirmation certaine, à savoir les unités du XIIe corps d'armée de réserve.

État-Major

Outre le commandement de la troisième armée, l'état-major comprend des formations de poseurs de lignes de communication, ainsi que des troupes de ravitaillement en fournitures et munitions.

XIe corps d'armée

22e division

- 43e brigade d'infanterie (82e & 83e régiments).
- 44e brigade d'infanterie (32e & 167e régiments, 11e bataillon de chasseurs).
- Staff & ½ Cuirassiers (6e régiment).
- 22e brigade d'artillerie de campagne (11e & 47e régiments).
- 1re compagnie du 11e bataillon de pionniers, 22e train de pontonniers de la division, 1re & 3e compagnies médicales.

38e division

- 76e brigade d'infanterie (71e & 95e régiments).
- 83e brigade d'infanterie (94e & 96e régiments).
- ½ Cuirassiers (6e régiment).
- 38e brigade d'artillerie de campagne (19e & 55e régiments).
- 2e & 3e compagnies du 11e bataillon de pionniers, 38e train de pontonniers de la division, 2e compagnie médicale.

Troupes de corps

1er bataillon du 18e régiment d'artillerie (obusiers lourds), 28e détachement d'aviation, train de pontonniers du 11e corps, 11e détachement de téléphones de campagne, 11e section de pionniers (projecteurs).

Les colonnes et trains de munitions correspondent à ceux de la 2e Armée.

---

143 Chapitre rédigé par Ben Schraverus d'après H. CRON, *Imperial German army 1914-18. Organisation, structure, order-of-battle,* Solihull, 2002, p. 309-311.

XIIe corps d'armée

23e division

- 45e brigade d'infanterie (100e & 101e régiments de grenadiers).
- *46e brigade d'infanterie (108e Schützen régiment & 182e régiment d'infanterie).
- 20e régiment de Hussards.
- *23e brigade d'artillerie de campagne (12e & 48e régiments d'artillerie de campagne).
- 1re compagnie du 12e bataillon de pionniers, 23e train de pontonniers, 1re & 3e compagnies médicales.

32e division

- 63e brigade d'infanterie (102e & *103e régiments d'infanterie, 12e bataillon de chasseurs).
- 64e brigade d'infanterie (177e & 178e régiments d'infanterie).
- 18e régiment de Hussards.
- 32e brigade d'infanterie (28e & 64e régiments d'infanterie).
- 2e & 3e compagnies du 12e bataillon de pionniers, 32e train de pontonniers de la division, 2e compagnie médicale.

Troupes de corps

1er bataillon du 1er régiment d'artillerie (obusiers lourds), 29e détachement d'aviation, train de pontonniers du 12e corps, 12e détachement de téléphones de campagne, 12e section de pionniers (projecteurs).

Les colonnes et trains de munitions correspondent à ceux de la 2e Armée.

XIXe corps d'armée

24e division

- 47e brigade d'infanterie (139e & 179e régiments d'infanterie, 13e bataillon de chasseurs).
- *48e brigade d'infanterie (106e & 107e régiments d'infanterie).
- 18e régiment de Uhlans.
- 24e brigade d'infanterie (77e & 78e régiments d'infanterie).
- 1re compagnie du 22e bataillon de pionniers, 24e train de pontonniers de la division, 1re & 2e compagnies médicales.

40e division

- 88e brigade d'infanterie (104e & 181e régiments d'infanterie).
- *89e brigade d'infanterie (133e & 134e régiments d'infanterie).
- 19e régiment de Hussards.
- 40e brigade d'infanterie (32e & 68e régiments d'infanterie).
- 2e & 3e compagnies du 22e bataillon de pionniers, 40e train de

pontonniers de la division, 2e compagnie médicale.

Troupes de corps

IIe bataillon du 19e régiment d'artillerie (obusiers lourds), 24e détachement d'aviation, train de pontonniers du 19e corps, 19e détachement de téléphones de campagne, 22e section de pionniers (projecteurs).

Les colonnes et trains de munitions correspondent à ceux de la 2e Armée.

XIIe corps d'armée de réserve[144]

23e division

- 45e brigade d'infanterie de réserve (100e & *101e régiments d'infanterie de réserve, 12e bataillon de Chasseurs de réserve).
- *46e brigade d'infanterie (102e & 103e régiments d'infanterie de réserve).
- Régiment de Hussards de réserve (saxons).
- 23e régiment d'artillerie de réserve de campagne.
- 4e compagnie du 12e bataillon de pionniers, 23e train de pontonniers de réserve, 1re compagnie médicale de réserve (saxonne).

24e division

- 47e brigade d'infanterie (104e & 106e régiments d'infanterie de réserve, 13e bataillon de Chasseurs de réserve).
- 48e brigade d'infanterie (107e & 133e régiments d'infanterie de réserve).
- Régiment Uhlans de réserve (saxons).
- 24e régiment d'artillerie de réserve de campagne.
- 1re & 2e compagnies du 12e bataillon de pionniers de réserve, 2e compagnie médicale de réserve (saxonne).

Troupes de corps

12e détachement de téléphones de réserve.

Les colonnes et trains de munitions sont les mêmes que ceux du 3e corps de réserve.

47e brigade Landwehr mixte

- *104e & 106e Régiments de la Landwehr[145].
- *1re & 2e escouades de la Landwehr du XIXe corps.
- *1re batterie du Landsturm[146] du XIXe corps.

---

[144] Les régiments de réserve de l'armée allemande sont aussi bien entraînés que ceux d'active. La désignation de réserve vient du fait que la proportion de soldats d'active dans un régiment de réserve est moindre que dans l'autre type de formation. Ils ne sont pas toujours distingués.

[145] Réserve composée d'anciens soldats entraînés (J. HORNE et A. KRAMER, *op. cit.*, p. 18).

[146] Réserve de jeunes soldats non entraînés ou plus âgés. Ceux-ci ne sont pas destinés à aller au front *(ibid.)*.

4. Les victimes du 23 août 1914 à Spontin

Nous reprenons ici les différentes listes de victimes de tous ordres à Spontin, d'après les documents « officiels » communiqués au chanoine Schmitz et conservés dans le Fonds Schmitz des archives de l'Évêché à Namur, sans doute de la main de l'instituteur François Hayot.

Se succèdent la liste des victimes civiles proprement dites, puis celles des deux groupes de prisonniers constitués vers Dorinne et vers Sovet, sans oublier le relevé des habitants qui ont eu le temps de se réfugier dans les bois. Une dernière liste mentionne tous les sinistrés qui ont perdu leur maison dans l'incendie, rue par rue ; seul le premier feuillet est repris ici.

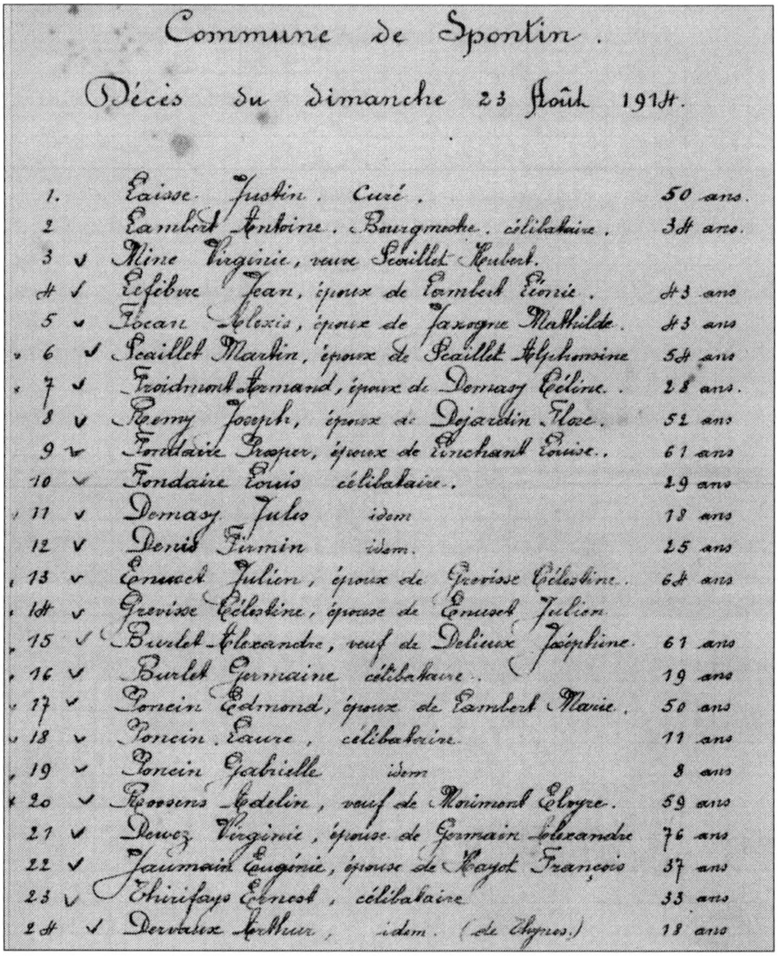
Commune de Spontin.

Décès du dimanche 23 Août 1914.

1.		Laisse Justin. Curé.	50 ans.
2		Lambert Antoine. Bourgmestre. célibataire.	34 ans.
3	✓	Mine Virginie, veuve Scaillet Hubert.	
4	✓	Lefèbvre Jean, époux de Lambert Léonie.	43 ans
5	✓	Focan Alexis, époux de Jassogne Mathilde.	43 ans
6	✓	Scaillet Martin, époux de Scaillet Alphonsine	54 ans
7	✓	Froidmont Armand, époux de Demasy Céline.	28 ans.
8	✓	Remy Joseph, époux de Dejardin Flore.	52 ans
9	✓	Fontaine Prosper, époux de Linchant Louise.	61 ans
10	✓	Fondaire Louis célibataire.	29 ans
11	✓	Demasy Jules idem	18 ans
12	✓	Denis Firmin idem.	25 ans
13	✓	Ernest Julien, époux de Grevisse Célestine.	64 ans
14	✓	Grevisse Célestine, épouse de Ernest Julien	
15	✓	Burlet Alexandre, veuf de Delieux Joséphine.	61 ans
16	✓	Burlet Germaine célibataire.	19 ans
17	✓	Poncin Edmond, époux de Lambert Marie.	50 ans
18	✓	Poncin Laure, célibataire.	11 ans
19	✓	Poncin Gabrielle idem	8 ans
20	✓	Roosens Adelin, veuf de Moimont Elvyre.	59 ans
21	✓	Dewez Virginie, épouse de Germain Alexandre	76 ans
22	✓	Jaumain Eugénie, épouse de Hayot François	37 ans
23	✓	Thirifays Ernest, célibataire	33 ans
24	✓	Dervaux Arthur, idem. (de Ypres.)	18 ans

Décès du dimanche 23 Août 1914. (suite.)

25 Golenvaux Auguste, époux de Maillen Pélagie. 42 ans.
26 Marchal Théophile, veuf de Bertrand Joséphine. 72 ans
27 Lambert Pol, célibataire 17 ans.

Fusillés à Dorinne le 23 Août 1914.

28 Fondaire Louis, époux de Rousseaux Marie. 54 ans
29 Charlier Félix, époux de Longlet Anna. 40 ans
30 Bethulie Théophile, veuf de Mine Marie 61 ans
31 Lambert Georges, célibataire 27 ans
32 Decroly Alfred, veuf de Genon Joséphine 37 ans
33 Bailly Emile, époux de Thirifays Marie 46 ans
34 Bardiaux Louis, époux de Lorphèvre Joséphine. 50 ans
35 Missart Henri, époux de Mercenier Rosine. 38 ans
36 Denis François, époux de Boursit Louise. 48 ans.

Fusillés à Dorinne le 24 Août 1914.

37 Simon Auguste, époux de Michaux Héline 40 ans
38 Lambert Antoine, époux de Bertrand Adèle 78 ans
39 Gérard Joseph, époux de Jacques Adélaïde 53 ans
40 Genon Hubert, époux de Lambert Hermine 39 ans
41 Lambert Jules, célibataire 20 ans
42 Jacques Firmin, célibataire 17 ans.

Décédée à Dinant le 23 Août 1914.

43. Rasseneux Léopoldine, célibataire. 19 ans.

Décédé à Stave le 25 Août 1914.

44. Kaiser François, époux de Gilles Marie. 43 ans.

Groupe dirigé sur Yvoir et au-delà.

Ces prisonniers sont rentrés par paquets à partir du 30 Août. 1910

1.	Balthazart Louis		31	Fondaire Louis	+	61	Mine Alexis	
2.	Bardiau Louis	+	32	" Ernest		62	Missart Henri	
3.	Mme Bardiau		33	Froidmont Gérard		63	Nicaise Célestin	
4	Bardiau Jean		34	Mme Froidmont		64	" Hubert	
5.	Baily Émile	+	35	Genette Léon		65	Ninane Louis	
6.	Baudot Clément		36	Gérard Arthur		66	Pétry Jules	
7	Bernard Arthur		37	Germain Alexandre		67	Péture Isaac	
8	" J-Bte		38	" Victor		68	" Joseph	
9	Béthulie Théophile	+	39	Gerson Alphonse		69	" François	
10	Bodart Victor		40	" "		70	Posset Adelin	
11	" François		41	Glineur Oscar		71	" Armand	
12	Bourcoit Alexandre		42	Grégoire Joseph		72	" Joseph	
13	Charles Georges		43	Henrioul Alexandre		73	" René	
14	Charlier Félix	+	44	Jacques Émile		74	" Victor	
15	Closset Alfred		45	" Hector		75	Rasseneux Auguste	
16	" Louis		46	" Hubert		76	" Joseph	
17	" Octave		47	Kaiser François	+	77	" Pierre	
18	Collin Joseph		48	Lambert Georges	+	78	Résimont Alexis	
19	Debois François		49	Lamy Alexandre		79	" Émile	
20	" Moïse		50	" Érasme		80	" Joseph	
21	Decroly Alfred	+	51	" Hubert		81	Scaillet Edmond	
22	Delhaye Léopold		52	" Léon		82	" Olivier	
23	" Joseph		53	Laporte Victor		83	Tasiaux Calixte	
24	Denis François	+	54	Libert François		84	Thirion François	
25	Dewez Henri		55	" Joseph		85	Tonglet Adolphe	
26	" Pierre		56	Linchant Alfred		86	" Ernest	
27	Ducret Jean		57	Lottin Joseph		87	Warolus Auguste	
28	Ennuset Hector		58	" Victor		88	" Louis	
29	" J-Bte		59	Maillen Étienne		89	" Omer.	
30	Étienne Léon		60	Marloye Hubert				

Groupe dirigé sur Sovet et de là sur Durnal et Dorinnes.
Ces prisonniers sont rentrés le lendemain vers 14 heures.

a) Prisonniers liés.

1.	Boursoit-Mine Jt	11.	Gauthier Edmond		21	Martin Lambert
2	Boursoit-Remy Jt	12	Genon Hubert	+	22	Mathieu Eugène
3	Dejardin Joseph	13	Germain Alexis		23	Scaillet Camille
4	Demasy Joseph	14	Gérard Joseph	+	24	" Gaston
5	Ennuset Auguste	15	Glineur Théophile		25	" Olivier
6	" Henri	16	Hayot François		26	Pirmon Auguste
7	Famerée Edouard	17	Lambert Antoine père	+	27	Lasiaux Olivier
8	" Hubert	18	" Jules	+		
9	Fivet Joseph	19	Lefèbvre Joseph			
10	Fondaire Edmond	20	Lottin Antoine			

b) Prisonniers libres.

1.	Adam Maurice	11	Guilmain François		21	Ruffy Alexandre
2	Antoine Alphonse	12	" Joseph		22	" Joseph
3	Balthazart Firmin	13	Henrioul Grégoire		23	" Victor
4	Boursoit-Lebrun Jb	14	Jacques Firmin	+	24	Lasiaux Jules
5	Doneux Arthur	15	Lallemant J.-Bte		25	domestique de ferme
6	" Camille	16	" Joseph		26	" "
7	Etienne Jules	17	Lottin Auguste		27	" "
8	Fontinoy François	18	Marchal Emile		28	Longlet Frédéric
9	" Henri	19	Martin Pierre		29	Verhorst Charles.
10.	Gilson Maurice	20	Ruffy Eugène.			

Groupe de personnes qui se sont sauvées dans les bois.

Badoux Joseph	16 Dehuit Alphonse	31 Simon Jules
Bernard Édouard	17 Jacquet Alfred	32 " Olivier.
" Henri	18 Jeanmart Joseph	
Boursoit Lambert	19 Laloux Théodule	
" Hyacinthe	20 " Hubert	
" François	21 Lamoline Hubert	
Charlot Joseph	22 Lefèbvre Clément	
Demay Émile	23 Martin Joseph	
Lenuset Jules	24 Mine Joseph	
Fivet Alphonse	25 Remy Camille	
Focan Léon.	26 " Léon	
Fondaire Albert	27 " Omer	
" Henri	28 Rossens Auguste	
" Jules	29 Scaillet-Gofflot J^b	
" Léon	30 Simon Félix	

Commune de Spontin.

Liste des sinistrés.

[É]glise.

1. Oleffe Nestor. chef de gare.
2. Burlet Alexandre.
3 Guilmain François
4. Gérard Joseph Vve +
5 Verhoost Charles. Directeur Carrières & Scieries Spontin
6 Antoine Alphonse. Comptable idem
7 Marchal Émile
[8] Longlet Frédéric
9 Froidmont Gérard Hôtel du Bocq.
10 Scaillet Martin
11 Mine-Lamérée Jh
12 Lambert frères.
13 Lambert Antoine Bourgmestre.
14 Laisse Justin Curé
15 Longlet-Lottin Vve
16 Bailly Joseph
17 Focan Alexis Vve +
18 Dehuit Joseph Vve
19 Focan Louis
20 Demacq Émile Hôtel du Cheval blanc.
[2]1 Jeanmart Joseph
[2]2 Lefebvre frères.
[2]3 Linchant Catherine.
[2]4 Charles Alexandre
[2]5 Scaillet Camille
[2]6 Simon Olivier
[2]7 Delfosse-Simon Vve
[2]8 Béthulée Théophile
[2]9 Pétiure Isaac
[3]0 Germain Alexis
[3]1 Boursoit-Remy Jh

Table des matières